U0317890

中国电子教育学会高教分会推荐

普通高等教育电子信息类"十三五"课改规划教材

单片机原理与应用

主　编　王佐勋　王艳玲　付海燕

副主编　曹　凤　雷腾飞　黄丽丽

西安电子科技大学出版社

内 容 简 介

本书共分为 12 章，主要内容包括单片机概述，C51 语言编程基础，Proteus 软件简介，AT 89S51 单片机的硬件结构，AT 89S51 单片机的中断系统，AT 89S51 单片机的定时器/计数器，单片机与显示器件及键盘的接口，AT 89S51 单片机与 ADC、DAC 的接口，AT 89S51 单片机的串行口，AT 89S51 单片机系统的串行扩展，AT 89S51 单片机系统的并行扩展，单片机应用举例。本书部分章节借鉴了国内较为流行的教学资料，大部分应用实例都进行了验证，实例中的全部程序采用 C 语言编写，便于读者理解。

本书内容丰富，应用实例较多，论述翔实严谨，可作为工科院校本科生和研究生的教材，也可供从事嵌入式产品研发的工程技术人员参考。

图书在版编目(CIP)数据

单片机原理与应用/王佐勋，王艳玲，付海燕主编. —西安：西安电子科技大学出版社，2017.8

(普通高等教育电子信息类"十三五"课改规划教材)

ISBN 978 - 7 - 5606 - 4593 - 3

Ⅰ. ① 单…　Ⅱ. ① 王…　② 王…　③ 付…　Ⅲ. ① 单片微型计算机

Ⅳ. ① TP368.1

中国版本图书馆 CIP 数据核字 (2017) 第 187180 号

策　　划　刘小莉
责任编辑　许青青
出版发行　西安电子科技大学出版社(西安市太白南路 2 号)
电　　话　(029)88242885　88201467　　　邮　　编　710071
网　　址　www.xduph.com　　　　　　　电子邮箱　xdupfxb001@163.com
经　　销　新华书店
印刷单位　陕西利达印务有限责任公司
版　　次　2017 年 8 月第 1 版　2017 年 8 月第 1 次印刷
开　　本　787 毫米×1092 毫米　1/16　印张 20.5
字　　数　487 千字
印　　数　1～2000 册
定　　价　40.00 元
ISBN 978 - 7 - 5606 - 4593 - 3/TP

XDUP 4885001 - 1

前　言

近年来，随着单片机制造技术的飞速发展及其开发条件的普及，用一片体积很小的单片机替代复杂而庞大的传统数字电路和模拟电路成为电子产品开发的趋势。

目前单片机开发的产品广泛地应用于工业、农业、商业、家庭、航天和军事领域。51 系列单片机通用性强，价格低廉，设计灵活且能够满足广大用户的需要，因此受到了广大产品开发设计人员的欢迎。我国众多高校的单片机教材也将 51 系列单片机作为经典的教学内容。可以说，51 系列单片机不仅在目前，而且在未来很长一段时间内仍然是单片机市场的主流机型。

单片机是一门软硬件结合的技术，单片机开发人员既要懂得单片机的硬件结构，又要掌握软件编程方法，才能驾驭单片机，使其为开发目的服务，而且开发中还需要一定的电子知识，正是由于这些条件，使得许多单片机的初学者难以理解单片机的工作过程，难以明白单片机是怎样控制外部设备的，进而对单片机产生畏惧情绪。

单片机难就难在入门难，而入门难的根本原因就在于实践难和动手难，学了无法实践、不能实践、不敢实践，增加了单片机的抽象感。

有了 Proteus 单片机仿真软件，几乎不作任何硬件投资，就能获得一个非常真实的实验环境，使初学者不仅可以自己设计硬件电路，还可以将自己设计的程序载入仿真系统，体验成功的喜悦。在这种条件下，单片机教学必须摒弃传统教材，顺应新技术的发展潮流，利用现有的良好软硬件开发环境，实行理论结合实践的单片机教学改革，以培育科技创新应用型人才。

本书首先通俗地介绍了单片机的开发条件，接着通过一个简单实例，使读者在一开始就能够熟悉单片机的整个开发过程，消除对单片机的畏惧感，然后采用边理论、边实践的教学模式，通过实例介绍单片机的硬件结构。另外，本书采用了易于掌握的 C 语言进行单片机应用程序设计，大大降低了读者对单片机硬件结构了解程度的要求，使初学者在很短的时间内就可以用 C 语言开发出功能强大的单片机实用系统。因此，本书可以帮助读者快速、轻松地迈入单片机大门。

　　本书由齐鲁工业大学王佐勋和齐鲁理工学院王艳玲、付海燕、曹凤、雷腾飞和黄丽丽共同编写。其中，第 6、10～12 章由王佐勋编写，第 2、5、8、9 章由王艳玲编写，第 1、4 章由付海燕编写，第 7 章由曹凤编写，第 3 章由雷腾飞编写。黄丽丽完成了部分文字的校对工作。全书由王佐勋统稿并定稿。

　　由于编者水平有限，书中难免有不妥之处，敬请广大读者批评指正。

编　者

2017 年 5 月

目录

Contents

第 1 章

单片机概述

1.1　单片机的基本概念

单片微型计算机又称单片微控制器,就是在一片半导体硅片上集成了中央处理单元、存储器、并行 I/O、串行 I/O、定时器/计数器、中断系统、系统时钟电路及系统总线的用于测控领域的微型计算机,简称单片机。单片机把一个计算机系统集成到一个芯片上,相当于一个微型的计算机,只比计算机缺少了 I/O 设备,具有体积小、质量轻、价格便宜的特点。单片机最早被用在工业控制领域,随着科技的不断发展,现在单片机的应用领域已经十分广泛,如智能仪表、实时工控、通信设备、导航系统、家用电器等,单片机的应用促进了产品智能化的发展,加快了智能产品的升级换代。

1.2　单片机的发展历史

1970 年微型计算机研制成功后随即出现了单片机。美国 Intel 公司先后在 1971 年、1972 年推出了 4 位单片机 4004 和 8 位单片机 8008,在 1976 年推出了 MCS - 48。在之后的发展过程中,单片机和其相关技术经过了数次更新换代,发展速度为大约每三四年就要更新一代、集成度增加一倍。

以 8 位单片机的推出为起点,单片机的发展历史大概可以分为以下四个阶段:

第一阶段(1976 — 1978 年):初级单片机阶段。以 Intel 公司 MCS - 48 为代表,这个系列的单片机集成有 8 位 CPU、I/O 接口、8 位定时器/计数器,寻址范围不大于 4 KB,具有简单的中断功能,无串行接口。

第二阶段(1978 — 1982 年):单片机完善阶段。在这一阶段推出的单片机其功能大大加强,普遍带有串行 I/O 接口,有多级中断处理系统、16 位定时器/计数器,片内集成的 RAM、ROM 容量加大,寻址范围达到 64 KB,典型代表有 Intel 公司的 MCS - 51、Motorola 公司的 6801 和 Zilog 公司的 Z8 等。

第三阶段(1982 — 1990 年):8 位单片机巩固发展和 16 位高级单片机的发展阶段。8 位单片机的应用已经广泛普及,外围接口电路有了更大的扩充,功能更为强大,有的公司为了面向更多的应用陆续推出了 16 位的单片机,如 Intel 公司的 MCS - 96 系列。

第四阶段(1990年至今):百花齐放阶段。单片机嵌入式系统的应用从简单的玩具、小家电,复杂的工业控制系统、机器人设计、个人通信终端等多方面逐渐普及到各行各业,智能化电子产品的发展日新月异,16位、32位的单片机陆续推出,单片机的各项性能越来越完善,综合品质不断提高。

1.3 单片机的分类

单片机的分类方式有很多,可以按用途、CPU字长、制造工艺等进行分类。

1. 按用途分类

按用途不同,单片机分为通用型单片机和专用型单片机。

通用型单片机的内部资源比较丰富,性能全面,而且通用性强,可满足多种应用要求。通用型单片机的用途很广泛,使用不同的接口电路及编制不同的应用程序就可完成不同的功能。小到家用电器、仪器仪表,大到机器设备和整套生产线,都可用单片机来实现自动化控制。

专用型单片机是针对某一种产品或某一项控制应用而专门设计的,设计时已使结构最简,软硬件应用最优,可靠性及应用成本最佳。专用型单片机用途比较专一,出厂时程序已经一次性固化好,不能再修改。例如,电子表里的单片机就是专用型单片机。这种单片机的生产成本一般比较低。

2. 按CPU字长分类

按CPU字长不同,单片机分为4位、8位、16位、32位等单片机。

4位单片机的控制功能较弱,CPU一次只能处理4位二进制数。这类单片机常用于计算器、各种形态的智能单元以及作为家用电器中的控制器。典型产品有日电(NEC)公司的UPD75××系列、日本电气(NS)公司的COP400系列、松下公司的MN1400系列、夏普公司的SM××系列、东芝(Toshiba)公司的TMP47×××系列等。

8位单片机的控制功能较强,品种齐全。和4位单片机相比,它不仅具有较大的存储容量和寻址范围,而且中断源、并行I/O接口和定时器/计数器个数都有了不同程度的增加,并集成有全双工串行通信接口。这类单片机片内资源丰富,功能强大,主要在工业控制、智能仪表、家用电器和办公自动化系统中应用。其代表产品有Intel公司的MCS-48系列和MCS-51系列、Zilog公司的Z8系列、荷兰飞利浦(Philips)公司的80C51系列(同MCS-51兼容)、Atmel公司的AT89系列(同MCS-51兼容)、NEC公司的UPD78××系列等。由Intel公司开始创建并由多家芯片厂商逐渐发展壮大的51系列单片机的应用最为广泛,在众多51系列单片机中,Atmel公司的AT89C51、AT89S52较为实用。

16位单片机是在1983年以后发展起来的。这类单片机的CPU是16位的,运算速度普遍高于8位机,有的单片机的寻址能力高达1MB,片内含有A/D和D/A转换电路,支持高级语言。这类单片机主要用于过程控制、智能仪表、家用电器以及作为计算机外部设备的控制器等。典型产品有Intel公司的MCS-96/98系列、Motorola公司的M68HC16系列、NS公司的783××系列、TI公司的MSP430系列等。其中,以计算速度快、效率高、超低功耗为主打的MSP430系列较为突出。

32位单片机的字长为32位,具有极高的集成度和运算速度。这类单片机主要应用于汽车、航空航天、高级机器人、军事装备等方面。这类单片机代表着单片机发展中的高、新技术水平。其代表产品有 Intel 公司的 MCS-80960 系列、Motorola 公司的 M68300 系列、日立(Hitachi)公司的 Super H(简称 SH)系列等，ARM 在 32 位 MCU 中的应用比较广泛。

3. 按制造工艺分类

按制造工艺不同，单片机分为 HMOS 工艺单片机和 CHMOS 工艺单片机。

HMOS 工艺是高密度短沟道 MOS 工艺，采用此种工艺生产出来的单片机具有速度快、密度大的特点。

CHMOS(或 HCMOS)工艺是互补的金属氧化物的 HMOS 工艺，是 CMOS 和 HMOS 的结合，具有密度大、速度快、功耗低等特点。Intel 公司产品型号中若带有字母"C"，Motorola 公司产品型号中若带有字母"HC"或"L"，通常为 CHMOS 工艺。

另外，也可以按总线结构不同分为总线型单片机和非总线型单片机，还可以按应用领域分为家电类、工控类、通信类、个人信息终端类等，按生产厂家不同分为 NS 公司、Toshiba 公司、富士通(Fujitsu)公司、松下公司、Hitachi 公司、NEC 公司、夏普公司、Philips 公司、西门子(Siemens)公司等。

1.4　单片机的特点

单片机是集成电路技术与微型计算机技术高速发展的产物，具有如下特点：

(1) 集成度高，体积小，便于实现模块化，可靠性高。

单片机将各功能部件集成在一块晶体芯片上，集成度很高，体积很小，便于实现模块化设计。芯片本身是按工业测控环境要求设计的，内部布线很短，其抗工业噪声性能优于一般通用的 CPU。单片机程序指令、常数及表格等固化在 ROM 中，不易被破坏，许多信号通道均在一个芯片内，故可靠性高。

(2) 控制功能强。

为了满足对对象的控制要求，单片机的指令系统均具有分支转移能力和 I/O 口的逻辑操作及位处理能力，非常适合用来实现专门的控制功能。

(3) 电压低，功耗低，便于生产便携式产品。

为了满足广泛使用于便携式系统的需求，许多单片机内的工作电压仅为 $1.8\sim3.6$ V，而工作电流仅为数百微安。

(4) 易扩展。

片内具有计算机正常运行所必需的部件。芯片外部有许多供扩展用的三总线及并行、串行输入/输出引脚，很容易构成各种规模的计算机应用系统。

(5) 具有优异的性能价格比。

为了提高速度和运行效率，单片机使用 RISC 流水线和 DSP 等技术。单片机的寻址能力也得到了飞速发展，已经超越了 64 KB 的限制，有的可达到 16 MB，片内的 ROM 容量可达 62 MB，RAM 容量则可达 2 MB。由于单片机使用广泛，因而销量较大，各大公司的商业竞争更使其价格不断降低，其性能价格比比较高。

1.5　单片机的应用

目前，单片机已渗透到社会的各个领域，大到导弹的导航装置，飞机上各种仪表的控制，计算机的网络通信与数据传输，工业自动化过程的实时控制和数据处理，民用豪华轿车的安全保障系统，录像机、摄像机、全自动洗衣机的控制，小到广泛使用的各种智能 IC 卡，以及程控玩具、电子宠物等，基本上都使用了单片机。

1. 在智能仪器仪表上的应用

单片机具有体积小、功耗低、控制功能强、扩展灵活、微型化和使用方便等优点，广泛应用于仪器仪表中，使仪器仪表智能化，并可以提高测量的自动化程度和精度，简化仪器仪表的硬件结构，提高其性能价格比。

2. 在工业控制中的应用

用单片机可以构成形式多样的控制系统、数据采集系统，如工厂流水线的智能化管理系统、电梯智能化控制系统、各种报警系统等，还可与计算机联网构成二级控制系统。单片机的实时数据处理能力和控制功能可使系统保持在最佳工作状态，提高系统的工作效率和产品质量。

3. 在家用电器中的应用

现在的家用电器基本上都采用了单片机控制，从电饭煲、洗衣机、冰箱、空调、电视机、其他音响视频器材到电子称量设备，基本上包含了所有的家用电器。

4. 在计算机网络和通信领域中的应用

目前单片机普遍具备通信接口，可以很方便地与计算机进行数据通信，为计算机网络和通信设备间的应用提供了极好的物质条件，现在的通信设备基本上都实现了单片机智能控制。

5. 在医用设备领域中的应用

单片机在医用设备中的用途也相当广泛，如医用呼吸机、分析仪、监护仪、超声诊断设备及病床呼叫系统等。

6. 在各种大型电器中的模块化应用

某些专用单片机用于实现特定功能，从而在各种电路中进行模块化应用，而不要求使用人员了解其内部结构。在大型电路中，这种模块化应用极大地缩小了体积，简化了电路，降低了损坏、错误率，也便于更换。

除了以上领域之外，单片机还在工商、金融、科研、教育、国防、航空航天等领域有着十分广泛的用途，可以看出单片机已成为计算机发展和应用的一个重要方面，它从根本上改变了传统控制系统的设计思想和设计方法。这种软件代替硬件的控制技术也称为微控制技术，是传统控制技术的一次革命。

1.6　单片机的发展趋势

从单片机走过的发展历程可以看出，单片机将向大容量、高性能、低功耗、外围电路内装化、低价格等方面发展，编程应用将更为方便、简单。单片机应用技术具有广泛的应用领域，在微处理器技术及超大规模集成电路技术高速发展的带领下，将表现出较微处理器更具个性的发展趋势。

1.7　常用单片机

目前应用最为广泛的还是 8 位单片机。一般来说，8 位单片机最常用的是如下三个系列：

1. 51 系列

以 Intel 公司的 MCS - 51 为核心，很多公司（如华邦、Motorola、Atmel 等公司）生产自己的 51 单片机，主要有 Atmel 公司的 AT89S52、STC 公司的 STC89C52RC。

2. AVR 系列

AVR 系列以 Atmel 公司的 ATmega16 为代表。

3. PIC 系列

PIC 系列以 Microchip 公司的 PIC16F877 为代表。另外，还有专用的工业单片机，平时很少见到，比如中国台湾的合泰、义隆以及韩国的三星，这些单片机往往体积小，功能很强但比较单一，价格很便宜。

近几年出现的 STM8 其实力也非常强。

16 位单片机比较有名的是 MSP430 以及飞思卡尔系列的诸多产品。

32 位单片机也比较多，不过一般都包含了 ARM 内核，已经开始向 ARM 过渡，比如STM32 等。

习　题

1. 什么是单片机？
2. 按用途的不同，单片机可分为哪两种？
3. 简述单片机的特点。
4. 常用单片机有哪几种？

第 2 章

C51 语言编程基础

目前单片机应用系统日趋复杂，对程序的可读性、升级与维护以及模块化要求越来越高，对软件编程要求也越来越高，要求编程人员在短时间内编写出执行效率高、运行可靠的程序代码。同时，也要方便多个编程人员进行协同开发。

C51 语言是近年来在 8051 单片机开发中普遍使用的程序设计语言，它能直接对 8051 单片机硬件进行操作，既有高级语言的特点，又有汇编语言的特点，因此在 8051 单片机程序设计中得到了广泛使用。

本章主要讨论 C51 变量和函数的定义以及 Keil C 软件的使用等。

2.1 C51 编程语言简介

C51 语言是用于 8051 单片机编程的 C 语言，该语言在标准 C 语言的基础上针对 8051 硬件的特点进行扩展，并向 8051 上移植，经多年努力，已成为公认的高效、简洁的 8051 单片机的实用高级编程语言。与 8051 汇编语言相比，C51 语言在功能、结构性、可读性、可维护性上有明显优势，易学易用。

2.1.1 C51 语言与汇编语言比较

与 8051 汇编语言相比，C51 有如下优点：

（1）编程容易。使用 C51 语言编写程序要比汇编语言简单得多，特别是比较复杂的程序。

（2）容易实现复杂的数值计算。使用 C51 语言，可以轻松地实现复杂的数值计算，借助于库函数完成各种复杂的数据运算。

（3）容易阅读与交流。C51 语言是高级语言，其程序阅读起来比汇编语言程序要容易得多，因此也便于交流与相互学习。

（4）容易调试与维护程序。用 C51 编写的程序要比汇编语言程序短小精悍，容易阅读，更容易调试，并且维护起来也比汇编语言程序容易得多。

（5）容易实现模块化开发与资源共享。用 C51 开发的程序模块可不经修改，直接被其他工程所用，使得开发者能够很好地利用已有的大量标准 C 程序资源与丰富的库函数，减少重复劳动，同时也有利于多个工程师进行协同开发。

（6）程序可移植性好。使用 C51 编程时使用的都是 ANSI C，因此在某个单片机或者嵌入式系统下开发的 C 语言程序，只需要修改部分与硬件相关的地方和编译连接的参数即可。

2.1.2 C51 语言与标准 C 语言比较

C51 语言与标准 C 语言之间有许多相同的地方，但也有自身的特点。不同的嵌入式 C 语言编译系统之所以与标准 C 语言不同，主要是由于它们所针对的硬件系统不同。对于 8051 单片机，目前广泛使用的是 C51 语言。

C51 语言的基本语法与标准 C 语言的相同，是在标准 C 语言的基础上进行适合 8051 内核单片机硬件的扩展。深入理解 C51 语言对标准 C 语言的扩展部分以及它们的不同之处，是掌握 C51 语言的关键之一。

C51 语言与标准 C 语言的差别如下：

(1) 库函数不同。标准 C 语言中不适合于嵌入式控制器系统的库函数，被排除在 C51 语言之外，如字符屏幕和图形函数。有些库函数必须针对 8051 的硬件特点来做出相应的开发。例如，在标准 C 语言中，库函数 printf 和 scanf 常用于屏幕打印和接收字符，而在 C51 语言中，主要用于串行口数据的收发。

(2) 数据类型有一定区别。在 C51 中增加了几种 8051 单片机的数据类型，在标准 C 语言的基础上又扩展了 4 种类型。例如，8051 单片机包含位操作空间和丰富的位操作指令，因此，C51 语言与标准 C 语言相比增加了位类型。

(3) C51 语言中变量的存储模式与标准 C 语言中变量的存储模式不一样。标准 C 语言最初是为通用计算机设计的，在通用计算机中只有一个程序和数据统一寻址的内存空间，而 C51 语言中变量的存储模式与 8051 单片机的各种存储器区紧密相关。

(4) 数据存储类型不同。8051 存储区可分为内部数据存储区、外部数据存储区以及程序存储区。内部数据存储区可分为 3 个不同的 C51 存储类型：data、idata 和 bdata。外部数据存储区分为 2 个不同的 C51 存储类型：xdata 和 pdata。程序存储区只能读，不能写，可能在 8051 内部或者外部，C51 语言提供的 code 存储类型用来访问程序存储区。

(5) 标准 C 语言没有处理单片机中断的功能，而 C51 语言中有专门的中断函数。

(6) C51 语言与标准 C 语言的输入/输出处理不一样。C51 中输入/输出是通过 8051 单片机的串口来完成的，输入/输出指令执行前必须对串行口初始化，而标准 C 语言是通过输出函数(printf)和输入函数(scanf)实现的。

(7) 头文件不同。C51 语言头文件必须把 8051 单片机内部的外设硬件资源(如定时器、中断、I/O 等)相应的特殊功能寄存器写入到头文件内，而标准 C 语言不用。

(8) 程序结构有差异。由于 8051 单片机的硬件资源有限，因此它的编译系统不允许有太多的程序嵌套。另外，标准 C 语言所具备的递归特性不被 C51 语言支持。

从数据运算操作、程序控制语句以及函数的使用上来说，C51 与标准 C 几乎没有什么明显差别。程序设计者如果具备了有关标准 C 语言的编程基础，则只要注意 C51 与标准 C 的不同之处，并熟悉 8051 单片机的硬件结构，就能较快掌握 C51 编程。

2.2 C51 语言程序设计基础

本节在标准 C 的基础上，介绍 C51 的数据类型和存储类型、C51 的基本运算与流程控制语句、C51 语言构造数据类型、C51 函数以及 C51 程序设计的其他问题，目的是为读者进行 C51 的程序开发打下基础。

2.2.1 C51 语言中的数据类型与存储类型

1. 数据类型

数据是单片机操作的对象，任何程序设计都要进行数据处理。具有一定格式的数字或数值称为数据，数据的不同格式就称为数据类型。

在进行 C51 程序设计时，支持的数据类型与编译器有关。Keil C51 支持的基本数据类型见表 2-1。针对 8051 的硬件特点，C51 在标准 C 的基础上，扩展了 4 种数据类型（见表 2-1 中最后 4 行）。

注意：不能使用指针来对扩展的 4 种数据类型进行存取。

1）字符类型 char

char 类型的数据长度占 1 B，通常用于定义处理字符数据的变量或常量，分为无符号字符型（unsigned char）和有符号字符型（signed char），默认为有符号字符型（signed char）。

unsigned char 类型为单字节数据，用字节中所有的位来表示数值，可以表达的数值范围是 0~255。signed char 类型用字节中的最高位表示数据的符号，"0"表示正数，"1"表示负数，负数用补码表示，所能表示的数值范围是 -128~+127。

表 2-1 Keil C51 支持的数据类型

数据类型	位数	字节数	值 域
signed char	8	1	-128~+127，有符号字符变量
unsigned char	8	1	0~255，无符号字符变量
signed int	16	2	-32 768~+32 767，有符号整型数
unsigned int	16	2	0~65 535，无符号整型数
signed long	32	4	-2 147 483 648~+2 147 483 647，有符号长整型数
unsigned long	32	4	0~+4 294 967 295，无符号长整型数
float	32	4	±3.402823E-38~±3.402823E+38
double	64	8	±1.175494E-38~±1.175494E+38
*	8~24	1~3	对象指针
bit	1		0 或 1
sfr	8	1	0~255
sfr16	16	2	0~65 535
sbit	1		可进行位寻址的特殊功能寄存器的某位的绝对地址

2）整型 int

int 类型的数据长度占 2 B，用于存放一个双字节数据，分为无符号整型（unsigned int）和有符号整型（signed int），默认类型为 signed int 类型。

unsigned int 表示的数值范围是 0~65 535。signed int 表示的数值范围是 -32 768~

+32 767。字节中最高位表示数据的符号，"0"表示正数，"1"表示负数，负数用补码表示。

3）长整型 long

long 类型的数据长度占 4 B，用于存放一个 4 字节数据，分为无符号整型（unsigned long）和有符号整型（signed long），默认类型为 signed long 类型。

unsigned long 表示的数值范围是 0～4 294 967 295。signed long 表示的数值范围是 −2 147 483 648～+2 147 483 647。字节中最高位表示数据的符号，"0"表示正数，"1"表示负数，负数用补码表示。

4）浮点型 float

float 类型的数据长度为 32 bit，占 4 B，许多复杂的数学表达式都采用浮点数据类型。它用符号位表示数的符号，用阶码与尾数表示数的大小。采用浮点型数据进行任何数学运算时，需要使用由编译器决定的各种不同效率等级的标准函数。

5）双精度型 double

double 类型的数据长度为 64 bit，占 8 B。

6）指针型 *

指针型 * 本身就是一个变量，在这个变量中存放的内容是指向另一个数据的地址。指针变量占据一定的内存单元，对不同的处理器，其长度也不同。在 C51 中，它的长度一般为 1～3 B。

7）位类型 bit

位类型 bit 是 C51 编译器的一种扩充数据类型，利用它可以定义一个位类型变量，但不能定义位指针，也不能定义位数组。它的值是一个二进制位，只能是是 1 或 0。

8）特殊功能寄存器 sfr

sfr 类型的数据占用一个内存单元。利用它可访问 8051 单片机内部的所有特殊功能寄存器。例如，sfr P1＝0x90 这一语句定义了 P1 端口在片内的寄存器，在程序后续的语句中可以用"P1＝0xff"（即使 P1 的所有引脚输出为高电平的语句）来操作特殊功能寄存器。

9）特殊功能寄存器 sfr16

sfr16 类型的数据占用两个内存单元，用于操作占两个字节的特殊功能寄存器。例如，"sfr16 DPTR＝0x82"语句定义了片内 16 位数据指针寄存器 DPTR，其低 8 位字节地址为 82H，高 8 位字节地址为 83H。在程序的后续语句中就可对 DPTR 进行操作。

10）特殊功能位 sbit

sbit 是指 AT89S51 片内特殊功能寄存器的可寻址位。例如：

sfr PSW＝0xd0；   //定义 PSW 寄存器地址为 0xd0

sbit OV＝PSW^2；   //定义 OV 位为 PSW.2

符号"^"前是特殊功能寄存器的名字，"^"后的数字定义特殊功能寄存器可寻址位在寄存器中的位置，取值必须是 0～7。

注意，不要把 bit 与 sbit 相混淆。bit 定义普通的位变量，只能是二进制的 0 或 1。sbit 是定义特殊功能寄存器的可寻址位，值是可以进行位寻址的特殊功能寄存器的某位的绝对地址，如 PSW 寄存器 OV 位的绝对地址 0xd2。

11）数据类型转换

（1）自动转换：如果计算中包含不同的数据类型，则根据情况，先自动转换成相同类型数据，然后进行计算。转换规则是：向高精度数据类型转换，向有符号数据类型转换。如位变量与字符型变量或整型变量相加时，位变量先转换成字符型或整型数据，然后相加。

（2）强制转换：通过强制类型转换的方式进行转换。例如：

unsigned int b;

float c;

b＝（int）c;

2．数据存储类型

在讨论 C51 数据类型时，必须同时提及它的存储类型，以及它与 8051 单片机存储器结构的关系，因为 C51 定义的任何数据类型必须以一定的方式定位在 8051 单片机的某一存储区中，否则没有任何实际意义。

8051 单片机有四个存储空间，分成三类，它们是：片内数据存储空间、片外数据存储空间和程序存储空间。由于片内数据存储器和片外数据存储器又分成不同的区域，所以变量有更多的存储区域，在定义时必须明确指出是存放在哪个区域。表 2-2 给出了存储区域、存储类型及其与存储空间的对应关系。

表 2-2   C51 语言存储类型与 8051 存储空间的对应关系

存储区域	存储类型	与存储空间的对应关系
DATA	data	片内 RAM 直接寻址区，位于片内 RAM 的低 128 字节
BDATA	bdata	片内 RAM 位寻址区，位于片内 RAM 的 20H～2FH 空间
IDATA	idata	片内 RAM 的 256 字节，是必须间接寻址的存储区
XDATA	xdata	片外 RAM 的 64 KB 空间，使用@DPTR 间接寻址
PDATA	pdata	片外 RAM 的 256 字节空间，使用@R$_i$ 间接寻址
CODE	code	程序存储器，使用 DPTR 寻址

下面对表 2-2 中各存储区域作一说明：

（1）DATA 区。该区寻址最快，应把常使用的变量放在该区，但该区存储空间有限，除了包含程序变量外，还包含了堆栈和寄存器组。DATA 区声明中的存储类型标识符为 data，通常指片内 RAM 128 B 的内部数据存储的变量，可直接寻址。

标准变量和用户自声明变量都可存储在 DATA 区中，只要不超过 DATA 区的范围即可。由于 C51 用默认的寄存器组来传递参数，因此 DATA 区至少失去 8 B 空间。

另外，当内部堆栈溢出时，程序会莫名其妙地复位。这是因为 8051 没有报错机制，堆栈溢出只能以这种方式表示，因此要留有较大的堆栈空间来防止堆栈溢出。

（2）BDATA 区。BDATA 是 DATA 中的位寻址区，在该区中声明变量就可进行位寻址。BDATA 区声明中的存储类型标识符为 bdata，指的是片内 RAM 可位寻址的 16 字节存储区（字节地址为 20H～2FH）中的 128 位。

C51 编译器不允许在 BDATA 区中声明 float 和 double 型变量。

（3）IDATA 区。该区使用寄存器作为指针来进行间接寻址，常用来存放使用比较频繁的变量。与外部存储器寻址相比，它的指令执行周期和代码长度相对较短。IDATA 区声明中的存储类型标识符为 idata，指的是片内 RAM 的 256 B 的存储区，只能间接寻址，速度比直接寻址慢。

（4）PDATA 区和 XDATA 区。PDATA 区和 XDATA 区位于片外存储区，其声明中的存储类型标识符分别为 pdata 和 xdata。PDATA 区只有 256 B，仅指定 256 B 的外部数据存储区。但 XDATA 区最多可达 64 KB，对应的 xdata 存储类型标识符可指定外部数据区 64 KB 内的任何地址。

对 PDATA 区的寻址要比对 XDATA 区的寻址快，因为对 PDATA 区寻址，只需装入 8 位地址，而对 XDATA 区寻址要装入 16 位地址，所以尽量把外部数据存储在 PDATA 区中。

由于外部数据存储器与外部 I/O 口是统一编址的，因此外部数据存储器地址段中除了包含数据存储器地址外，还包含外部 I/O 口的地址。对外部数据存储器及外部 I/O 口的寻址将在本章的绝对地址寻址部分介绍。

（5）程序存储区 CODE。程序存储区 CODE 声明的标识符为 code，储存的数据是不可改变的。在 C51 编译器中可以用存储区类型标识符 code 来访问程序存储区。

单片机访问片内 RAM 比访问片外 RAM 相对快一些，所以应尽量把频繁使用的变量置于片内 RAM（即采用 data、bdata 或 idata 存储类型），而将容量较大的或使用不太频繁的那些变量置于片外 RAM（即采用 pdata 或 xdata 存储类型）。常量只能采用 code 存储类型。

3. C51 变量的应用举例

在单片机编程时，经常会用到一些变量。变量在使用之前必须先进行定义。定义变量的基本格式如下：

数据类型说明符［存储类型］变量名

例如：

```
unsigned char data temp;
unsigned int xdata i;
char code led[]＝{0x3f, 0x06, 0x5b, 0x4f, 0x66, 0x6d, 0x7d, 0x07};
```

4. 数据存储模式

如果在变量定义时缺省了存储类型标识符，则编译器会自动默认存储类型。默认的存储类型进一步由 small、compact 和 large 存储模式指令限制。存储模式决定了变量的默认存储区域和参数的传递方法。

（1）small 模式。该模式下，所有变量都默认位于 8051 单片机内部的数据存储器，与使用 data 指定存储器类型的方式一样。small 模式的特点是存储容量小，存取速度快，变量访问的效率高，但是所有数据对象和堆栈必须使用内部 RAM。

（2）compact 模式。该模式下，所有变量都默认在外部数据存储器的 1 页（256 B）内，这与使用 pdata 指定存储器类型是一样的。compact 模式的特点是存储容量较 small 模式大，速度较 small 模式稍慢，但比 large 模式快。该存储器类型适用于变量不超过 256 B 的情况，此限制是由寻址方式决定的，相当于使用数据指针@Ri 寻址。

（3）large 模式。该模式下，所有变量都默认位于外部数据存储器，这与使用 xdata 指定存储器类型是一样的。large 模式的特点是存储容量大，速度慢。

在固定的存储器地址上进行变量传递，是 C51 的标准特征之一。在 small 模式下，参数传递是在片内数据存储区中完成的。large 和 compact 模式允许参数在外部存储器中传递。C51 也支持混合模式。例如，在 large 模式下，生成的程序可将一些函数放入 small 模式中，从而加快执行速度。

2.2.2 C51 语言的特殊功能寄存器及位变量定义

1. 特殊功能寄存器的 C51 定义

对于 51 单片机，特殊功能寄存器的定义分为 8 位单字节寄存器和 16 位双字节寄存器两种，分别使用关键字 sfr、sfr16 定义。

1）8 位特殊功能寄存器的定义

定义的一般格式为

sfr 特殊功能寄存器名字＝特殊功能寄存器地址；

例如：

```
sfr    PSW＝0x80；        //程序状态字寄存器地址 80H
sfr    TCON＝0x88；       //定时器/计数器控制寄存器地址 88H
sfr    SCON＝0x98；       //串行口控制寄存器地址 98H
```

2）16 位特殊功能寄存器的定义

定义的一般格式为

特殊功能寄存器名字＝特殊功能寄存器地址；

此时，特殊功能寄存器地址为低字节地址。例如：

```
sfr16    DPTR＝0x82
```

DPTR 为 16 位寄存器，包含两个 8 位特殊功能寄存器 DPL 和 DPH，0x82 为 DPL 的地址。

说明：

定义特殊功能寄存器中的地址必须在 0x80～0xff 范围内。

定义特殊功能寄存器时，必须放在函数外面作为全局变量，而不能在函数内部定义。

使用 sfr 或 sfr16 每次只能定义一个特殊功能寄存器。

用 sfr 或 sfr16 定义的是绝对定位的变量，具有特定的意义，在应用时不能像一般变量那样随便使用。

2. C51 位变量的定义

C51 的位变量分为两种类型：bit 型和 sbit 型。

1）bit 型位变量的定义

常说的位变量指的就是 bit 型位变量。C51 的 bit 型位变量定义的一般格式为

［存储类型］bit 位变量名；

bit 型位变量被保存在 RAM 中的位寻址区域，位变量定义举例如下：

```
bit flag；
```

说明：

bit 型位变量与其他变量一样，可以作为函数的形参，也可以作为函数的返回值，即函数的类型可以是位型的。

位变量不能使用关键字"_at_"绝对定位。位变量不能定义指针，不能定义数组。

2）sbit 型位变量的定义

对于能够按位寻址的特殊功能寄存器，可以对寄存器各位定义位变量。位变量定义的一般格式为

sbit 位变量名＝位地址表达式

位地址表达式有三种形式：直接位地址、特殊功能寄存器名带位号、字节地址带位号。

（1）用特殊功能寄存器名带位号定义位变量：

sbit 位名＝特殊功能寄存器^位置；

例如：

sbitCY＝ PSW^7；　　//定义 CY 位为 PSW.7，地址为 0xd0

sbitOV＝ PSW^2；　　　//定义 OV 位为 PSW.2，地址为 0xd2

（2）用字节地址带位号定义位变量：

sbit 位名＝字节地址^位置；

例如：

sbit　CY＝ 0xd0^7；　　// CY 位地址为 0xd7

sbit　OV＝ 0xd0^2；　　// OV 位地址为 0xd2

（3）用直接位地址定义位变量：

sbit 位名＝位地址；

将位的绝对地址赋给变量，位地址必须为 0x80～0xff。

例如：

sbit　CY＝ 0xd7；　　// CY 位地址为 0xd7

sbit　OV＝ 0xd2；　　// OV 位地址为 0xd2

说明：

用 sbit 定义的位变量，必须能够按位寻址和按位操作，而不能对不可位寻址的 sfr 位变量操作。

用 sbit 定义位变量，必须放在函数外面作为全局变量，而不能在函数内部定义。

用 sbit 每次只能定义一个位变量。

用 sbit 定义的是绝对定位的位变量，具有特定的意义，在应用时不能像 bit 型位变量那样随便使用。

2.2.3　C51 语言的绝对地址访问

在一些情况下，希望把一些变量定义在某个固定地址上，如 I/O 端口和指定访问某个单元等，C51 提供了两种常用的访问绝对地址的方法。

1. 绝对宏

程序中用"＃include＜absacc.h＞"来对 absacc.h 中声明的宏来访问绝对地址，包括 CBYTE、CWORD、DBYTE、DWORD、XBYTE、XWORD、PBYTE、PWORD，具体使用参见 absacc.h 头文件。其中：CBYTE 以字节形式对 code 区寻址；CWORD 以字形式对 code 区寻址；DBYTE 以字节形式对 data 区寻址；DWORD 以字形式对 data 区寻址；XBYTE 以字节形式对 xdata 区寻址；XWORD 以字形式对 xdata 区寻址；PBYTE 以字节

形式对 pdata 区寻址；PWORD 以字形式对 pdata 区寻址。

例如：

```
#include<absacc.h>
#define PORTA XBYTE[0xFFC0]
            //将 PORTA 定义为外部 I/O 口，地址为 0xFFC0，长度为 8 位
#define NRAM   DBYTE[0x50]
            //将 NRAM 定义为片内 RAM，地址为 0x50，长度为 8 位
PORTA=0x3d;        //将数据 3DH 写入地址为 0xffc0 的外部 I/O 端口 PORTA
NRAM=0x01;         //将数据 01H 写入片内 RAM 的 0x40 单元
```

2. _at_ 关键字

关键字 _at_ 可访问指定的存储器空间的绝对地址，格式如下：

［存储器类型］数据类型说明符 变量名 _at_ 地址常数

其中，存储器类型为 C51 能识别的数据类型；数据类型为 C51 支持的数据类型；地址常数用于指定变量的绝对地址，必须位于有效的存储器空间之内；使用 _at_ 定义的变量必须为全局变量。

【例 2-1】 使用关键字 _at_ 实现绝对地址的访问，程序如下：

```
void   main(void)
{
    data unsigned char y1 _at_ 0x50；    //在 data 区定义字节变量 y1，它的地址为 50H
    xdata unsigned int y2 _at_ 0x4000；   //在 xdata 区定义字变量 y2，它的地址为 4000H
    y1=0xff；
    y2=0x1234；
    ...
    while(1)；
}
```

【例 2-2】 将片外 RAM 1000H 开始的连续 20 字节清 0，程序如下：

```
xdata unsigned char buffer[20] _at_ 0x1000；
void main(void)
{
    unsigned char i；
    for(i=0；i<20；i++)
    {
        buffer[i]=0；
    }
}
```

2.2.4　C51 的基本运算符和表达式

C51 语言提供了丰富的运算符，它们能构成多种表达式，处理不同的问题，从而使 C51 语言的运算功能十分强大。C51 语言常用的运算符可以分为 8 类，如表 2-3 所示。

表 2-3　C51 常用运算符

运算符名	运算符
算术运算符	＋　－　＊　/　％　＋＋　－－
关系运算符	＞　＜　＞＝　＜＝　＝＝　!＝
逻辑运算符	!　&&　‖
位运算符	&　|　～　^　<<　>>
赋值运算符	＝
逗号运算符	,
指针运算符	＊　&
强制类型转换运算符	（类型）

　　表达式是表达由运算符及运算对象组成的、具有特定含义的式子。C51 语言是一种表达式语言，表达式后面加上分号";"就构成了表达式语句。这里我们主要介绍在 C51 编程中经常用到的算术运算符、关系运算符、逻辑运算符、位运算符、指针运算符、逗号运算符。

1. 算术运算符

　　算术运算符及其说明见表 2-4。

　　要注意除法运算符在进行浮点数相除时，其结果为浮点数，如 20.0/5 所得值为 4.0；而进行两个整数相除时，所得值是整数，如 7/3 值为 2。

表 2-4　算术运算符

符　号	说　明	功　　能
＋	加法	求两个数的和，例如 8＋9＝17
－	减法	求两个数的差，例如 20－9＝11
＊	乘法	求两个数的积，例如 20＊5＝100
/	除法	求两个数的商，例如 20/4＝5
％	取余	求两个数的余数，例如 20％9＝2
＋＋	自增 1	变量自动加 1
－－	自减 1	变量自动减 1

　　取余运算符"％"要求参与运算的量均为整型，结果等于两数相除后的余数。

　　C51 中表示加 1 和减 1 时可以采用自增运算符和自减运算符，自增运算符和自减运算符用来使变量自动加 1 或减 1，自增和自减运算符放在变量前和变量后是不同的。

　　后置运算：i＋＋(或 i－－)是先使用 i 的值，再执行 i＋1(或 i-1)。

　　前置运算：＋＋i(或－－i)是先执行 i＋1(或 i-1)，再使用 i 的值。

2. 关系运算符

　　在分支选择程序结构中，经常需要比较两个变量的大小关系，以决定程序下一步的操作。比较两个数据量的运算符称为关系运算符。C51 提供了 6 种关系运算符，如表 2-5 所示。

表 2 - 5   关系运算符

符 号	说 明	功　能
>	大于	两个数比较大小，前面的数大于后面的数，则结果为 1
<	小于	两个数比较大小，前面的数小于后面的数，则结果为 1
>=	大于等于	两个数比较大小，前面的数大于等于后面的数，则结果为 1
<=	小于等于	两个数比较大小，前面的数小于等于后面的数，则结果为 1
==	等于	两个数比较大小，两个数相等，则结果为 1
!=	不等于	两个数比较大小，两个数不相等，则结果为 1

3. 逻辑运算符

逻辑运算的结果只有"真"和"假"两种，"1"表示真，"0"表示假。表 2 - 6 列出了逻辑运算符及其说明。

表 2 - 6   逻辑运算符

符 号	说 明	功　能
&&	逻辑与	当且仅当两个运算量的值都为"真"时，运算结果为"真"，否则为"假"
||	逻辑或	当且仅当两个运算量的值都为"假"时，运算结果为"假"，否则为"真"
!	逻辑非	当运算量的值为"真"时，运算结果为"假"；当运算量的值为"假"时，运算结果为"真"

逻辑运算符"!"的优先级最高，其次为"&&"，最低为"||"。和其他运算符比较，优先级从高到低的排列顺序如下：

！→算术运算符→关系运算符→&&→||→赋值运算符。

4. 位运算符

在实际应用中，常想改变 I/O 口中某一位的值，而不影响其他位，如果 I/O 口可位寻址，这个问题就很简单了。但有时外扩的 I/O 口只能进行字节操作，要想实现单独位控，就要采用位操作。C51 提供了 6 种位运算符，位运算符及其说明见表 2 - 7。

表 2 - 7   位运算符

符 号	说 明	功　能
&	按位与	参与运算的两个数按位相与，例如 0x19&0x4d＝0x09
|	按位或	参与运算的两个数按位相或，例如 0x19|0x4d＝0x5d
^	按位异或	参与运算的两个数按位异或，例如 0x19^0x4d＝0x54
~	按位取反	参与运算的两个数按位取反，例如 ~0x19＝0xe6
<<	左移位	按位左移(高位丢弃，低位补 0)，例如(0x3a<<2)＝0xe8
>>	右移位	按位右移(低位丢弃，高位补 0)，例如(0x3a>>2)＝0x0e

按位与运算通常用来对某些位清零或保留某些位。例如，要保留从 P1 端口的 P1.0 和 P1.1 读入的两位数据，可以执行"key＝P1&0x03;"操作；而要清除 P1 端口的 P1.4～P1.7 为 0，可以执行"P1＝P1&0x0f;"。

同样，按位或运算经常用于把指定位置 1，其余位不变的操作。

5. 指针运算符

指针是 C51 语言中一个十分重要的概念，指针变量用于存储某个变量的地址，C51 用"＊"和"＆"运算符来提取变量的内容和地址，见表 2-8。

表 2-8　指针和取地址运算符

符号	说　明	功　　能
＊	提取变量的内容	c＝＊b;把以指针变量 b 为地址的单元内容送至变量 c
＆	提取变量的地址	a＝＆b;取 b 变量的地址送至变量 a

提取变量的内容和变量的地址的一般形式分别如下：

目标变量＝＊指针变量　　//将指针变量所指的存储单元内容赋值给目标变量

指针变量＝＆目标变量　　//将目标变量的地址赋值给指针变量

指针变量中只能存放地址（即指针型数据），不能将非指针类型的数据赋值给指针变量。例如：

```
int i;              //定义整型变量 i
int ＊b;            //定义指向整数的指针变量 b
b＝＆i;             //将变量 i 的地址赋给指针变量 b
```

6. 逗号运算符

C51 中逗号","也是一种运算符，称为逗号运算符，其功能是把两个表达式连接起来组成一个表达式，称为逗号表达式，其一般形式如下：

表达式 1，表达式 2，…，表达式 n

逗号表达式的求值过程是：从左至右分别求出各个表达式的值，并以最右边的表达式 n 的值作为整个逗号表达式的值。

程序中使用逗号表达式的目的通常是要分别求逗号表达式内各表达式的值，并不一定要求整个逗号表达式的值。

例如：

x＝(y＝10，y＋5);

逗号左边的表达式是将 10 赋给 y，逗号右边的表达式进行 y＋5 的计算，逗号表达式的结果是最右边的表达式"y＋5"的结果 15 赋给 x。

注意：并不是在所有出现逗号的地方都组成逗号表达式，如在变量说明、函数表达式中的逗号只是用作各变量之间的间隔符。例如：

unsigned char i, j;

2.2.5　C51 的分支与循环程序结构

C51 程序的执行部分由语句组成。C51 提供了丰富的程序控制语句，按结构可分为 3 类，即顺序结构、分支结构和循环结构。顺序结构是基本结构，程序自上而下，从 main( ) 函数开始一直到程序结束，只有一条路可走，无其他路径可选，结构较简单且便于理解，这里仅介绍分支结构和循环结构。

1. 分支控制语句

C51 的分支控制语句有：if 语句和 switch 语句。if 语句又有 if、if-else 和 if-else if 三种不同的形式，下面分别进行介绍。

1）基本 if 语句

基本 if 语句用来判定所给定的条件是否满足，根据判定结果决定执行两种操作之一。

基本 if 语句的基本结构如下：

if（表达式）

{

　　语句组；

}

if 语句的执行过程：当"表达式"的结果为"真"时，执行其后的"语句组"，否则程序跳过大括号中的语句部分，继续执行下面的其他语句。if 语句执行过程如图 2-1 所示。

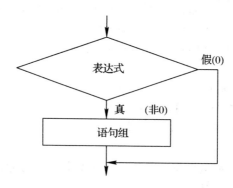

图 2-1　if 语句执行过程

例如：

if（x＞y）　{max＝x；min＝y；}

如果 x＞y，则 x 赋给 max，y 赋给 min；如果 x＞y 不成立，则不执行大括号中的赋值运算。

说明：

（1）if 语句中的"表达式"通常为逻辑表达式或关系表达式，也可以是任何其他表达式或类型数据，只要表达式的值非 0 即为"真"。

（2）在 if 语句中，"表达式"必须用括号括起来。

（3）在 if 语句中，花括号"{ }"里面的语句组如果只有一条语句，可以省略花括号。

2）if－else 语句

if－else 语句的一般格式如下：

if（表达式）

{

　　语句组 1；

}

else

{

　　语句组 2；

}

if－else 语句的执行过程：当"表达式"的结果为"真"时，执行其后的"语句组 1"，否则执行"语句组 2"。if - else 语句执行过程如图 2 - 2 所示。

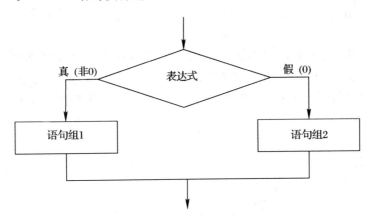

图 2 - 2 if - else 语句执行过程

例如：

if (x＞y)

｛

　　max＝x；

｝

else

｛

　　max＝y；

｝

本形式相当于双分支选择结构。

3) if - else if 语句

if - else if 语句是由 if - else 语句组成的嵌套，用于实现多个条件分支的选择，其一般格式如下：

if (表达式 1)

｛

　　语句组 1；

｝

else　if (表达式 2)

｛

　　语句组 2；

｝

else　if (表达式 3)

｛

　　语句组 3；

｝

…

else

{

　　语句组 n；

}

执行该语句时，依次判断"表达式 i"的值，当"表达式 i"的值为"真"时，执行其对应的"语句组 i"，跳过剩余的 if 语句组，继续执行该语句下面的一个语句；如果所有表达式的值均为"假"，则执行最后一个 else 后的"语句组 n"，然后继续执行其下面的一个语句，执行过程如图 2-3 所示。

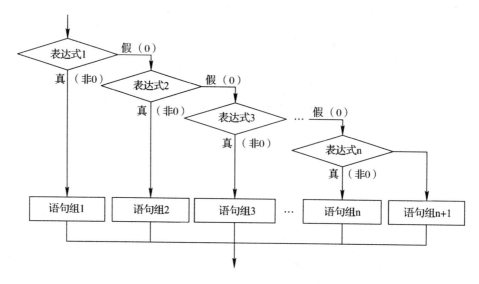

图 2-3　if-else if 语句执行过程

例如：

```
if (x>100)
{
    y=1;
}
else  if (x>50)
{
    y=2;
}
else  if (x>30)
{
    y=3;
}
else  if (x>20)
{
    y=4;
}
else
{
```

```
    y=5;
}
```

本形式相当于串行多分支选择结构。

说明：

（1）else 语句是 if 语句的子句，它是 if 语句的一部分，不能单独使用。

（2）else 语句总是与在它上面跟它最近的 if 语句相配对。

4）switch 语句

if 语句一般用作单一条件或分支数目较少的场合，如果使用 if 语句来编写超过 3 个以上分支的程序，就会降低程序的可读性。C51 语言提供了一种用于多分支选择的 switch 语句。switch 语句的一般形式如下：

```
switch  （表达式 1）
{
    case 常量表达式 1：语句组 1；break；
    case 常量表达式 2：语句组 2；break；
    …
    case 常量表达式 n：语句组 n；break；
    default：{语句 n+1；}
}
```

该语句的执行过程是：首先计算表达式的值，并逐个与 case 后的常量表达式的值相比较，当表达式的值与某个常量表达式的值相等时，则执行对应常量表达式后的语句组，再执行 break 语句，跳出 switch 语句的执行，继续执行下一条语句。如果表达式的值与所有 case 后的常量表达式均不相同，则执行 default 后的语句组。

说明：

（1）在 case 后的各常量表达式的值不能相同，否则会出现同一个条件有多种执行方案的矛盾。

（2）在 case 语句后，允许有多个语句，可以不用 { } 括起来。

（3）case 和 default 语句的先后顺序可以改变，不会影响程序的执行结果。

（4）"case 常量表达式"只相当于一个语句标号，表达式的值和某标号相等则转向该标号执行，但在执行完该标号后面的语句后，不会自动跳出整个 switch 语句，而是继续执行后面的 case 语句。因此，使用 switch 语句时，要在每一个 case 语句后面加 break 语句，使得执行完该 case 语句后可以跳出整个 switch 语句的执行。

（5）default 语句是在不满足 case 语句的情况下的一个默认执行语句。如果 default 语句后面是空语句，表示不做任何处理，可以省略。

【例 2-3】 在单片机程序设计中，常用 switch 语句作为键盘中按键按下的判别，并根据按下键的键号跳向各自的分支处理程序。

```
input：  keynum=keyscan( )
switch(keynum)
{
    case 1：key1( )；break；
```

```
            case 2：key2( )；break；
            case 3：key3( )；break；
            case 4：key4( )；break；
            ...
            default：goto input
        }
```

例 2－3 中的 keyscan()是另行编写的一个键盘扫描函数，如果有键按下，该函数就会得到按下按键的键值，将键值赋予变量 keynum。如果键值为 2，则执行键值处理函数 key2()后返回；如果键值为 4，则执行 key4()函数后返回。执行完 1 个键值处理函数后，跳出 switch 语句，从而达到按下不同的按键来进行不同的键值处理的目的。

2. 循环控制语句

在结构化程序设计中，循环程序结构是一种很重要的程序结构，许多实用程序都包含循环结构，熟练掌握和运用循环结构的程序设计是 C51 语言程序设计的基本要求。

循环程序的作用是：对给定的条件进行判断，当给定的条件成立时，重复执行给定的程序段，直到条件不成立时为止。给定的条件称为循环条件，需要重复执行的程序段称为循环体。

在 C51 中，实现循环结构的语句有以下 3 种：while 语句、do－while 语句和 for 语句，下面分别对它们加以介绍。

1）while 语句

while 语句用来实现"当型"循环结构，即当条件为"真"时，就执行循环体。while 语句的一般形式如下：

while(表达式)
{
    循环体语句；
}

其中，"表达式"通常是逻辑表达式或关系表达式，为循环条件，"循环体语句"是被重复执行的程序段。该语句的执行过程是：首先计算"表达式"的值，当值为"真"时，执行循环体语句。while 语句的执行过程如图 2－4 所示。

说明：

（1）使用 while 语句时要注意，当表达式的值为"真"时，执行循环体语句，循环体执行一次完成后，再次回到 while，进行循环条件判断，如果仍然为"真"，则重复执行循环体，如果为"假"则退出整个 while 循环语句。

（2）如果循环条件一开始就为假，那么 while 后面的循环体一次都不会被执行。

（3）如果循环条件总为真，如 while(1)表达式为

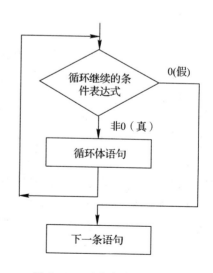

图 2－4 while 语句执行流程

常量"1"，非 0 即为"真"，循环条件永远成立，则为无限循环，即死循环。

（4）除非特殊应用的情况，在使用 while 语句进行循环程序设计时，通常循环体内包含修改循环条件的语句，以使循环逐渐趋于结束，避免出现死循环。

在循环程序设计中，要特别注意循环的边界问题，即循环的初值和终值要非常明确。例如，下面的程序段是求 1～100 的累加和，变量 i 的取值范围为 1～100，所以，初值设为 1，while 语句的条件为"i＜＝100"，符号"＜＝"为关系运算符"小于等于"。

```
main( )
{
    int i, sum;
    i＝1;                 //循环控制变量 i 的初始值为 1
    sum＝0;               //累加和变量 sum 的初始值为 0
    while(i＜＝100)
    {
        sum＝sum＋i;       //累加和
        i＋＋;            //i 增 1，修改循环控制变量
    }
}
```

2）do－while 语句

while 语句在执行循环体之前判断循环条件，如果条件不成立，则该循环不会被执行。实际编程时，经常需要先执行一次循环体后，再进行循环条件的判断，"直到型"do－while 语句可以满足这种要求。do－while 语句的一般格式如下：

```
do
{
    循环体语句;
}while(表达式);
```

do－while 语句的执行过程是：先执行"循环体语句"一次，再计算"表达式"的值，如果"表达式"的值为"真"，则继续执行"循环体语句"，直到表达式为"假"为止。do－while 语句的执行过程如图 2－5 所示。

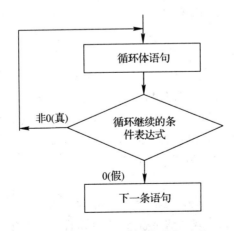

图 2－5　do－while 语句执行过程

例如，用 do-while 语句求 1～100 的累加和，程序如下：

```
main( )
{
    int i, sum;
    i=1;                 //循环控制变量 i 的初始值为 1
    sum=0;               //累加和变量 sum 的初始值为 0
    do
    {
      sum=sum+i;         //累加和
      i++;               //i 增 1，修改循环控制变量
    }while(i<=100)
}
```

同样的一个问题，既可以用 while 语句来实现，也可以用 do-while 语句来实现，二者的循环体语句部分相同，运行结果也相同。区别在于：while 循环的控制出现在循环体之前，只有当 while 后面表达式的值非 0 时，才可能执行循环体；在 do-while 构成的循环中，总是先执行一次循环体，然后再求表达式的值，因此无论表达式的值是 0 还是非 0，循环体至少要被执行一次。

说明：

（1）在使用 if 语句、while 语句时，表达式中括号后面都不能加分号"；"，do-while 语句的表达式中括号后面必须加分号。

（2）do-while 语句与 while 语句相比，更适用于处理不论条件是否成立，都需先执行一次循环体的情况。

（3）如果 do-while 语句中的循环条件总为真，如 do-while(1)表达式为常量"1"，非 0 即为"真"，循环条件永远成立，则为无限循环，即死循环。

3）for 语句

在 C51 中，当循环次数已知的时候，使用 for 语句比 while 和 do-while 更为方便。for 语句既可以用于循环次数已知的情况，也可用于循环次数不确定而只给出循环条件的情况，完全可替代 while 语句。for 循环的一般格式如下：

```
for(表达式 1;表达式 2;表达式 3)
{
    循环体语句;
}
```

关键字 for 后面的圆括号内通常包括 3 个表达式：循环变量赋初值、循环条件和修改循环变量，各表达式间用"；"隔开。这 3 个表达式可以是任意形式的表达式，通常主要用于 for 循环控制。紧跟在 for()之后的循环体，在语法上要求是 1 条语句；若在循环体内需要多条语句，应用大括号括起来组成复合语句。

for 执行过程如下：

（1）计算"表达式 1"，表达式 1 通常称为"初值设定表达式"。

（2）计算"表达式 2"，表达式 2 通常称为"循环条件判断表达式"，若满足条件，转下一步，若不满足条件，则转步骤(6)。

（3）执行 1 次 for 循环体。

（4）计算"表达式 3"，修改循环控制变量，一般也是赋值语句。

（5）跳到上面第（2）步继续执行。

（6）结束循环，执行 for 循环之后的语句。

以上过程用流程图表示如图 2-6 所示。

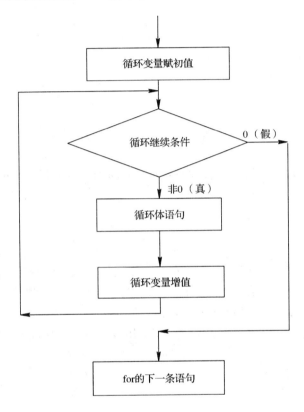

图 2-6　for 语句执行流程

例如，用 for 语句求 1～100 累加和，程序如下：

```
main( )
{
    int i, sum=0;
    for(i=1;i<=100;i++)
    {
        sum=sum+i;        //累加和
    }
}
```

上面 for 语句的执行过程如下：先给 i 赋初值 1，判断 i 是否小于等于 100，若是，则执行循环体"sum=sum+i;"语句一次，然后 i 增 1，再重新判断，直到 i=101 时，条件 i<=100 不成立，循环结束。该语句相当于 while 语句。

```
i=1;
while(i<=100)
```

```
{
    sum=sum+i;
    i++;
}
```

因此，for 语句的一般形式也可以改写如下：

表达式 1；

while(表达式 2)

```
{
    语句组；
    表达式 3；
}
```

比较 for 语句和 while 语句，显然用 for 语句更加简洁方便。

说明：

（1）进行 C51 单片机应用程序设计时，无限循环也可以采用如下的 for 语句实现：

for(;;)

```
{
    循环体语句；
}
```

此时，for 语句的小括号内只有两个分号，无表达式，这意味着没有设初值，无判断条件，循环变量不改变，其作用相当于 while(1)，这将导致一个无限循环。一般在编程时，若需要无限循环，则可采用这种形式的 for 循环语句。

（2）赋初值表达式可以由多个表达式组成，用逗号隔开。例如：

int sum=0；

for(i=0;i<=100;i++){…}

可以合并为如下语句：

for(sum=0, i=1;i<=100;i++){…}

（3）for 语句中的三个表达式都是可选项，即可以省略，但必须保留";"。

如果在 for 语句外已经给循环变量赋了初值，通常可以省去第一个表达式"循环变量赋初值"。例如：

int i=1, sum=0；

for(; i<=100;i++)

```
{
    sum=sum+i;        //累加和
}
```

如果省略第二个表达式"循环条件"，则不进行循环结束条件的判断，循环将无休止执行下去而成为死循环，这时通常应在循环体中设法结束循环。例如：

int i, sum=0；

for(i=1; ;i++)

```
{
    if(i>100)break; //当 i>100 时，结束 for 循环
    sum=sum+i;
```

```
}
```

如果省略第三个表达式"修改循环变量"，可在循环体语句组中加入修改循环控制变量的语句，以保证程序能够正常结束。例如：

```
int i，sum＝0；
for(i＝1；i＜＝100；)
{
    sum＝sum＋i；
    i＋＋；  //循环变量 i＝i+1
}
```

（4）没有循环体的 for 语句通常用来实现软件延时。例如，编写一个延时 1 ms 程序：

```
void delayms( )
{
    unsigned char i；
    for(i＝0；i＜125；i＋＋)
    {；}
}
```

如把上述程序段编译成汇编代码分析，则用 for 的内部循环大约延时 8 μs，但不是特别精确。不同编译器会产生不同延时，因此 i 的上限值 125 应根据实际情况进行补偿调整。

（5）while、do－while 和 for 语句都可以用来处理相同的问题，一般可以互相代替。for 语句主要用于给定循环变量初值、循环次数明确的循环结构，而要在循环过程中才能确定循环次数及循环控制条件的问题用 while、do－while 语句更方便。

（6）无限循环的结构实现。

编写无限循环程序段，可使用以下 3 种结构。

① 使用 while(1)的结构：

```
while(1)
{
    循环体语句；
}
```

② 使用 for(；；)的结构：

```
for(；；)
{
    循环体语句；
}
```

③ 使用 do－while(1)的结构：

```
do
{
    循环体语句；
} while(1)；
```

3. break 语句、continue 语句和 goto 语句

在循环体执行中，如满足循环判定条件的情况下跳出代码段，可使用 break 语句或 continue 语句；如要从任意地方跳转到代码某地方，可使用 goto 语句。

1) break 语句

当 break 语句用于 while、do - while、for 循环语句中时，不论循环条件是否满足，都可使程序立即终止整个循环而执行后面的语句。通常 break 语句总是与 if 语句一起使用，即满足 if 语句中给出的条件时便跳出循环。

例如，执行如下程序段：

```
void   main(void )
{
        int i=0, sum;
        sum=0;
        for(i=1;;i++)              //设置 for 循环
        {
          if(i>10)break;          //判断条件是否满足，如果满足则退出循环
          sum=sum+i;
        }
}
```

说明：

（1）在循环结构程序中，既可以通过循环语句中的表达式来控制循环程序是否结束，还可以通过 break 语句强行退出循环结构。

（2）break 语句对 if - else 的条件语句不起作用。

（3）在循环嵌套中，一个 break 语句只能向外跳一层。

2) continue 语句

continue 语句的作用是跳过循环体中剩余的语句，结束本次循环，强行执行下一次循环。它与 break 的不同之处是：break 语句是直接结束整个循环语句，而 continue 则是停止当前循环体的执行，跳过循环体中余下的语句，再次进入循环条件判断，准备继续开始下一次循环体的执行。

continue 语句只能用在 while、do - while、for 等循环语句中，通常与 if 条件语句一起使用，用来加速循环结束。

下面的程序段将求出 1~50 的累加值，但要求跳过所有个位为 4 的数。

```
void   main(void )
{int   i, sum=0;
    sum=0;
    for(i=1;i<=50;i++)
    {
      if(i%10==4)continue;
      sum=sum+i;
    }
}
```

3) goto 语句

goto 语句是一无条件转移语句。当执行 goto 语句时，将程序指针跳转到 goto 给出的下一条代码。基本格式如下：

goto   标号

例如，计算整数 1～100 的累加值，存放到 sum 中。

```
void    main(void )
{unsigned char i
int   sum；
    sumadd：
sum＝sum＋i；
i＋＋；
if(i＜101)
    {goto sumadd；
    }
}
```

goto 语句在 C51 中经常用于无条件跳转某条必须执行的语句以及在死循环程序中退出循环。为方便阅读，也为了避免跳转时引发错误，在程序设计中要慎重使用 goto 语句。

2.2.6　C51 的数组

在程序设计中，为了处理方便，把具有相同类型的若干数据项按有序的形式组织起来。这些按序排列的同类数据元素的集合称为数组，组成数组的各个数据分项称为数组元素。

数组属于常用的数据类型，数组中的元素有固定数目和相同类型，数组元素的数据类型就是该数组的基本类型。例如，整型数据的有序集合称为整型数组，字符型数据的有序集合称为字符型数组。

数组还分为一维、二维、三维和多维数组等，常用的是一维、二维和字符数组。

1. 一维数组

1）一维数组的定义

具有一个下标的数组元素组成的数组称为一维数组。一维数组的形式如下：

类型说明符　数组名[元素个数]；

其中，类型说明符是指数组中的各个数组元素的数据类型；数组名是用户定义的数组标识符；方括号中的常量表达式表示数组元素的个数，也称为数组长度。

例如：

```
int array[8]；    / * 定义整形数组 array，有 8 个元素，array[0]、array[1]、…、array[7] * /
float a[3]；      //定义浮点型数组 a，有 3 个元素
char b[4]；       //定义字符数组 b，有 4 个元素
```

定义数组时，应注意以下几点：

（1）数组的类型实际上是指数组元素的取值类型。对于同一个数组，所有元素的数据类型都是相同的。

（2）数组名的书写规则应符合标识符的书写规定。

（3）数组名不能与其他变量名相同。

（4）方括号中常量表达式表示数组元素的个数，如 a[3]表示数组 a 有 3 个元素。数组元素的下标从 0 开始计算，3 个元素分别是 a[0]、a[1]、a[2]。

（5）方括号中的常量表达式不可以是变量，但可以是符号常数或常量表达式。

（6）允许在同一个类型说明中说明多个数组和多个变量，例如：

int a，b，c，array[10]；

2）数组元素

数组元素也是一种变量，其标志方法为数组名后跟一个下标。下标表示该数组元素在数组中的序号，只能为整型常量或整型表达式。如果为小数，则 C 编译器将自动取整。定义数组元素的一般形式如下：

数组名[下标]

例如，tab[5]、led[2]即为数组元素。

在程序中不能一次引用整个数组，只能逐个使用数组元素。例如，数组 tab 包括 10 个数组元素，累加 10 个数组元素之和，必须使用下面的循环语句逐个累加各数组元素：

int tab[10]，sum；

sum＝0；

for(i＝0;i<10;i++)

sum+＝tab[i]；

不能用一个语句累加整个数组，下面的写法是错误的：

sum＝sum+tab；

3）数组赋值

数组赋值的方法有两种：赋值语句和初始化赋值。

（1）在程序执行过程中，可以用赋值语句对数组元素逐个赋值，例如：

for(i＝0;i<10;i++)

num[i]＝i；

（2）数组初始化赋值是指在定义数组时给数组元素赋予初值，这种赋值方法是在编译阶段进行的，可以减少程序运行时间，提高程序执行效率。初始化赋值的一般形式如下：

类型说明符 数组名[常量表达式]＝{值，值，…，值}；

其中，在{ }中的各数据值即为相应数组元素的初值，各值之间用逗号隔开。例如：

unsigned char num[10]＝{0，1，2，3，4，5，6，7，8，9}；

相当于 num[0]＝0；num[1]＝1；…；num[9]＝9。

注意：数组说明和下标变量在形式上有些相似，但这两者具有完全不同的含义。数组说明的方括号中给出的是长度，可取下标的最大值加 1；而数组元素中的下标是该元素在数组中的位置标识。前者只能是常量，后者可以是常量、变量或表达式。

2. 二维数组或多维数组

具有两个或两个以上下标的数组，称为二维数组或多维数组。定义二维数组的一般形式如下：

类型说明符 数组名[行数][列数]；

其中，数组名是一个标识符，行数和列数都是常量表达式。例如：

float array[3][4]   /* array2 数组，有 3 行 4 列共 12 个浮点型元素 */

二维数组的存放方式是按行排列，放完一行后顺次放入第二行。对于上面定义的二维数组，先存放 array[0]行，再存放 array[1]行，最后存放 array[2]行；每行中的 4 个元素也是依次存放的。由于数组 array 说明为 float 类型，该类型数据占 4 字节的内存空间，所以每个元素均占有 4 字节。

二维数组的初始化赋值可按行分段赋值，也可按行连续赋值。例如：

int a[3][4]={{1, 2, 3, 4}, {5, 6, 7, 8}, {9, 10, 11, 12}};

int a[3][4]={ 1, 2, 3, 4, 5, 6, 7, 8, 9, 10, 11, 12};

以上两种赋值的结果是完全相同的。

3. 字符数组

若一个数组的元素是字符型的，则该数组就是一个字符数组。例如：

char a[9]= {'W', 'E', 'L', 'C', 'O', 'M', 'E', '\0'};

定义了一个字符型数组 a[ ]，有 9 个数组元素，并且将 8 个字符(其中包括一个字符串结束标志 '\0')分别赋给了 a[0]~a[7]，剩余的 a[8]被系统自动赋予空格字符。

C51 还允许用字符串直接给字符数组置初值。例如：

char a[9]={"WELCOME"};

用双引号括起来的一串字符称为字符串常量，C51 编译器会自动地在字符串末尾加上结束符 '\0'。

用单引号括起来的字符为字符的 ASCII 码值，而不是字符串。例如，'a'表示 a 的 ASCII 码值 61H；而 "a"表示一个字符串，由两个字符 a 和\0 组成。

一个字符串可以用一维数组来装入，但数组的元素数目一定要比字符多一个，以便 C51 编译器自动在其后面加入结束符 '\0'。

2.2.7   C51 的指针

C51 支持基于存储器的指针和一般指针两种指针类型。当定义一个指针变量时，若未给出它所指向的对象的存储类型，则指针变量被认为是通用指针；反之，若给出了它所指向对象的存储类型，则该指针被认为是基于存储器的指针。

1. 基于存储器的指针

在定义一个指针时，若给出了它所指对象的存储类型，则该指针是基于存储器的指针。基于存储器的指针类型由 C51 语言源代码中的存储类型决定，用这种指针可以高效访问对象，且只需 1~2 字节。基于存储器的指针的一般定义格式如下：

[存储类型] 数据类型 存储类型 *[指针存储类型] 指针名；

其中，"存储类型"是指针变量所指向的数据存储空间区域；"指针存储类型"是指针变量本身所存储的空间区域。两者可以是同一个区域，但多数情况下不会是同一个区域。

需要注意的是，"存储类型"不能缺省，缺省后专用指针就变成了通用指针；"指针存储类型"可以缺省，缺省时认为指针存储在默认的存储区域，其默认存储区取决于所设置的存储模式。例如：

char xdata * px;

字符型指针变量 px 指向 xdata 区，指针自身在默认的存储区。

char xdata * data pdx;

字符型指针变量 pdx 指向 xdata 区，指针自身在 data 存储区。

注意：

(1) 要区分指针变量指向的空间区域和指针变量本身所存储的区域，定义时，指针指向的存储区属性不能缺省，而指针存储区属性可以缺省；

(2) 指向不同区域的指针变量其本身所占的字节数也不同，指向 data、idata、bdata、

pdata 区域的指针为单字节，指向 xdata、code 区域的指针为双字节。

2. 一般指针

在函数的调用中，函数的指针参数需要用一般指针。一般指针占用 3 字节：1 字节为存储器类型，2 字节为偏移量。存储器类型决定了对象所用的 8051 的存储空间，偏移量指向实际地址。一个一般指针可以访问任何变量而不管它在 8051 存储器的位置。一般指针的说明形式如下：

［存储类型］数据类型 ＊指针变量；

例如：

char ＊ pz

这里没有给出 pz 所指变量的存储类型，pz 处于编译模式默认的存储区，长度为 3 字节。

一般指针包括 3 字节，即 2 字节偏移和 1 字节存储器类型，如表 2-9 所示。

表 2-9   一般指针

地　址	+0	+1	+2
存储内容	存储器类型	偏移量高位	偏移量低位

表 2-9 中，第 1 个字节代表指针的存储器类型，存储器类型的编码如表 2-10 所示。

表 2-10   存储器类型的编码

存储器类型	idata/data/bdata	xdata	pdata	code
存储内容	0x00	0x01	0xFE	0xFF

例如，以 xdata 类型的 0x1234 地址作为指针可表示成如表 2-11 所示。

表 2-11   0x1234 的表示

地　址	+0	+1	+2
存储内容	0x01	0x12	0x34

2.3   C51 语言的函数

函数是一个完成一定相关功能的执行代码段。在高级语言中，函数与另外两个名词"子程序"和"过程"用来描述同样的事情。在 C51 语言中使用的是"函数"这个术语。

C51 语言中函数的数目是不限制的，但是一个 C51 程序必须至少有一个函数，以 main 为名，称为主函数。主函数是唯一的，整个程序从这个主函数开始执行。

C51 语言还可建立和使用库函数，可由用户根据需求调用。

2.3.1   函数的分类

按结构不同，C51 语言函数可分为主函数 main( ) 和普通函数两种，而普通函数又划分为标准库函数和用户自定义函数。

1. 标准库函数

标准库函数是由 C51 编译器提供的。编程者在进行程序设计时，应该善于充分利用这些功能强大、资源丰富的标准库函数资源，以提高编程效率。

用户可直接调用 C51 库函数而不需为这个函数写任何代码，只需要包含具有该函数说明的头文件即可。例如，调用输出函数 printf 时，要求程序在调用输出库函数前包含以下 include 命令：

```
#include <stdio.h>
```

2. 用户自定义函数

用户自定义函数是用户根据需要所编写的函数。按函数定义的形式不同，用户自定义函数分为无参函数、有参函数和空函数。

1）无参函数

此种函数在被调用时，既无参数输入，也不返回结果给调用函数，只是为完成某种操作而编写的函数。

无参函数的定义形式如下：

返回值类型说明符　函数名（）

{

　　函数体；

}

无参函数一般不带返回值，因此函数的返回值类型的标识符记为 void。

2）有参函数

调用此种函数时，必须提供实际的输入函数。有参函数的定义形式如下：

返回值类型说明符　函数名（形式参数说明符 形式参数列）

{

　　函数体；

}

【例 2 - 4】　定义一个函数 max( )，用于求两个数中的大数。

```
int a, b
int max(int a, int b)
{
    if(a>b)return(a);
    else    return(b);
}
```

程序段中，a、b 为形式参数；return( )为返回语句。

3）空函数

此种函数体内是空白的。调用空函数时，什么工作也不做，不起任何作用。定义空函数并不是为了执行某种操作，而是为了以后程序功能的扩充。一般先将一些基本模块的功能函数定义成空函数，占好位置，并写好注释，以后再用一个编好的函数代替它。这样整个程序的结构清晰，可读性好，便于以后扩充新功能。

空函数的定义形式如下：

返回值类型标识符　函数名（）

{　　}

例如：

```
float min(    )
{    }                /＊空函数，占好位置＊/
```

2.3.2　函数的参数与返回值

1. 函数的参数

C 语言采用函数之间的参数传递方式，使一个函数能对不同的变量进行功能相同的处理，从而大大提高了函数的通用性与灵活性。

函数之间的参数传递，由主函数调用时主调函数的实际参数与被调函数的形式参数之间进行数据传递来实现。

被调用函数的最后结果由被调用函数的 return 语句返回给调用函数。

函数的参数包括形式参数和实际参数。

（1）形式参数：函数的函数名后面括号中的变量名称为形式参数，简称形参。

（2）实际参数：在函数调用时，主调函数名后面括号中的表达式称为实际参数，简称实参。

在 C 语言的函数调用中，实际参数与形式参数之间的数据传递是单向进行的，只能由实际参数传递给形式参数，而不能由形式参数传递给实际参数。

实际参数与形式参数的类型必须一致，否则会发生类型不匹配的错误。

2. 函数的返回值

函数返回值是通过 return 语句获得的。一个函数可有一个以上 return 语句，但是多于一个的 return 语句必须在选择结构(if 或 do/case)中使用(例如前面求两个数中的大数函数 max()的例子)，因为被调用函数一定只能返回一个变量。

函数返回值的类型一般在定义函数时由返回值的标识符来指定。例如，在函数名之前的 int 指定函数的返回值的类型为整型数(int)。若没有指定函数的返回值类型，则默认返回值为整型类型。

当函数没有返回值时，则使用标识符 void 进行说明。

2.3.3　函数的调用

在一个函数中需要用到某个函数的功能时，就调用该函数。调用者称为主调函数，被调用者称为被调函数。

1. 函数调用的一般形式

函数调用的一般形式如下：

函数名(实际参数列表)；

若被调函数是有参函数，则主调函数必须把被调函数所需的参数传递给被调函数。传递给被调函数的数据称为实际参数(简称实参)，必须与形参的数据在数量、类型和顺序上都一致。实参可以是常量、变量和表达式。实参对形参的数据是单向的，即只能将实参传递给形参。

2. 函数调用的方式

主调用函数对被调用函数的调用有以下 3 种方式。

1）函数调用语句

这种方式是把被调用函数的函数名作为主调函数的一个语句。例如：

delayms( );

此时，并不要求函数返回结果数值，只要求函数完成某种操作。

2）函数结果作为表达式的一个运算对象

函数结果作为表达式的一个运算对象示例如下：

result＝2＊max(a, b);

被调用函数以一个运算对象出现在表达式中。这要求被调用函数带有 return 语句，以便返回一个明确的数值进行表达式的运算。被调用函数 max 为表达式的一部分，它的返回值乘以 2 再赋给变量 result。

3）函数参数

这种方式是被调用函数作为另一个函数的实际参数。例如：

m＝max(a, gcd(u, v));

其中，gcd(u, v)是一次函数调用，它的值作为另一个函数的 max()的实际参数之一。

3. 对调用函数的说明

在一个函数调用另一个函数时，必须具备以下条件：

(1) 被调用函数必须是已经存在的函数(库函数或用户自定义的函数)。

(2) 如果程序中使用了库函数，或使用了不在同一文件中的另外的自定义函数，则应该在程序的开头处使用♯include 包含语句，将所有的函数信息包含到程序中。

例如，♯include＜stdio.h＞将标准的输入、输出头文件 stdio.h(在函数库中)包含到程序中。

在程序编译时，系统会自动将函数库中的有关函数调入到程序中，编译出完整的程序代码。

(3) 如果程序中使用了自定义函数，且该函数与调用它的函数同在一个文件中，则应根据主调用函数与被调用函数在文件中的位置，决定是否对被调用函数作出说明。

① 如果被调用函数在主调用函数之后，则一般应在主调用函数中，在被调用函数调用之前，对被调用函数的返回值类型作出说明。

② 如果被调用函数出现在主调用函数之前，则无需对被调用函数进行说明。

③ 如果在所有函数定义之前，在文件的开头处，在函数的外部已经说明了函数的类型，则在主调用函数中不必对所调用的函数再做返回值类型说明。

2.3.4 中断服务函数

由于标准 C 语言没有定义单片机中断处理，因此为能进行 8051 的中断处理，C51 编译器对函数定义进行了扩展，增加了一个扩展关键字 interrupt。使用 interrupt 可以将一个函数定义成中断服务函数。由于 C51 编译器在编译时对声明为中断服务程序的函数自动添加了相应的现场保护、阻断其他中断、返回时自动恢复现场等处理的程序段，因而在编写中断服务函数时可不必考虑这些问题，减小了用户编写中断服务程序的繁琐程度。

中断服务函数的一般形式如下：

函数类型　函数名(形式参数表) interrupt n　using n

关键字 interrupt 是中断号，对于 51 单片机，n 取值为 0～4。

关键字 using 后的 n 是所选择的寄存器组，using 是一个选项，可省略。如果没有使用 using 关键字指明寄存器组，则中断函数中的所有工作寄存器的内容将被保存到堆栈中。

2.3.5 变量及存储方式

1. 变量

1）局部变量

局部变量是某一个函数中存在的变量，它只在该函数内部有效。

2）全局变量

全局变量是在整个源文件中都存在的变量。有效区间是指从定义点开始到源文件结束，其中的所有函数都可直接访问该变量。如果定义前的函数需要访问该变量，则需要使用 extern 关键词对该变量进行说明；如果全局变量声明文件之外的源文件需要访问该变量，则也需要使用 extern 关键词进行说明。

由于全局变量一直存在，占用了大量的内存单元，且加大了程序的耦合性，因此不利于程序的移植或复用。

全局变量可以使用 static 关键词进行定义，该变量只能在变量定义的源文件内使用，不能被其他源文件引用，这种全局变量称为静态全局变量。如果一个其他文件的非静态全局变量需要被某文件引用，则需要在该文件调用前使用 extern 关键词对该变量声明。

2. 变量的存储方式

单片机的数据存储区可以分为静态存储区和动态存储区两个部分。其中，全局变量存放在静态存储区，在程序开始运行时，给全局变量分配存储空间；局部变量存放在动态存储区，在进入拥有该变量的函数时，给这些变量分配存储空间。

2.3.6 宏定义与文件包含

在 C51 程序设计中要经常用到宏定义、文件包含与条件编译。

1. 宏定义

宏定义语句属于 C51 语言的预处理指令，使用宏可以使变量书写简化，增加程序的可读性、可维护性和可移植性。宏定义分为简单的宏定义和带参数的宏定义。

1）简单的宏定义

格式如下：

＃define 宏替换名 宏替换体

例如：

＃define uchar unsigned char

＃define uint unsigned int

＃define gain 4

由上可见，宏定义不仅可以方便无符号字符型和无符号整型变量的书写，而且当增益需要变化时，只需要修改增益 gain 的宏替换体 4 即可，而不必在程序的每处修改，大大增加了程序的可读性和可维护性。

2）带参数的宏定义

格式如下：

＃define 宏替换名(形参)　带形参宏替换体

带参数的宏定义可以出现在程序的任何地方，在编译时可由编译器替换为定义的宏替换体，其中的形参用实际参数代替。由于可以带参数，因此增强了带参数宏定义的应用。

2. 文件包含

文件包含是指一个程序文件将另一个指定的文件的内容包含进去。文件包含的一般格式如下：

♯include ＜文件名＞

或

♯include"文件名"

上述两种格式的差别是：采用＜文件名＞格式时，在头文件目录中查找指定文件；采用"文件名"格式时，应在当前的目录中查找指定文件。例如：

♯include＜stdio.h＞/＊将标准的输入、输出头文件 stdio.h(在函数库中)包含到程序中＊/

♯include＜stdio.h＞/＊将函数库中专用数学库的函数包含到程序中＊/

当程序中需调用编译器提供的各种库函数时，必须在文件的开头使用 ♯include 命令将相应函数的说明文件包含进来。

2.4　Keil μVision3 环境下的 C51 程序开发

Keil C51 语言(简称 C51 语言)是德国 Keil software 公司开发的用于 8051 单片机的 C51 语言开发软件。目前，Keil C51 已被完全集成到一个功能强大的全新集成开发环境(Intergrated Development Enviroment，IDE)Keil μVision3 中。

Keil μVision3 是一款用于 8051 单片机的集成开发环境，为软件开发提供了全新的 C51 语言开发环境。它支持 8051 架构的众多芯片，同时集编辑、编译、仿真等功能于一体，具有强大的软件调试功能。Keil μVision3 增加了很多与 8051 单片机硬件相关的编译特性，使得应用程序的开发更为方便和快捷，生成的程序代码运行速度快，所需要的存储器空间小，完全可以和汇编语言相媲美，是目前单片机应用开发软件中最优秀的软件开发工具之一。该开发环境下集成了文件编辑处理、编译链接、工程(Project)管理、窗口、工具引用和仿真软件模拟器以及 Monitor51 硬件目标调试器等多种功能，所有这些功能均可在 Keil μVision3 的开发环境中极为简便地进行操作。

下面介绍 Keil μVision3 开发环境下的 C51 源程序的设计、调试与开发。

2.4.1　KeilμVision3 的基本操作

1. 软件安装与启动

Keil μVision3 集成开发环境的安装，同大多数软件安装一样，根据提示进行。

Keil μVision3 安装完毕后，可在桌面上看到 Keil μVision3 软件的快捷图标。单击该快捷图标，即可启动该软件，几秒钟后，就会出现如图 2-7 所示的 Keil μVision3 界面，图中标出了 Keil μVision3 界面各窗口的名称。

2. 创建工程

编写一个新的应用程序前，首先要建立工程(Project)。Keil μVision3 把用户的每一个应用程序设计都当作一个工程，用工程管理的方法把一个程序设计中所需要用到的、互相关联的程序链接在同一工程中。这样，打开一个工程时，所需要的关联程序也都跟着进入了调试窗口，方便用户对工程中各个程序的编写、调试和存储。用户也可能开发了多个工程，每个工程用到了相同或不同的程序文件和库文件，采用工程管理，很容易区分不同工程中所用到的程序文件和库文件，非常容易管理。因此，在使用 Keil μVision3 对程序进行编辑、调试与编译之前，需要首先创建一个新的工程。

（1）在如图 2-7 所示的窗口，单击菜单栏中的"Project"（工程），再点击下拉菜单选项"New Project…"，见图 2-8。

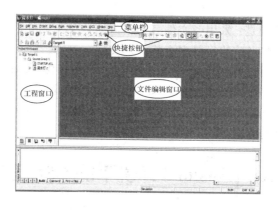

图 2-7　Keil 软件开发环境界面

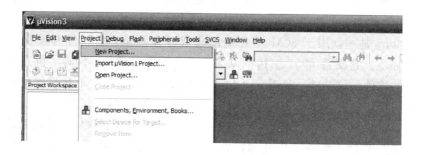

图 2-8　新建工程菜单

（2）单击"New Project…"选项后，就会弹出"Create New Project"窗口，如图 2-9 所示。

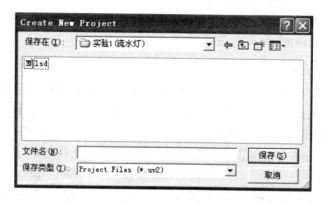

图 2-9　"Create New Project"窗口

在该窗口中，需在"文件名"窗口中输入新建工程的名字，并且在"保存在"下拉框中选择工程的保存目录，为工程输入文件名后，单击"保存"即可。

（3）弹出如图 2 - 10 所示的"Select Device for Target"（选择 MCU）窗口，按照界面的提示选择相应的 MCU。选择"Atmel"目录下的"AT89C51"（对于 AT89S51，也是选择 AT89C51）。

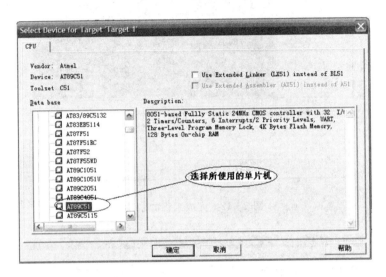

图 2 - 10　"Select Device for Target"窗口

（4）点击"确定"按钮后，会出现如图 2 - 11 所示的对话框。如果需要复制启动代码到新建的工程，单击"是"，如果不需要则单击"否"。单击"是"后会出现如图 2 - 12 所示的窗口，这时新的工程已经建立完毕。

图 2 - 11　是否复制启动代码到工程对话框

2.4.2　添加用户源程序文件

在一个新的工程创建完成后，就需要将自己编写的用户源程序代码添加到这个工程中。添加用户程序文件通常有两种方式：一种是新建文件，另一种是添加已创建的文件。

1. 新建文件

（1）单击图 2 - 12 中的新建快捷按钮（或单击菜单栏"File"→"New"选项），这时会出现如图 2 - 13 所示的窗口。在这个窗口会出现一个空白的文件编辑画面，用户可在这里输入编写的程序源代码。

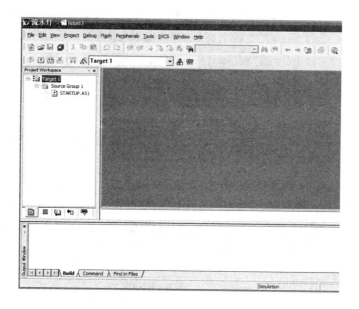

图 2-12　完成工程的创建

图 2-13　建立新文件

（2）单击图 2-13 中的保存快捷按钮（或单击"File"→"Save"选项），保存文件，这时会弹出如图 2-14 所示的窗口。

（3）在如图 2-14 所示的"Save As"对话框中，在"保存"下拉框中选择新文件的保存目录，这样就将这个新文件与刚才建立的工程保存在同一个文件夹下，然后在"文件名"栏中输入新建文件的名字。由于使用 C51 语言编程，因此文件名的扩展名应为".c"，这里新建的文件名为"流水灯.c"。如果用汇编语言编程，那么文件名的扩展名应为".asm"。完成上

图 2-14 "Save As"对话框

述步骤后单击"保存"按钮，这时新文件已经创建完成。

如果将这个新文件添加到刚才创建的工程中，则操作步骤与下面的"添加已创建文件"的步骤相同。

2. 添加已创建的文件

（1）在工程窗口（见图 2-7）中，右键单击"Source Group1"，选择"Add Files to Group 'Source Group 1'"选项，见图 2-15。

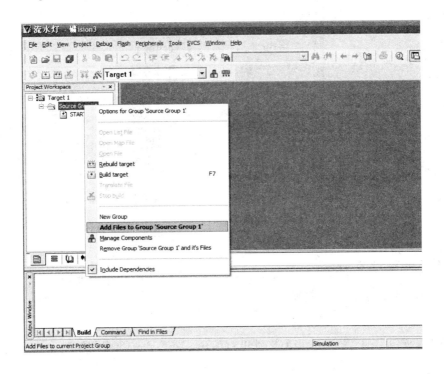

图 2-15 添加文件

（2）完成上述操作后会出现如图 2-16 所示的对话框。在该对话框中选择要添加的文件，这里只有刚刚建立的文件"流水灯.c"，点击这个文件后，单击"Add"按钮，再单击"Close"按钮，文件添加就完成了，这时的工程窗口如图 2-17 所示，流水灯.c 文件已经出现在"Source Group 1"目录下了。

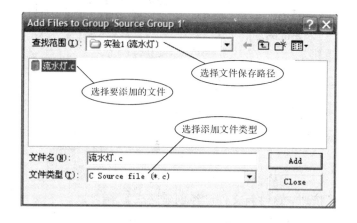

图 2-16   "Add File to'Source Group1'"对话框

图 2-17   文件已添加到工程中

2.4.3 程序的编译与调试

程序的编译和调试步骤如下所述。

1. 程序编译

单击快捷按钮中的 ，对当前文件进行编译，在图 2-18 中的输出窗口会出现提示信息。

从输出窗口中的提示信息可以看到，程序中有 2 个错误，认真检查程序找到错误并改正，改正后再次单击进行编译，直至提示信息显示没有错误为止，如图 2-19 所示。

2. 程序调试

程序编译没有错误后，就可以进行调试与仿真。单击开始/停止调试的快捷按钮(或在

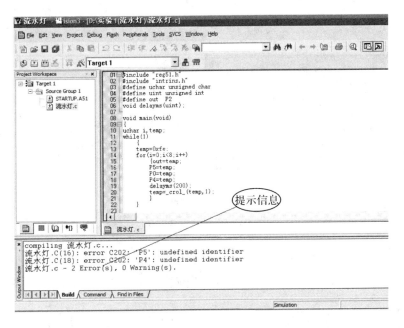

图 2-18   文件编译信息

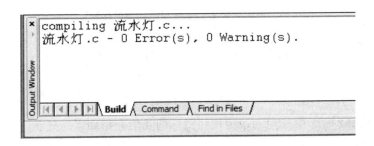

图 2-19   提示信息显示没有错误

主界面点击"Debug"菜单中的"Start/Stop Debug Session"选项），进入程序调试状态，如图 2-20 所示。

图 2-20 中的工程窗口给出了常用的寄存器 r0～r7 以及 a、b、sp、dptr、pc \$、psw 等特殊功能寄存器的值，这些值会随着程序的执行发生相应的变化。

在图 2-20 中的存储器窗口的地址栏处输入 0000H 后回车，则可查看单片机片内程序存储器的内容。单元地址前有"C："，表示程序存储器。如要查看单片机片内数据存储器的内容，则可在存储器窗口的地址栏处输入 D：00H 后回车，即可看到数据存储器的内容。单元地址前有"D："，表示数据存储器。

在图 2-20 中出现了一行新增加的用于调试的快捷命令图标，见图 2-21。原来就有的用于调试的快捷图标如图 2-22 所示。

在程序调试状态下，可运用快捷按钮进行单步、跟踪、断点、全速运行等方式调试，也可观察单片机资源的状态，如程序存储器、数据存储器、特殊功能寄存器、变量寄存器及 I/O 端口的状态。这些图标大多与菜单栏命令"Debug"下拉菜单中的各项子命令是一一对应的，只是快捷按钮图标要比下拉菜单使用起来更加方便快捷。

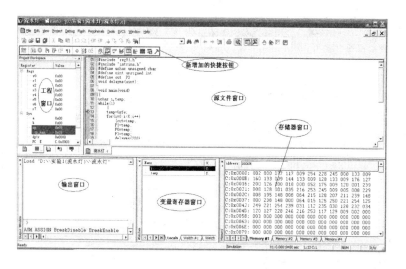

图 2-20　程序调试界面

图 2-21　调试状态下的新增加的快捷命令按钮图标

图 2-22　用于调试的其他快捷命令按钮图标

图 2-21 与图 2-22 中常用的快捷按钮图标的功能介绍如下所述。

（1）各调试窗口显示的开关按钮。

下面的图标控制图 2-21 中各个窗口的开与关。

：工程窗口的开与关。

：特殊功能寄存器显示窗口的开与关。

：输出窗口的开与关。

：存储器窗口的开与关。

：变量寄存器窗口的开与关。

（2）各调试功能的快捷按钮。

：调试状态的进入/退出。

：复位 CPU。在程序不改变的情况下，若要使程序重新开始运行，单击本图标命令即可。执行此命令后程序指针返回到 0000H 地址单元。另外，一些内部特殊功能寄存器在复位期间也将重新赋值。

：全速运行。单击本图标命令，即可实现全速运行程序。在全速运行期间，不允许对任何资源进行查看，也不接受其他命令。

：单步跟踪。每执行一次此命令，程序将运行一条指令。当前的指令用黄色箭头标出，每执行一步箭头都会移动，已执行过的语句呈绿色。

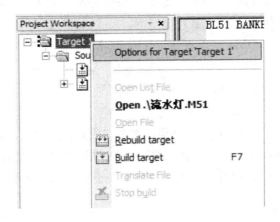：单步运行。该命令把函数和函数调用当作一个实体来看待，以语句为基本执行单元。

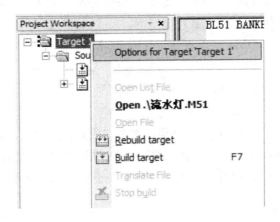：运行到光标行。

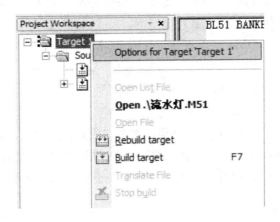：停止程序运行。

（3）断点操作的快捷按钮。

在程序调试中常常要设置断点，一旦执行到该程序行即停止。可在断点处观察有关变量值，以确定问题所在。断点操作的快捷按钮其功能如下：

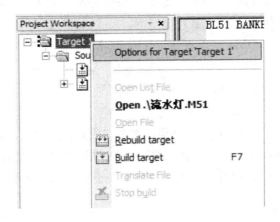：插入/清除断点。

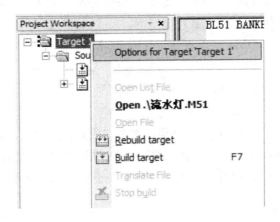：清除所有的断点设置。

：使能/禁止断点，用于开启或暂停光标所在行的断点功能。

：禁止所有断点。

插入或清除断点最简单的方法是：将鼠标移至需要插入或清除断点的行首后双击鼠标。

上述的 4 个快捷图标命令也可从菜单命令 Debug 的下拉子菜单中找到。

2.4.4　工程的设置

工程创建后，还需对工程进一步设置。右键单击工程窗口的"Target 1"，选择"Options for Target 'Target 1'"，见图 2-23，即出现工程设置对话框，见图 2-24。该对话框下有多个页面，通常需要设置的有两个，一个是 Target 页面，另一个是 Output 页面，其余设置取默认值即可。

图 2-23　工程调试的选择

1. Target 页面

（1）Xtal（MHz）：设置晶振频率值，默认值是所选目标 CPU 的最高可用频率值，可根据需要重新设置。该设置与最终产生的目标代码无关，仅用于软件模拟调试时显示程序执行时间。正确设置该数值可使显示时间与实际所用时间一致，一般将其设置成与硬件目标

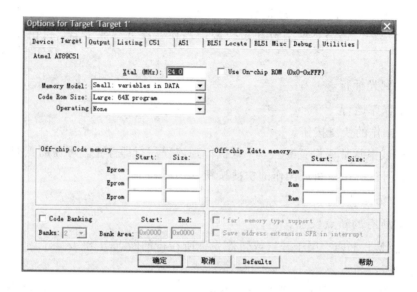

图 2 - 24　"Options for Target 'Target 1'"窗口

样机所用的频率相同。如果没必要了解程序执行的时间，也可以不设置。

（2）Memory Model：设置 RAM 的存储器模式，有 3 个选项。

① Small：所有变量都在单片机的内部 RAM 中。

② Compact：可以使用 1 页外部 RAM。

③ Large：可以使用全部外部的扩展 RAM。

（3）Code Rom Size：设置 ROM 空间的使用，即程序的代码存储器模式，有 3 个选项。

① Small：只使用低于 2 KB 的程序空间。

② Compact：单个函数的代码量不超过 2 KB，整个程序可以使用 64 KB 程序空间。

③ Large：可以使用全部 64 KB 程序空间。

（4）Use On - chip ROM：是否仅使用片内 ROM 选项。注意，选中该项并不会影响最终生成的目标代码量。

（5）Operating：操作系统选项。Keil 提供了两种操作系统：Rtx tiny 和 Rtx full。通常不选操作系统，所以选用默认项 None。

（6）Off - chip Code memory：用以确定系统扩展的程序存储器的地址范围。

（7）Off - chip Xdata memory：用以确定系统扩展的数据存储器的地址范围。

以上选项必须根据所用硬件来决定，如果是最小应用系统，则不进行任何扩展，按默认值设置。

2. Output 页面

点击"Options for Target 'Target 1'"窗口的"Output"选项，会出现 Output 页面，如图 2 - 25 所示。

（1）Create HEX File：生成可执行文件代码文件。选择此项后即可生成单片机可以运行的二进制文件（.hex 格式文件），文件的扩展名为 .hex。

（2）Select Folder for Objects：选择最终的目标文件所在的文件夹，默认与工程文件在

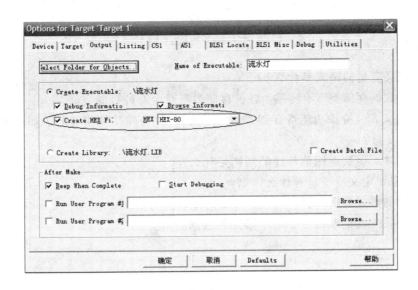

图 2-25　Output 页面

同一文件夹中，通常选默认。

（3）Name of Executable：用于指定最终生成的目标文件的名字，默认与工程文件相同，通常选默认。

（4）Debug Information：将会产生调试信息，这些信息用于调试，如果需要对程序进行调试，应选中该项。

其他选项选默认即可。

完成设置后，在程序编译时单击快捷按钮，会产生如图 2-26 所示的提示信息。该信息说明程序占用片内 RAM 共 11 B，片外 RAM 共 0 B，占用程序存储器共 89 B。最后生成的 .hex 文件名为"流水灯.hex"。至此，整个程序编译过程就结束了，生成的.hex 文件就可在后面介绍的 Proteus 环境下进行虚拟仿真时装入单片机运行。

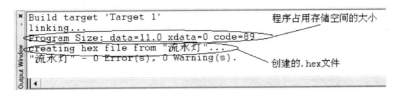

图 2-26　hex 文件生成的提示信息

下面对用于编译、连接时的快捷按钮作一简要说明。

（1）"Build target"按钮：即建立工程按钮，用来编译、连接当前工程，并产生相应目标文件，如.hex 文件。

（2）"Rebuild all target files"按钮：全部重建工程按钮，用于在工程文件有改动时全部重建整个工程，并产生相应的目标文件，如 .hex 文件。

用 C51 编写的源代码程序不能直接使用，需对该源代码程序编译，生成可执行的目标代码.hex 文件，并加载到 Proteus 环境下的虚拟单片机中，才能进行虚拟仿真。

习　题

1. C51 定义变量的格式是什么？

2. C51 的数据存储类型有哪些？各种存储类型对应哪种存储空间？

3. 如何定义 8 位特殊功能寄存器？如何定义 16 位特殊功能寄存器？如何定义特殊功能寄存器的位变量？

4. 在 C51 中，函数返回值传递的规则是什么？

5. bit 与 sbit 定义位变量有什么区别？

6. 数据存储模式有哪几种？它们的特点是什么？

7. C51 在标准 C 的基础上扩展了哪几种数据类型？

第 3 章

Proteus 软件简介

单片机虚拟仿真开发即利用软件手段对单片机应用系统进行仿真开发，与用户样机硬件无任何联系。现对于 51 系列单片机常用的开发软件是 Proteus 软件与 Multisim 软件，Proteus 软件使用最为广泛。

3.1 Proteus 功能概述

1989 年，Lab Center Electronics 公司推出了 Proteus，该软件具有两大功能：其 ISIS 模块主要用于电路原理图的设计与仿真，为单片机应用系统开发提供功能强大的虚拟仿真工具；对单片机应用系统连同程序运行以及所有的外围接口器件、外部测试仪器一起进行仿真。

Proteus 的特点如下：

（1）能对模拟电路、数字电路进行仿真。

（2）具有强大的电路原理图绘制功能。

（3）除 8051 系列外，Proteus 还可仿真 68000 系列、AVR 系列、PIC12/16/18 系列、Z80 系列、HC11、MSP430 等其他各主流系列单片机。

（4）提供了丰富的元器件库，可直接对单片机各种外围电路进行仿真，如 RAM、ROM、总线驱动器、虚拟终端还可对 RS - 232 总线、I^2C 总线、SPI 总线、各种可编程外围接口芯片、LED 数码管显示器、LCD 显示模块、矩阵式键盘、实时时钟芯片以及多种 D/A 转换器和 A/D 转换器等。

（5）提供了各式各样的信号源以及丰富的虚拟仿真仪器，如示波器、逻辑分析仪、信号发生器、计数器、电压源、电流源、电压表、电流表等，并能对电路原理图的关键点进行虚拟测试。除仿真现实存在的仪器外，还提供与示波器作用相似的图形显示功能，可将线路上变化的信号以图形的方式实时显示出来。

（6）提供了第三方的软件接口，如 Keil C51 μVision3、MPLAB（PIC 系列单片机的 C 语言开发软件）等。虚拟仿真无需用户样机，可直接在 PC 上进行虚拟设计与调试。然后把调试完毕的程序代码固化在程序存储器中，一般能直接投入运行。

虽然 Proteus 具有较多优点，但必须注意，使用 Proteus 对用户系统仿真是在理想状况下的仿真，对硬件电路的实时性还不能完全准确地模拟，因此不能进行用户样机硬件部分的诊断与实时在线仿真。所以在单片机系统开发中，一般先在 Proteus 环境下画出系统的硬件电路图，在 Keil C51 μVision3 环境下书写并编译程序，然后在 Proteus 下仿真调试通过。之后依照仿真的结果完成实际的硬件设计，并把仿真通过的程序代码烧录到单片机中，最后安装到用户样机上观察运行结果，如有问题，再连接硬件仿真器去分析、调试。

本章重点介绍如何使用 Proteus 对单片机系统进行虚拟仿真。

3.2　Proteus ISIS 的虚拟仿真

ISIS 界面一般用来绘制单片机系统的电路原理图，在该界面下，还可进行单片机系统的虚拟仿真。当电路连接完成并检查正确后，单击单片机芯片载入经调试通过生成的.hex文件，直接点击仿真运行按钮，即可实现各种动作（声音、发光）的逼真效果，以检验电路硬件及软件设计的对错，非常直观。

图 3-1 是单片机应用系统仿真的例子。单片机控制液晶显示器实时显示输出的广告牌。程序通过 Keil μVision3（支持 C51 和汇编语言编程）软件平台编辑、编译成可执行的" *.hex"文件后，直接用鼠标双击 AT89C51，把" *.hex"文件载入即可。单击界面的仿真运行按钮，如程序无误，且硬件电路连接正确，则出现如图 3-1 所示的仿真运行结果。其中，元器件引脚还会出现红、蓝两色的方点（由于本书为黑白印刷，因此图中颜色无法显示），以表示此时引脚电平的高低。红表示高电平，蓝表示低电平。后续各节将介绍 ProteusISIS 下各种操作命令的功能，以及在 Proteus ISIS 环境下绘制电路原理图的详细步骤。

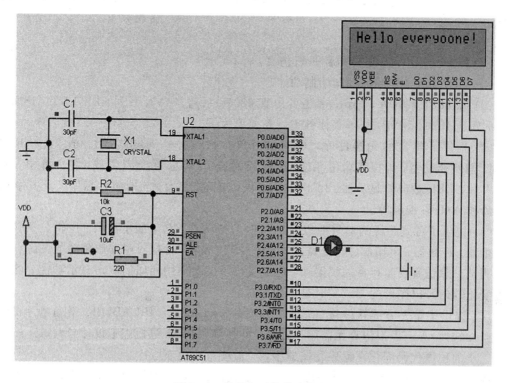

图 3-1　单片机系统仿真实例

3.3 Proteus ISIS 环境简介

按要求把 Proteus 安装在 PC 上。安装完后，单击桌面上的 ISIS 运行界面图标，即可出现如图 3-2 所示的 Proteus ISIS 原理电路图绘制界面(以汉化 7.5 版本为例)。

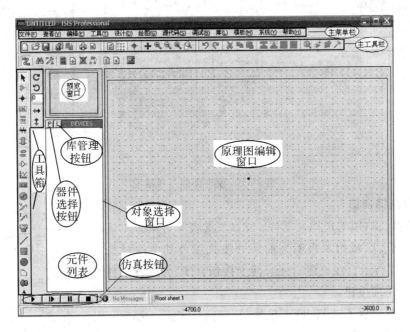

图 3-2 Proteus 的 ISIS 的界面

整个屏幕界面分为若干个区域，由原理图编辑窗口、预览窗口、工具箱、主菜单栏、主工具栏等组成。

3.3.1 ISIS 各窗口简介

ISIS 界面主要有 3 个窗口：原理图编辑窗口、预览窗口和对象选择窗口。

1. 原理图编辑窗口

原理图编辑窗口是用来绘制电路原理图、进行电路设计、设计各种符号模型的区域，方框内为可编辑区，元件放置、电路设置都在此框中完成。

2. 预览窗口

预览窗口可对选中的元器件进行预览，也可对原理图编辑窗口预览。在该窗口可显示如下内容：

(1) 当单击元件列表中的元件时，预览窗口会显示该元件符号。

(2) 当鼠标焦点落在原理图窗口时，会显示整张原理图的缩略图，并会显示一个绿色方框，绿色方框里的内容就是当前原理图窗口中显示的内容。

单击绿色方框中的某一点，就可拖动鼠标来改变绿色方框的位置，从而改变原理图的可视范围，最后在绿色方框内单击鼠标，绿色方框就不再移动，使得原理图的可视范围固定，见图 3-3。

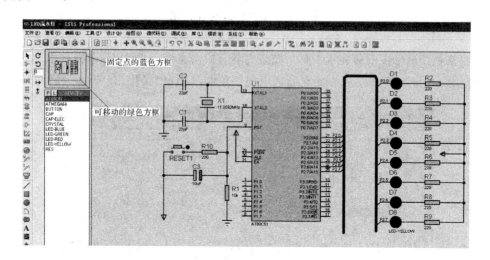

图 3-3 原理图的可视范围

3. 对象选择窗口

对象选择窗口用来选择元器件、终端、仪表等对象。在该窗口中的元件列表区域用来表明当前所处模式以及其中的对象列表，如图 3-4 所示。在该窗口还有两个按钮："P"为器件选择按钮，"L"为库管理按钮。

图 3-4 中显示了 AT89C51 单片机、电容、电阻、晶振、发光二极管等各种元器件。

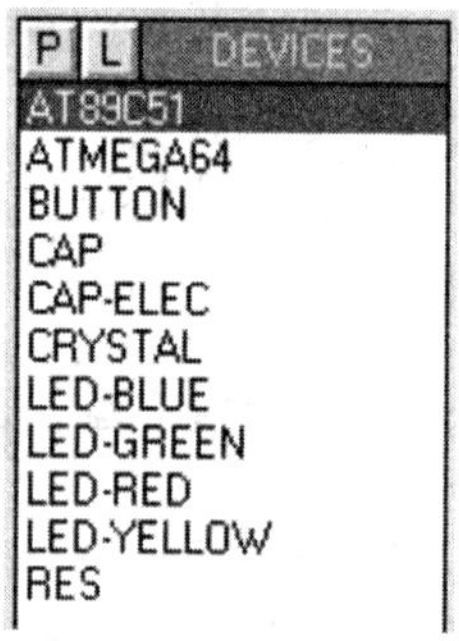

图 3-4 元件列表

3.3.2 主菜单栏

主菜单栏包含如下命令：文件、查看、编辑、工具、设计、绘图、源代码、调试、库、模板、系统和帮助。单击任意菜单命令后，都将弹出其下拉的子菜单命令列表。

1. 文件(File)菜单

文件菜单包括工程的新建设计、打开设计、导入位图、导入区域、导出区域和打印等操作，如图 3-5 所示。ISIS 的文件类型有：设计文件(Design Files)、部分文件(Section Files)、模块文件(Module Files)和库文件(Library Files)。

设计文件包括一个电路原理图及其所有信息，文件扩展名为".DSN"。该文件就是电路原理图文件，用于虚拟仿真。

从部分的原理图可以导出部分文件，然后读入到其他文件里。部分文件的扩展名为".SEC"，可用如图 3-5 所示的文件菜单中的"导入区域"和"导出区域"命令来读和写。

模块文件的扩展名为".MOD"，模块文件可与其他功能一起使用，从而实现层次设计。

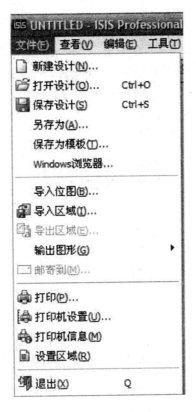

图 3-5　文件菜单

2. 绘图(Graph)菜单

绘图菜单如图 3-6 所示。该菜单具有编辑图表、添加图线、仿真图表、查看日志、导出数据、清除数据、一致性分析以及批模式一致性分析等功能。

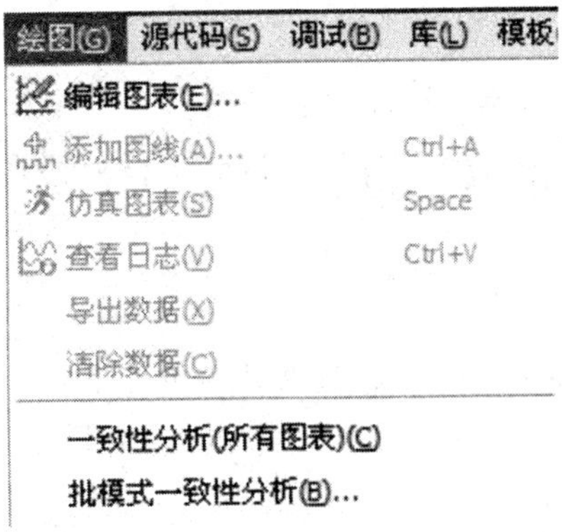

图 3-6　绘图菜单

3. 库(Library)菜单

库菜单见图 3-7。该菜单具有拾取元件/符号、制作元件、制作符号、封装工具、分解、编译到库中、自动放置库文件、检验封装、库管理器等功能。

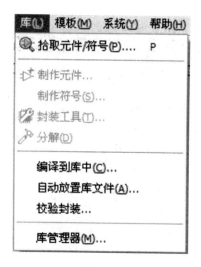

图 3-7　库菜单

3.3.3　主工具栏

主工具栏位于主菜单下面,以图标形式给出,栏中共有 38 个快捷图标按钮。每一个图标按钮都对应一个具体的菜单命令,主要目的是快捷方便地使用这些命令。

3.3.4　工具箱

图 3-2 最左侧为工具箱,选择相应的工具箱图标按钮,系统将提供不同的操作工具。对象选择器根据不同的工具箱图标决定当前状态显示的内容。显示对象的类型包括:元器件、终端、引脚、图形符号、标注和图表等。

下面介绍工具箱中各图标按钮对应的功能。

· :选择模式。

· :元件模式,用来拾取元器件。

设计者可根据需要,从丰富的元件库中拾取元器件并添加元件到列表中,单击此图标可在列表中选择元件。

· :放置电路的连接点。

此按钮适用于节点的连线,在不用连线工具的条件下,可方便地在节点之间或节点到电路中任意点或线之间连线。

· :标注线标签或网络标号。

本图标按钮在绘制电路图时具有非常重要的意义,可使连线简单化。例如,在 80C51 单片机的 P1.7 脚和二极管的阳极各画出一条短线,并标注网络标号为 1,那么就说明 P1.7 脚和二极管的阳极已经在电路上连接在一起了,而不用真的画一条线把它们连起来。

· :输入文本。

使用本图标按钮命令可在绘制的电路上添加说明文本。

· ⊞：绘制总线。

总线在电路图上表现出来的是一条粗线，它代表的是一组总线，当连接到总线上时，要注意标好网络标号。

· ⊞：绘制子电路块。

· ⊟：选择端子。

点击此图标按钮，将在对象选择器中列出如下可供选择的各种常用端子：

DEFAULT：默认的无定义端子。

ITPUT：输入端子。

OUTPUT：输出端子。

BIDIR：双向端子。

POWER：电源端子。

GROUND：接地端子。

BUS：总线端子。

· ⊸⟩：选择元件引脚。

点击此图标，将在对象选择中列出可供选择的各种引脚(如普通引脚、时钟引脚、反电压引脚和短线引脚)。

· ⥠：在对象选择器中列出可供选择的各种仿真分析所需的图表(如模拟图表、数字图表、混合图表和噪声图表等)。

· ▦：当需要对设计电路分割仿真时，采用此模式。

· ⟳：在对象选择器中列出各种信号源(如正弦、脉冲和 FILE 信号源等)模式。

· ⟋：在电路原理图中添加电压探针。电路仿真时可显示探针处的电压值。

· ⟋：在电路原理图中添加电流探针。电路仿真时可显示探针处的电流值。

· ▤：在对象选择器中列出可供选择的虚拟仪器。

3.3.5　元器件列表

选择元器件时，单击"P"按钮，会打开挑选元件对话框，在对话框的"关键字"里输入要检索的元器件的关键词，例如要选择 89C51，便可直接输入，输入以后查看结果栏中的结果。在对话框右侧，还可看到选择完成后器件的仿真模型以及 PCB 参数，见图 3-8。选择了 AT89C51，并双击 AT89C51，该元件就会在左侧的元件列表中显示，以后用到该元件时，只需在元件列表中选择即可。

如果所选择的元器件并没有仿真模型，对话框将在仿真模型和引脚一栏中显示"No Simulator Model"(无仿真模型)，这时不能用该元器件进行仿真，或者只能做该元器件的 PCB 板，或者选择其他与其功能类似的仿真模型的元器件。

3.3.6　预览窗口

预览窗口可显示两项内容：一是在元件列表中选择一个元件名称时会显示该元件的预览图，见图 3-9；二是当鼠标落在原理图编辑窗口时，即放置元件到原理图编辑窗口后或

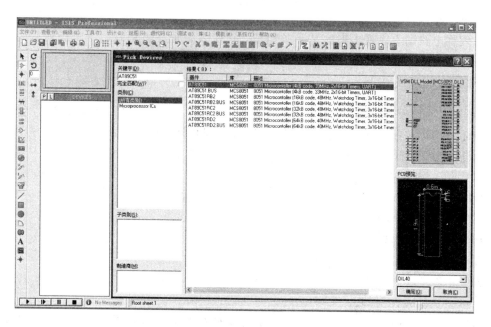

图 3-8　元件列表

单击原理图编辑窗口后,会显示整张原理图的缩略图,并显示一个绿色的方框,绿色方框中的内容就是当前原理图编辑窗口中显示的内容,点击鼠标右键不放开,然后移动鼠标即可改变绿色方框的位置,从而改变原理图的可视范围,见图 3-3。

　　该窗口通常显示整张电路图的缩略图,上面有一个 0.5 英寸(1 英寸≈2.54 厘米)的格子。青绿色的区域标示出图的边框,同时窗口上的绿框标出在原理图编辑窗口中所显示的区域。

　　在预览窗口上单击,将会以单击位置为中心刷新原理图编辑窗口。其他情况下预览窗口显示将要放置的对象的预览图。

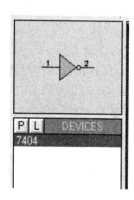

图 3-9　预览窗口

3.3.7　原理图编辑窗口

　　原理图编辑窗口(见图 3-2)用来绘制原理图。需注意,该窗口没有滚动条,用户可用预览窗口来改变原理图的可视范围。具体操作是:鼠标滚轮用来放大或缩小原理图;左键放置元件；右键选择元件；按两次右键删除元件；点击右键出现菜单后可编辑元件属性；先右键后左键可拖动元件；连线用左键，删除用右键。

要使编辑窗口显示一张大的电路图的其他部分，可通过以下方式：

（1）单击预览窗口中想要显示的位置，编辑窗口将显示以单击处为中心的内容。

（2）在编辑窗口内移动鼠标指针，可使显示位置平移。拨动鼠标滚轮可使编辑窗口缩小或放大，编辑窗口会以鼠标指针为中心重新显示。

下面介绍工具栏中与原理图编辑窗口有关的几个功能按钮。

（1）放大或缩小快捷按钮。可采用工具栏中的放大快捷按钮或缩小快捷按钮把原理电路图放大或缩小，这两种操作都会使编辑窗口以当前鼠标位置为中心重新显示。按下工具栏中的"显示全部"快捷按钮可把一整张电路图缩放到完全显示出来。即使在滚动或拖动对象时，用户都可使用上述功能按钮来控制缩放。

（2）网格开关按钮。

编辑窗口内的原理电路图的背景是否带有点状网格，可由主工具栏中的网格开关按钮来控制。点与点之间的间距由对捕捉设置来决定。

（3）捕捉到网格按钮。

鼠标指针在编辑窗口内移动时，坐标值是以固定的步长增长的（初始设定值是100），这称为捕捉。捕捉能够把元件按网格对齐。捕捉的尺度可以由"查看"菜单中的命令设置，如图 3-10 所示。

（4）实时捕捉按钮。当鼠标指针指向引脚末端或者导线时，鼠标指针将会捕捉到这些物体，这种功能称为实时捕捉。该功能可使用户方便地实现导线和引脚的连接。

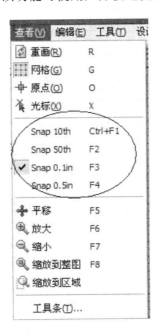

图 3-10　查看菜单下的捕捉尺度

3.4 Proteus ISIS 编辑环境设置

Proteus ISIS 编辑环境的设置主要是指模板的选择、图纸的选择、图纸的设置和网格格点的设置。绘制电路图首先要选择模板，模板主要控制电路图的外观信息，比如图形格式、文本格式、设计颜色、线条连接点大小和图形等。然后设置图纸，如设置纸张的型号、标注的字体等。图纸的格点将为放置元器件、连接线路带来很多方便。

在"菜单"项中点击"模板"按钮，将出现如图 3-11 所示的下拉菜单。

（1）点击"设置设计默认值"，编辑设计的默认选项。

（2）点击"设置图形颜色"，编辑图形颜色。

（3）点击"设置图形风格"，编辑图形的全局风格。

（4）点击"设置文本风格"，编辑全局文本风格。

（5）点击"设置图形文本"，编辑图形字体格式。

（6）点击"设置连接点"，弹出编辑节点对话框。

注意：模板的改变只影响当前运行的 Proteus ISIS，但这些模板也有可能在保存后在其他设计中调用。

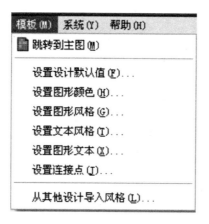

图 3-11 "模板"的下拉菜单

3.5 单片机应用系统的 Proteus 虚拟设计与仿真

本节通过一个案例"流水灯的制作"来介绍在 Proteus 下的单片机应用系统的虚拟设计与仿真。

3.5.1 虚拟设计与仿真步骤

Proteus 下的虚拟仿真在相当程度上反映了实际单片机系统的运行情况。在 Proteus 开发环境下的一个单片机系统的设计与虚拟仿真应分为以下三个步骤。

（1）Proteus ISIS 下的电路设计。首先在 Proteus ISIS 环境下完成一个单片机应用系统的电路原理图设计，包括各种元器件、外围接口芯片选择，电路连接以及电气检测等。

（2）设计源程序与生成目标代码文件。在 Keil μVision3 平台上进行源程序的输入、编译与调试，并生成目标代码文件（＊.hex 文件），见 2.4 节。

（3）调试与仿真。在 Proteus ISIS 平台下将目标代码文件（＊.hex 文件）加载到单片机中，并对系统进行虚拟仿真，这是本节要介绍的内容。在调试时也可使用 Proteus ISIS 与 Keil μVision3 进行联合仿真调试。

单片机系统的原理电路设计及虚拟仿真整体流程如图 3-12 中左侧流程图所示。

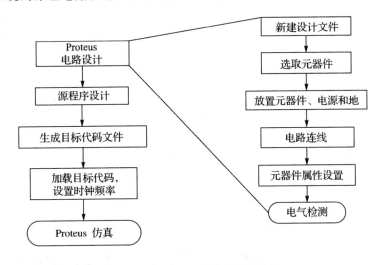

图 3-12　电路设计与仿真流程图

"Proteus 电路设计"是在 Proteus ISIS 平台上完成的。

"源程序设计"与"生成目标代码文件"是在 Keil μVision3 平台上完成的。

"加载目标代码，设置时钟频率"是在 ISIS 下完成的。

"Proteus 仿真"是在 Proteus ISIS 的 VSM 模式下进行的，其中也包含了各种调试工具的使用。

图 3-12 的"Proteus 电路设计"步骤展开后如图 3-12 中右侧流程图所示。

由图 3-12 中右侧流程图可看到用 Proteus ISIS 软件对单片机系统进行电路原理图设计的各个步骤。下面以案例"流水灯的制作"的虚拟仿真为例，详细说明具体操作。

3.5.2　新建或打开一个设计文件

1. 建立新文件

点击菜单栏中的"文件"→"新建设计"选项（或点击主工具栏的快捷按钮）来新建一个文件。如果选择前者新建设计文件，会弹出如图 3-13 所示的"新建设计"窗口。

2. 保存文件

按上面操作为案例建立一个新的文件，在第一次保存该文件时，选择菜单栏中的"文件"→"另存为"选项，即弹出如图 3-14 所示的"保存 ISIS 设计文件"窗口，在该窗口中选择文件的保存路径并输入文件名"流水灯"后，单击"保存"，就完成了设计文件的保

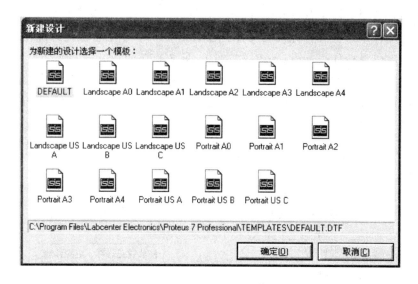

图 3-13 "新建设计"窗口

存。这样就在"实验 1(流水灯)"子目录下建立了一个文件名为"流水灯"的新的设计文件。

如果不是第一次保存,可选择菜单栏中的"文件"→"保存设计"选项,或直接单击快捷图标按钮。

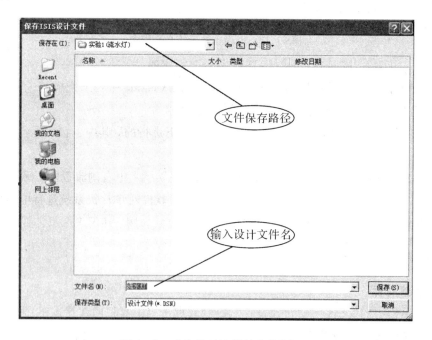

图 3-14 "保存 ISIS 设计文件"窗口

3. 打开已保存的文件

选择菜单栏中的"文件"→"打开设计"选项,将弹出如图 3-15 所示的"加载 ISIS 设计文件"窗口。单击需打开的文件名,再单击"打开"按钮即可。

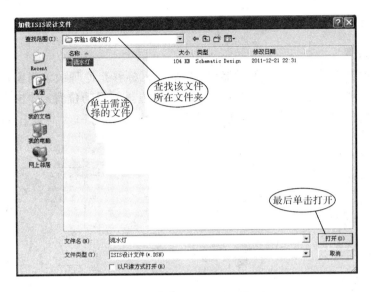

图 3-15 "加载 ISIS 设计文件"窗口

3.5.3 选择需要的元件到元件列表

在电路设计前，要把设计"流水灯"电路原理图需要的元器件列出，见表 3-1。然后根据表 3-1 选择元件到元件列表中。

表 3-1 项目所需元器件列表

元件名称	型号	数量	Proteus 的关键字
单片机	AT89C51	1	AT89C51
晶振	12 MHz	1	CRYSTAL
二极管	蓝色	8	LED – BLUE
二极管	绿色	8	LED – GREEN
二极管	红色	8	LED – RED
二极管	黄色	8	LED – YELLOW
电容	24 pF	4	CAP
电解电容	10 μF	1	CAP – ELEC
电阻	240 Ω	10	RES
电阻	10 kΩ	1	RES
复位按钮		1	BUTTON

观察图 3-2，左侧的元件列表中没有一个元件，单击左侧工具栏中的按钮，再单击器件选择按钮，就会出现"Pick Devices"窗口，在窗口的"关键字"栏中输入 AT89C51，此时在"结果"栏中出现"元件搜索结果列表"，并在右侧出现"元件预览"和"元件 PCB 预览"。在"元件搜索结果列表"中双击所需要的元件 AT89C51，这时在主窗口的元件列表中就会添加该元件。用同样的方法可将表 3-1 中所需要选择的其他元件也添加到元件列表中。

3.5.4　元件的放置、调整与编辑

1. 元件的放置

　　单击元件列表中所需要放置的元器件，然后将鼠标移至原理图编辑窗口中单击，此时就会在鼠标处出现一个粉红色的元器件，移动鼠标选择合适的位置，单击左键，此时该元件就被放置在原理图窗口了。例如，选择放置单片机 AT89C51 到原理图编辑窗口，具体步骤见图 3-16。

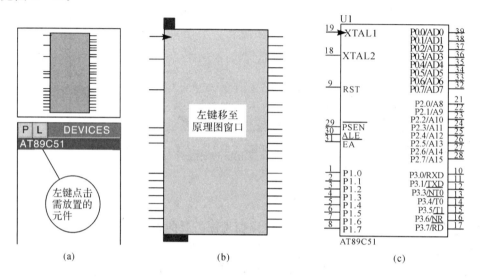

图 3-16　元件放置的操作步骤

　　若要删除已放置的元件，用鼠标左键单击该元件，然后按 Delete 键删除元件。如误删除，可以点击快捷按钮恢复。

　　进行电路原理图设计，除元器件外还需要电源和地等终端。单击工具栏中的快捷按钮，就会出现各种终端列表，点击元件终端中的某一项，上方的窗口中就会出现该终端的符号，如图3-17所示。此时可选择合适的终端放置到电路原理图，放置的方法与元件的放置方法相同。图 3-18 为图 3-17 中终端的符号。当再次单击按钮时，即可切换到用户自己选择的元件列表。根据上述介绍，可将所有的元器件及终端放置到原理图编辑窗口中。

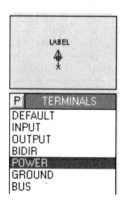

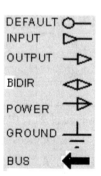

图 3-17　终端列表　　　　　图 3-18　终端符号

2. 元件位置的调整

（1）改变元件在原理图中的位置：用鼠标左键点击需调整位置的元件，元件变为红色，移动鼠标到合适的位置，再释放鼠标即可。

（2）调整元件角度：用右键单击需调整的元件，会出现如图 3-19 所示的菜单，选择菜单中的命令选项即可。

图 3-19　调整元件角度的命令选项

3. 元件参数设置

用鼠标双击需要设置参数的元件，就会出现"编辑元件"窗口。例如，双击 AT89C51，出现如图 3-20 所示的"编辑元件"窗口，其中的基本信息如下：

（1）元件参考：U1，有一隐藏选择项，可在其后打"√"，选择隐藏。

（2）元件值：AT89C51，有一隐藏选择项，可在其后打"√"，选择隐藏。

（3）Clock Frequency：单片机的晶振频率为 12 MHz。

（4）隐藏选择：可对某些项进行显示选择，点击小倒三角，出现下拉菜单，可选择其中的隐藏选项。

设计者可根据设计需要，双击需要设置参数的元件，进入"编辑元件"窗口自行完成原理图中各元件的参数设置。

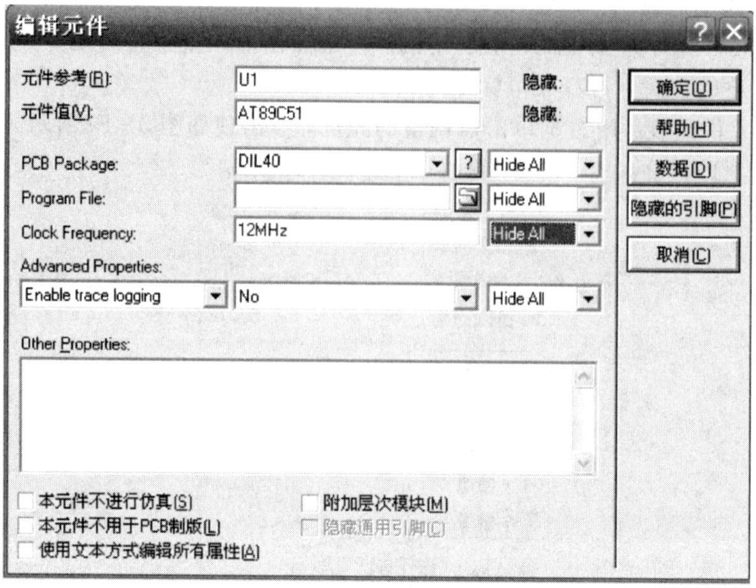

图 3 - 20　"编辑元件"窗口

4. 绘制总线与总线分支

绘制总线时，单击工具栏的图标按钮，移动鼠标到绘制总线的起始位置，单击鼠标左键，便可绘制出一条总线。若要总线出现不是 90°角的转折，则松开自动布线器快捷按钮，总线即可按任意角度走线。在希望的拐点处单击鼠标左键，把鼠标指针拉向目标点，拐点处导线的走向只取决于鼠标指针的拖动。在总线的终点处双击鼠标左键，即结束总线的绘制。

总线绘制完以后，有时还需绘制总线分支。为了使电路图显得专业和美观，通常把总线分支画成与总线成 45°角的相互平行的斜线，如图 3 - 21 所示。注意：此时一定要把自动布线器快捷按钮松开，总线分支的走向只取决于鼠标指针的拖动。

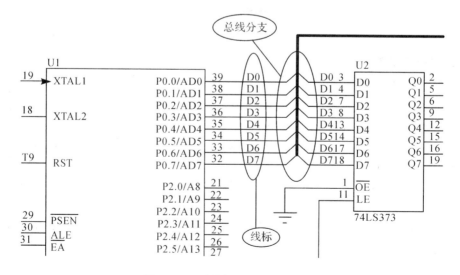

图 3 - 21　总线与总线分支及线标

绘制总线分支时，先单击第一个元件的连接点，移动鼠标，在希望的拐点处单击鼠标左键，然后向上移动鼠标，在与总线成45°角相交时单击鼠标左键确认，这就完成了一条总线分支的绘制。对于其他总线分支的绘制，只需在其他总线的起始点双击鼠标左键，不断复制即可。

例如，绘制图3-21中P0.1引脚至总线的分支时，只要把鼠标指针放置在P0.1脚的位置，此时会出现一个红色小方框，双击鼠标左键，则自动完成P0.0引脚到总线的连线，依次可完成所有总线分支的绘制。在绘制多条平行线时也可采用这种画法。

5. 放置线标签

从图3-21中可看到，与总线相连的导线都有线标D0，D1，…，D7。

放置线标的方法如下：单击工具栏的图标，再将鼠标移至需要放置线标的导线上单击，即会出现如图3-22所示的"Edit Wire Label"对话框，将线标填入"标号"栏（例如填写"D0"等），点击"确定"按钮即可。与总线相连的导线必须要放置线标，这样连接着相同线标的导线才能够导通。

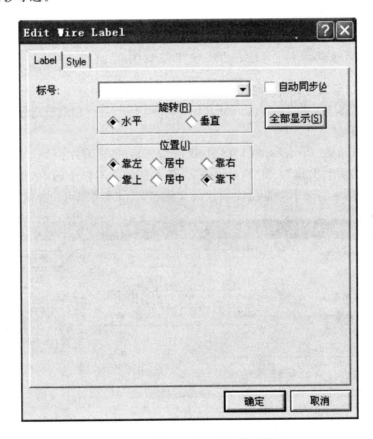

图3-22　"Edit Wire Label"对话框

在"Edit Wire Label"对话框中除了"标号"外，还有几个选项，设计者根据需要选择即可。

经上述操作，最终画出的"流水灯"电路见图3-23。

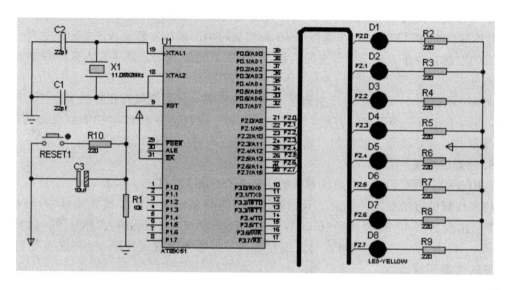

图 3-23 "流水灯"的电路原理图

3.5.5 加载目标代码文件、设置时钟频率及仿真运行

1. 加载目标代码文件、设置时钟频率

电路图绘制完成后，把 Keil μVision3 下生成的 ".hex" 文件加载到电路图中的单片机内就可以进行仿真了。

加载步骤如下：在 Proteus 的 ISIS 中双击编辑区中的单片机 AT89C51，出现如图 3-24 所示的"编辑元件"窗口，在"Program File"右侧的文本框中输入 .hex 目标代码文件（与 .DSN 文件在同一目录下，直接输入代码文件名"流水灯"即可，否则要写出完整的路

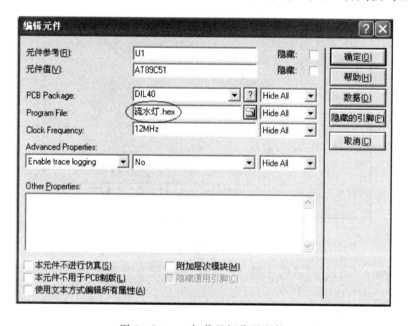

图 3-24   加载目标代码文件

径，也可单击文件打开按钮，选取目标文件）。再在 Clock Frequency 栏中设置 12 MHz，该虚拟系统则以 12 MHz 的时钟频率运行。此时即可回到原理图界面进行仿真了。加载目标代码时需特别注意，运行时钟频率以单片机属性设置中的时钟频率（Clock Frequency）为准。

需要注意的是，在 Proteus 中绘制电路原理图时，80C51 单片机所需的时钟振荡电路、复位电路、引脚与+5 V 电源的连接均可省略，不影响仿真效果。所以本书中各案例仿真时，有时为了使原理电路图清晰，时钟振荡电路、复位电路、引脚与+5 V 电源的连接均省略不画。

2. 仿真运行

完成上述所有操作后，只需要点击 Proteus ISIS 界面中的快捷命令按钮（图 3-2 左下角）运行程序即可。

各种仿真运行命令按钮的功能如下：

▶ ：运行程序。

▶| ：单步运行程序。

|| ：暂停程序。

■ ：停止运行程序。

3.6　Proteus 与 μVision3 的联调

在 Proteus 下完成原理图的设计文件（设计文件名的后缀为.DSN）后，在 Keil μVision3 下编写 C51 程序，经过调试、编译最终生成".hex"文件，并把".hex"文件载入虚拟单片机中，然后进行软硬件联调，如果要修改程序，则回到 Keil μVision3 下修改，再经过调试、编译，重新生成".hex"文件，重复上述过程，直至系统正常运行为止。但是对于较为复杂的程序，如果没有达到预期效果，则可能需要 Proteus 与 Keil μVision3 进行联合调试。

联调前需要安装 vudgi.exe 文件，该文件可到 Proteus 的官方网站下载。安装 vudgi.exe文件后，需在 Proteus 与 μVision3 中进行相应设置。

设置时，首先打开 Proteus 需要联调的程序文件，但不要运行，然后选中"调试"菜单中的"使用远程调试监控"选项，使得 Keil μVision3 能与 Proteus 进行通信。

完成上述设置后，在 Keil μVision3 中打开程序工程文件，然后单击"Project"菜单下的"Options for Target"选项（或单击工具栏上的"Options for Target"快捷按钮），打开如图 3-25所示的工程对话框。

在 Debug 选项卡中选定右边的"Use"及"Proteus VSM Simulator"选项。如果 Proteus 与 Keil μVision3 安装在同一台计算机中，右边"Setting"中的 HOST 与 PORT 可保持默认值 127.0.0.1 和 8000 不变，见图 3-26。如果跨计算机调试，则需要进行相应的修改。

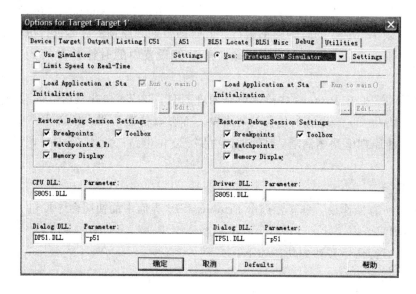

图 3-25 项目对话选项框

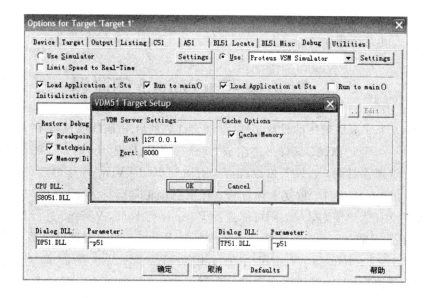

图 3-26 项目对选项话框

完成上述设置后,在 Keil μVision3 中全速运行程序时,Proteus 中的单片机系统也会自动运行,出现的联调界面如图 3-27 所示。

图 3-27 中,左半部分为 Keil μVision3 的调试界面,右半部分是 Proteus ISIS 的界面。如果希望观察运行过程中某些变量的值或者设备状态,需要在 Keil μVision3 中恰当使用 Step In/ Step Over/ Step Out/ Run To Cursor Line 及 Breakpoint 进行跟踪,观察右边的虚拟硬件系统的运行情况。

总之,需要把 Keil μVision3 中的各种调试手段,如单步、跳出、运行到当前行、设置断点等恰当地配合来进行单片机系统运行的软硬件联调。需说明的是,联调方式不支持需要调试的程序工程的中文名字,因此需将工程文件的中文文件名"流水灯.Uv2"改为英文文

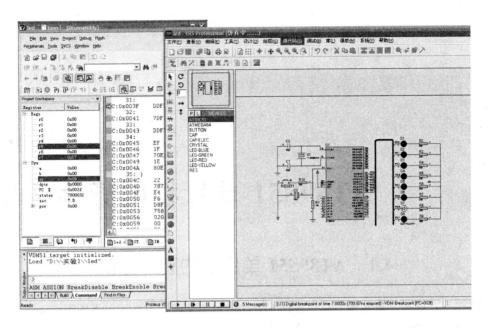

图 3-27   联调界面

件名"led.Uv2"。

　　需注意的是，本联调方式在有些场合并不适用。例如，扫描键盘时就不能用单步跟踪，因为程序运行到某一步骤时，如单击键盘的按键后，再到 Keil μVision3 中继续单步跟踪，这时按键早已释放。

习　　题

　　1. 利用 Proteus ISIS 完成流水灯的电路原理图设计与仿真。

　　2. 采用总线方式绘制流水灯电路原理图。

第4章

AT89S51 单片机的硬件结构

4.1　AT89S51 单片机的硬件组成

AT89S51 是一个低功耗、高性能的 CMOS 8 位单片机，片内含 4 KB ISP（In-System Programmable）的可反复擦写 1000 次的 Flash 只读程序存储器，器件采用 Atmel 公司的高密度、非易失性存储技术制造，兼容 MCS-51 指令系统及 80C51 引脚结构，在众多嵌入式控制应用系统中得到了广泛应用。AT89S51 单片机片内硬件结构如图 4-1 所示。

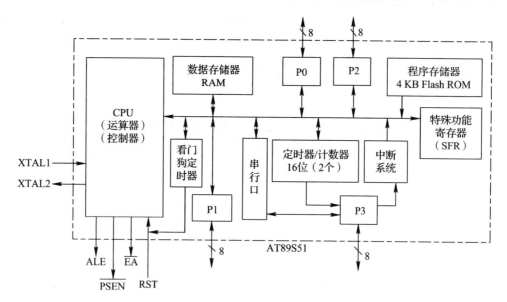

图 4-1　AT89S51 单片机片内硬件结构

AT89S51 单片机片内硬件结构的特点如下：

（1）4 KB Flash 片内程序存储器；

（2）128 B 随机存取数据存储器（RAM）；

（3）32 个外部双向输入/输出（I/O）口；

（4）2 个中断优先级、2 层中断嵌套中断；

(5) 5 个中断源；

(6) 2 个 16 位可编程定时器/计数器；

(7) 2 个全双工串行通信口；

(8) 1 个看门狗定时器(Watch Dog Timer，WDT)；

(9) 片内振荡器和时钟电路；

(10) 全静态工作，工作频率为 0 Hz～33 MHz；

(11) 三级程序存储器保密锁定；

(12) 可编程串行通道；

(13) 低功耗的闲置和掉电模式。

4.2　AT89S51 单片机与 AT89C51 单片机的区别

AT89S51 与 AT89C51 的外形、引脚完全相同，AT89C51 的 HEX 程序无须任何转换可直接在 AT89S51 上运行，结果一样。AT89S51 比 AT89C51 新增了一些功能，支持在线编程和看门狗定时器是其主要特点。它们的主要区别在于：

(1) 引脚功能。引脚几乎相同，在 AT89S51 中，P1.5、P1.6、P1.7 具有第二功能，即这 3 个引脚的第二功能组成了串行 ISP 编程的接口。

(2) 编程功能。AT89C51 仅支持并行编程，而 AT89S51 不但支持并行编程还支持在线编程。在编程电压方面，AT89C51 的编程电压除正常工作的 5 V 外，另 VPP 需要12 V，而 AT89S51 仅需要 4～5.5 V 即可。

(3) 烧写次数。AT89S51 标称烧写次数是 1000 次，实为 1000～10 000 次，这样更有利于学习者反复烧写，降低学习成本。

(4) 工作频率。AT89C51 的极限工作频率是 24 MHz，而 AT89S51 的最高工作频率是 33 MHz(AT89S51 芯片有两种型号，支持最高工作频率分别为 24 MHz 和 33 MHz)，从而具有更快的计算速度。

(5) 电源范围。AT89S51 的工作电压范围为 4～5.5 V，而 AT89C51 在低于 4.8 V 和高于 5.3 V 的时候无法正常工作。

(6) 抗干扰性。AT89S51 内部集成看门狗定时器(WDT)，而 AT89C51 需外接看门狗定时器电路，或者用单片机内部定时器构成软件看门狗来实现软件抗干扰。

4.3　AT89S51 单片机的引脚功能

AT89S51 单片机有 PDIP、PLCC、TQFP 三种封装方式，其中最常见的就是采用 40Pin 塑料包封双列直插式(PDIP)封装，外形结构如图 4-2 所示。该芯片共有 40 个引脚，引脚的排列顺序为从靠芯片的缺口(见图 4-2)左边那列引脚逆时针数起，依次为 1、2、3、4、…、40。在单片机的 40 个引脚中，电源引脚有 2 个，时钟引脚有 2 个，控制引脚有 4 个，并行I/O 口引脚有 32 个。

1. 电源引脚

· VCC：电源电压输入端，接＋5 V 电压。

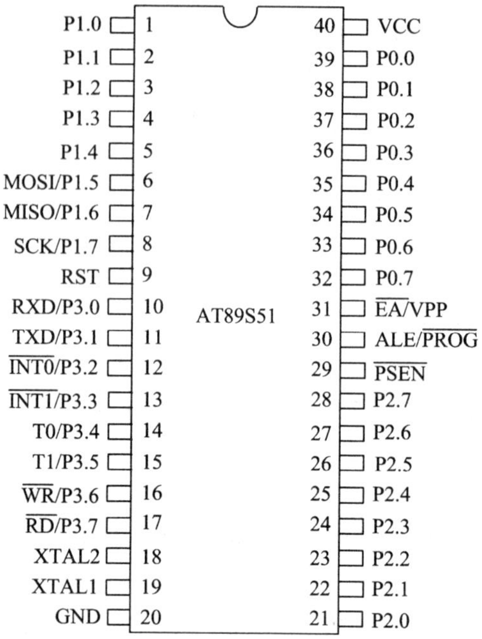

图 4-2　PDIP 封装的 AT89S51 引脚图

- GND：电源地。

2. 时钟引脚

- XTAL1：片内振荡器反相放大器和时钟发生器的输入端。
- XTAL2：片内振荡器反相放大器的输出端。

3. 并行 I/O 口引脚

- P0 口：8 位漏极开路双向 I/O 口，每脚可吸收 8 个 TTL 门电流。当 P0 口的引脚第一次写 1 时，被定义为高阻输入。P0 口能够用于外部程序数据存储器，它可以被定义为数据/地址的低 8 位。在 Flash 编程时，P0 口作为原码输入口，当 Flash 进行校验时，P0 口输出原码，此时 P0 口外部必须被拉高。

- P1 口：内部提供上拉电阻的 8 位双向 I/O 口，P1 口缓冲器能接收输出 4 个 TTL 门电流。当 P1 口的引脚写入 1 后，其引脚被内部上拉电阻拉高，可用作输入；当 P1 口被外部下拉电阻拉低时，将输出电流，这是由于内部上拉的缘故。在 Flash 编程和校验时，P1 口作为低 8 位地址接收。

- P2 口：内部上拉电阻的 8 位双向 I/O 口，P2 口缓冲器可接收输出 4 个 TTL 门电流。当 P2 口的引脚写入 1 后，其引脚被内部上拉电阻拉高，且作为输入。这时 P2 口的引脚被外部下拉电阻拉低，将输出电流，这是由于内部上拉的缘故。当 P2 口用于外部程序存储器或 16 位地址外部数据存储器进行存取时，P2 口输出地址的高 8 位。在给出地址"1"的情况下，它利用内部上拉优势，当对外部 8 位地址数据存储器进行读/写时，P2 口输出其特殊功能寄存器的内容。P2 口在 Flash 编程和校验时接收高 8 位地址信号和控制信号。

- P3 口：8 个带内部上拉电阻的双向 I/O 口，可接收输出 4 个 TTL 门电流。当 P3 口的引脚写入 1 后，它们被内部上拉电阻拉高，并用作输入，这时 P3 口的引脚被外部下拉电阻拉低，将输出电流(ILL)，这是由于内部上拉的缘故。P3 口除了作为普通 I/O 口外，还有第二功能，将在 4.6 节详述。

P3 口同时为闪烁编程和编程校验接收一些控制信号。

I/O 口作为输入口时有两种工作方式，即读端口与读引脚。读端口时实际上并不从外部读入数据，而是把端口锁存器的内容读入到内部总线，经过某种运算或变换后再写回到端口锁存器。只有读端口时才真正地把外部的数据读入到内部总线。89S51 的 P0、P1、P2、P3 作为输入时都是准双向口。除了 P1 口外，P0、P2、P3 口都还有其他功能。

4. 控制引脚

· RST：复位输入端，高电平有效。当振荡器复位器件时，要保持 RST 引脚两个机器周期的高电平时间。

· ALE/$\overline{\text{PROG}}$：地址锁存允许/编程脉冲信号端。当访问外部存储器时，地址锁存允许的输出电平用于锁存地址的低位字节。在 Flash 编程期间，此引脚用于输入编程脉冲。在平时，ALE 端以不变的频率周期性地输出正脉冲信号，此频率为振荡器频率的 1/6。因此它可用作对外部输出的脉冲或用于定时。然而要注意的是，每当用作外部数据存储器时，将跳过一个 ALE 脉冲。如想禁止 ALE 的输出，可在 SFR 8EH 地址上置 0。此时，ALE 只有执行 MOVX、MOVC 指令才起作用。另外，该引脚被略微拉高。如果微处理器在外部执行状态 ALE 禁止，则置位无效。

· $\overline{\text{PSEN}}$：外部程序存储器的选通信号，低电平有效。在由外部程序存储器取指期间，每个机器周期两次 $\overline{\text{PSEN}}$ 有效。但在访问外部数据存储器时，这两次有效的 $\overline{\text{PSEN}}$ 信号将不出现。

· $\overline{\text{EA}}$/VPP：外部程序存储器访问允许端。当 $\overline{\text{EA}}$ 保持低电平时，外部程序存储器地址为 0000H～FFFFH，而不管是否有内部程序存储器。注意：采用加密方式 1 时，$\overline{\text{EA}}$ 将内部锁定为 RESET；当 $\overline{\text{EA}}$ 端保持高电平时，先读取片内程序存储器中的内容，若超出其片内存储器的地址，则将自动转向片外程序存储器。在 Flash 编程期间，此引脚也用于施加 12 V 编程电源(VPP)。

4.4　AT89S51 单片机的 CPU

AT89S51 具有一个 8 位的微处理器(CPU)，该 CPU 与通用 CPU 基本相同，同样包括了运算器和控制器两大部分，它具有面向控制的位处理功能。

1. 运算器

运算器用于对操作数进行算术、逻辑和位操作运算，由算术逻辑运算单元 ALU、累加器 A、位处理器、程序状态字寄存器 PSW 及两个暂存器组成。

1) ALU

ALU 即算术逻辑运算单元的简写，ALU 可对 8 位变量进行逻辑运算(与、或、异或、循环、求补和清零)，还可进行算术运算(加、减、乘、除)和位操作，对位变量进行置"1"、清"0"、求补、测试转移及逻辑"与"、"或"等基本操作。

2）A

A 即累加器的简写，是 AT89S51 使用最频繁的寄存器，可写作 ACC，是 ALU 的输入数据源之一，也是 ALU 运算结果的存放单元。累加器是数据传送的中转站，数据传送大多要通过累加器 A。为避免"瓶颈堵塞"，AT89S51 增加了一部分可以不经过累加器的传送指令。A 的进位标志是 Cy，也是位处理机的位累加器。

3）PSW

PSW 为程序状态字寄存器的简写，其位于片内特殊功能寄存器区，字节地址为 D0H。PSW 包含了程序运行状态的信息，其中 4 位保存当前指令执行后的状态，供程序查询和判断。PSW 的格式如图 4-3 所示。

	D7	D6	D5	D4	D3	D2	D1	D0	
PSW	Cy	Ac	F0	RS1	RS0	OV	—	P	D0H

图 4-3　PSW 的格式

（1）Cy(PSW.7)：进位标志位，可写为 C。在算术和逻辑运算时，若有进位/借位，Cy＝1；否则，Cy＝0。在位处理器中，Cy 是位累加器。

（2）Ac(PSW.6)：辅助进位标志位，在 BCD 码运算时，用作十进位调整，即当 D3 位向 D4 位产生进位或借位时，Ac＝1，否则，Ac＝0。

（3）F0(PSW.5)：用户设定标志位，由用户使用的一个状态标志位，可用指令来使它置 1 或清 0，控制程序的流向。用户应充分利用该位。

（4）RS1、RS0(PSW.4、PSW.3)：4 组工作寄存器区选择位。通过给 RS1、RS0 赋予不同的值，选择片内 RAM 区的 4 组工作寄存器区中某一组为当前工作寄存区，具体对应情况见表 4-1。

表 4-1　RS1、RS0 与 4 组寄存器区的对应关系

RS1	RS0	所选的 4 组寄存器
0	0	0 区(内部 RAM 地址为 00H～07H)
0	1	1 区(内部 RAM 地址为 08H～0FH)
1	0	2 区(内部 RAM 地址为 10H～17H)
1	1	3 区(内部 RAM 地址为 18H～1FH)

（5）OV(PSW.2)：溢出标志位，当执行算术指令时，用来指示运算结果是否产生溢出。如果结果产生溢出，OV＝1；否则，OV＝0。

（6）PSW.1：保留位。

（7）P(PSW.0)：奇偶标志位，表示指令执行完累加器 A 中"1"的个数是奇数还是偶数。P＝1，表示 A 中"1"的个数为奇；P＝0，表示 A 中"1"的个数为偶数。此标志位在串行通信中非常重要，常用奇偶检验的方法来检验数据串行传输的可靠性。

2. 控制器

AT89S51 单片机控制器主要包括程序计数器、指令寄存器、指令译码器、定时及控制逻辑电路等。控制器的主要任务是识别指令，并根据指令的性质控制单片机各功能部件，有效地保证单片机各部分能自动协调地工作。控制器的主要功能是控制指令的读入、译码

和执行，从而对各功能部件进行定时和逻辑控制。

PC 是一个独立的 16 位计数器，不可访问。单片机复位时，PC 中的内容为 0000H，从程序存储器 0000H 单元取指令，开始执行程序。

基本工作方式如下：

(1) CPU 读指令时，PC 的内容作为所取指令的地址，程序存储器按此地址输出指令字节，同时程序计数器 PC 自动加 1。

(2) 执行有条件或无条件转移指令时，程序计数器将被置入新的数值，自动将其内容更改成所要转移的目的地址，从而使程序的流向发生变化。

(3) 执行子程序调用或中断调用时需要保护 PC 的当前值，将子程序入口地址或中断向量的地址送入 PC。

(4) PC 的计数宽度决定了程序存储器的地址范围。AT89S51 单片机 PC 位数为 16 位，所以它可对 64 KB 的程序存储器进行寻址。

4.5　AT89S51 单片机的存储器

AT89S51 单片机的存储器空间可分为 4 类：程序存储器空间、数据存储器空间、特殊功能寄存器和位地址空间，具体结构如图 4-4 所示。

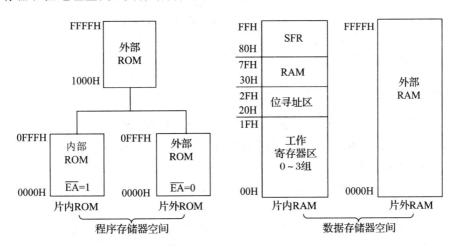

图 4-4　AT89S51 单片机的存储器结构

4.5.1　程序存储器空间

AT89S51 单片机程序存储器空间分为片内和片外两部分。片内程序存储器为 4 KB 的 Flash 存储器，编程和擦除完全是电气实现的。可用通用编程器对其编程，也可在线编程。当片内 4 KB Flash 存储器不够用时，可片外扩展，最多可扩展至 64 KB。

程序存储器空间主要用来存放程序和表格之类的固定常数。片内为 4 KB 的 Flash，地址为 0000H～0FFFH。

AT89S51 单片机有 16 位地址线，可外扩的程序存储器空间最大为 64 KB，地址为 0000H～FFFFH。

可由引脚 EA 上的电平决定访问片内的还是片外的程序存储器。

当 $\overline{EA}$＝1 时，CPU 从片内 0000H 开始取指令，当 PC 值未超出 0FFFH 时，只访问片内 Flash 存储器，当 PC 值超出 0FFFH 时自动转向读片外程序存储器空间 1000H～FFFFH 内的程序。

当 EA＝0 时，只执行片外程序存储器(0000H～FFFFH)中的程序，不理会片内 4 KB Flash 存储器。

程序存储器某些固定单元可用于存放各中断源中断服务程序的入口地址。

64 KB 程序存储器空间中有 5 个特殊单元分别对应于 5 个中断源的中断入口地址，具体入口地址见表 4－2。

表 4－2　中断源的中断入口地址

中　断　源	入口地址
外部中断 0	0003H
定时器 T0	000BH
外部中断 1	0013H
定时器 T1	001BH
串行口	0023H

若使用汇编语言编程，则通常这 5 个中断入口地址处都放一条跳转指令跳向对应的中断服务子程序，而不是直接存放中断服务子程序。本书主要采用 C51 语言编程，只要将中断函数书写正确即可。

4.5.2　数据存储器空间

数据存储器空间分为片内与片外两部分。AT89S51 单片机片内有 128 B 的 RAM(52 子系列为 256 B)，片内 RAM 不够用时，在片外可扩展至 64 KB RAM。

1. 片内数据存储器

片内数据存储器(RAM)共 128 个单元，字节地址为 00H～7FH。

(1) 00H～1FH，这 32 个单元为 4 组通用工作寄存器组(R0～R7)，任何时刻单片机只使用其中 1 组，可以通过设置 PSW 中 RS0 和 RS1 的值来选择使用不同的寄存器组，在中断等服务中指定使用和当前不一样的寄存器有利于实现快速现场保护，省去了 R0～R7 压栈、出栈的开销。

(2) 20H～2FH，这 16 个单元共 128 位为位寻址区，可以按位寻址。当然，也可以按字节寻址。

(3) 30H～7FH，这 80 个单元为用户 RAM 区，可以存放用户数据，也可作为堆栈区。

2. 片外数据存储器

当片内 128 B 的 RAM 不够用时，需外扩存储器，最多可外扩 64 KB 的 RAM。片内 RAM 与片外 RAM 两个空间是相互独立的，片内 RAM 与片外 RAM 的低 128 B 的地址是相同的，但由于使用的是不同的访问指令，因此不会发生冲突。

4.5.3 特殊功能寄存器(SFR)

AT89S51 单片机采用特殊功能寄存器集中控制各功能部件,是片内各功能部件的控制寄存器及状态寄存器,综合反映了整个单片机基本系统内部实际的工作状态及工作方式。特殊功能寄存器映射在片内 RAM 的 80H~FFH 区域中,共 26 个,比 AT89C51 单片机多了 5 个,分别是 DP1L、DP1H、AUXR、AUXR1 和 WDTRST。

26 个 SFR 中有些还可进行位寻址。SFR 的名称及分布见表 4-3。

表 4-3 SFR 的名称及分布

序号	符号	名　称	字节地址	位地址	复位值
1	P0	P0 口寄存器	80H	87H~80H	FFH
2	SP	堆栈指针	81H	—	07H
3	DP0L	数据指针 DPTR0 低字节	82H	—	00H
4	DP0H	数据指针 DPTR0 高字节	83H	—	00H
5	DP1L	数据指针 DPTR1 低字节	84H	—	00H
6	DP1H	数据指针 DPTR1 高字节	85H	—	00H
7	PCON	电源控制寄存器	87H	—	0xxx 0000B
8	TCON	定时器/计数器控制寄存器	88H	8FH~88H	00H
9	TMOD	定时器/计数器方式控制	89H	—	00H
10	TL0	定时器/计数器 0(低字节)	8AH	—	00H
11	TL1	定时器/计数器 1(低字节)	8BH	—	00H
12	TH0	定时器/计数器 0(高字节)	8CH	—	00H
13	TH1	定时器/计数器 1(高字节)	8DH	—	00H
14	AUXR	辅助寄存器	8EH	—	xxx0 0xx0B
15	P1	P1 口寄存器	90H	97H~90H	FFH
16	SCON	串行控制寄存器	98H	9FH~98H	00H
17	SBUF	串行发送数据缓冲器	99H	—	xxxx xxxxB
18	P2	P2 口寄存器	A0H	A7H~A0H	FFH
19	AUXR1	辅助寄存器	A2H	—	xxxx xxx0B
20	WDTRST	看门狗复位寄存器	A6H	—	xxxx xxxxB
21	IE	中断允许控制寄存器	A8H	AFH~A8H	0xx0 0000B
22	P3	P3 口寄存器	B0H	B7H~B0H	FFH
23	IP	中断优先级控制寄存器	B8H	BFH~B8H	xx00 0000B
24	PSW	程序状态字寄存器	D0H	D7H~D0H	00H
25	A	累加器	E0H	E7H~E0H	00H
26	B	B 寄存器	F0H	F7H~F0H	00H

凡是可位寻址的 SFR,字节地址末位只能是 0H 或 8H。若读/写未定义单元,将得到

一个不确定的随机数。

下面介绍某些 SFR，其他 SFR 将在后面章节中陆续介绍。

1. 堆栈指针 SP

SP 指示堆栈顶部在内部 RAM 块中的位置。AT89S51 堆栈结构为向上生长型。单片机复位后，SP 为 07H，堆栈实际上从 08H 单元开始，由于 08H～1FH 单元分别是属于 1～3 组的工作寄存器区，因此最好在复位后把 SP 值改置为 60H 或更大的值，以避免堆栈与工作寄存器冲突。堆栈是为子程序调用和中断操作而设的，主要用来保护断点和现场。

1）保护断点

无论子程序调用还是中断服务子程序调用，最终都要返回主程序。应预先把主程序的断点在堆栈中保护起来，为程序正确返回做准备。

2）保护现场

执行子程序或中断服务子程序时，要用到一些寄存器单元，会破坏原有内容。要把有关寄存器单元的内容保存起来，送入堆栈，这就是"现场保护"。

堆栈的操作有两种，分别是数据压入（PUSH）堆栈和数据弹出（POP）堆栈。数据压入堆栈，SP 自动加 1；数据弹出堆栈，SP 自动减 1。

2. 寄存器 B

寄存器 B 是为执行乘法和除法而设的。在不执行乘、除法操作的情况下，可把它当作一个普通寄存器来使用。对于乘法，两乘数分别在 A、B 中，执行乘法指令后，乘积在 BA 中；对于除法，被除数取自 A，除数取自 B，商存放在 A 中，余数存放在 B 中。

3. AUXR 寄存器

AUXR 是辅助寄存器，其格式如图 4-5 所示。

	D7	D6	D5	D4	D3	D2	D1	D0	
AUXR	—	—	—	WDIDLE	DISRTO	—	—	DISALE	8EH

图 4-5 辅助寄存器的格式

（1）DISALE：ALE 的禁止/允许位。该位为 0 时，电平有效。当该位为 0 时，ALE 发出脉冲；当该位为 1 时，ALE 仅在执行 MOVE 和 MOVX 类指令时有效。不访问外部存储器时，ALE 不输出脉冲信号。

（2）DISRTO：禁止/允许看门狗定时器 WDT 溢出时的复位输出。当该位为 0 时，若 WDT 溢出，则允许向 RST 引脚输出一个高电平脉冲，单片机复位；当该位为 1 时，禁止 WDT 溢出时的复位输出。

（3）WDIDLE：WDT 在空闲模式下的禁止/允许位。当该位为 0 时，WDT 在空闲模式下继续计数；当该位为 1 时，WDT 在空闲模式下暂停计数。

4. 数据指针 DPTR0 和 DPTR1

双向数据指针寄存器共 16 位，主要目的是更好地访问数据存储器。DPTR0 为 80S51 单片机原有的数据指针，DPTR1 为新增的数据指针，AUXR1 寄存器的 DPS 位用来选择这两个数据指针。数据指针高字节用 DP0H 或者 DP1H 表示，低字节用 DP0L 或者 DP1L 表示，既可以作为 16 位的寄存器来使用，也可以分别作为两个独立的 8 位寄存器使用。

5. AUXR1 寄存器

AUXR1 寄存器也是辅助寄存器，具体格式如图 4-6 所示。

	D7	D6	D5	D4	D3	D2	D1	D0	
AUXR1	—	—	—	—	—	—	—	DPS	A2H

图 4-6　AUXR1 寄存器的格式

DPS 是数据指针选择位，用来选择数据指针寄存器。当该位为 0 时，选择 DPTR0 寄存器；当该位为 1 时，选择 DPTR1 寄存器。

6. 看门狗复位定时器

看门狗复位定时器（WDTRST）是单片机的一个组成部分，包含 1 个 14 位计数器和看门狗复位寄存器。它实际上是一个计数器，一般给看门狗一个数字，程序开始运行后看门狗开始倒计数。如果程序运行正常，则过一段时间 CPU 应发出指令让看门狗复位，重新开始倒计数。当 CPU 受到干扰，程序陷入死循环或者跑飞状态时，单片机就不能定时地把看门狗定时器清零，看门狗定时器溢出时，将在 RST 引脚上输出一个正脉冲，强迫单片机复位，在系统的复位入口 0000H 处安排一条跳向出错处理程序段的指令或重新从头执行程序，从而使程序摆脱跑飞或者死循环状态，使单片机工作正常。

4.5.4　位地址空间

AT89S51 在 RAM 和 SFR 中共有 211 个寻址位的位地址，地址范围为 00H～FFH，其中 00H～7FH 这 128 位于片内 RAM 字节地址 20H～2FH 中，其余的 83 个可寻址分布在特殊功能寄存器 SFR 中。可被位寻址的特殊寄存器有 11 个，共有 88 个位地址，其中 5 个为未用位，其余 83 个位地址离散地分布于片内数据存储器区，字节地址范围为 80H～FFH，其最低的位地址等于其字节地址，且字节地址的末尾都为 0H 或者 8H。

4.6　AT89S51 单片机的并行 I/O 端口

单片机 I/O 端口是集数据输入缓冲、数据输出驱动及锁存多项功能于一体的 I/O 电路，是单片机对外部实现控制和信息交换的必经之路。

AT89S51 单片机 I/O 端口有串行和并行之分，有 P0、P1、P2 和 P3 四个 8 位并行 I/O 端口，P0 口为三态双向口，P1、P2、P3 口为准双向口，共占 32 个引脚，每一个 I/O 端口都能独立地用作输入或输出；有 1 个串行 I/O 端口，一次只能传送一位二进制信息。

1. P0 口

P0 口为三态双向口，内部无上拉电阻，字节地址为 80H，位地址为 80H～87H。P0 口除作为准双向通用 I/O 接口使用外，还有更重要的两个功能：分时复用为地址总线和数据总线。P0 口输出时能驱动 8 个 LSTTL 负载，即输出电流不小于 800 μA。P0 口在访问外部存储器时，既是一个真正的双向数据总线口，又是分时输出 8 位地址口。P0 口的每一位电路包括一个输出锁存器、两个三态缓冲器、一个输出驱动电路和一个输出控制电路。P0 口某位位电路如图 4-7 所示。

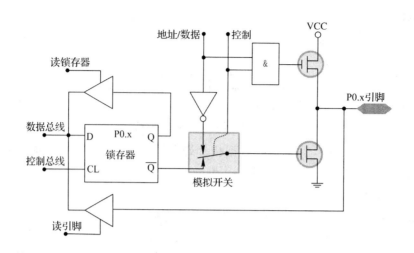

图 4 - 7   P0 口某位位电路

P0 口在作为输出口使用时，需要外接上拉电阻才有高电平输出；作为输入口使用时，应区分读引脚和读端口，读引脚时必须先向电路中的锁存器写入"1"，使输出级的 FET 截止，引脚处于高组态，以避免锁存器状态为"0"时对引脚读入的干扰。

2. P1 口

P1 口是专门为用户使用的 I/O 口，为 8 位准双向口，位地址为 90H～97H，每一位均可单独定义为输入或输出口。在编程校验期间，用作输入低位字节地址。P1 口可以驱动 4 个 LSTTL 负载。P1 口每一位电路由一个输出锁存器、两个三态输入缓冲器和一个输出驱动电路组成。P1 口某位位电路如图 4 - 8 所示。

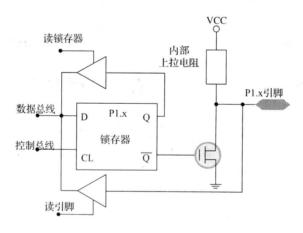

图 4 - 8   P1 口某位位电路

由图 4 - 8 可知，P1 口是准双向口，只能作为通用 I/O 口使用。P1 口作为输出口使用时，无需外接上拉电阻；作为输入口使用时，应区分读引脚和读端口，读引脚时，必须先向电路中的锁存器写入"1"，使输出级的 FET 截止。

3. P2 口

P2 口的字节地址为 A0H，位地址为 A0H～A7H，是一个 8 位准双向 I/O 口。P2 口具有两种功能：一是作通用 I/O 口用，与 P1 口相同；二是作系统扩展外部存储器的高 8 位

地址总线，输出高 8 位地址，与 P0 口一起组成 16 位地址总线。P2 口每一位电路均由一个
数据输出锁存器、两个三态数据输入缓冲器、一个多路转接开关 MUX 和一个输出驱动电
路组成。P2 口某位位电路如图 4-9 所示。

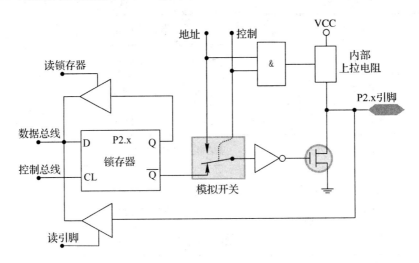

图 4-9　P2 口某位位电路

由图 4-9 可知，P2 口是准双向口，可以用于为系统提供高 8 位地址，也可作为通用
I/O 口使用。P2 口作为输出口使用时，无需外接上拉电阻；作为输入口使用时，应区分读
引脚和读端口，读引脚时，必须先向锁存器写入"1"。P2 口可位寻址，也可按字节寻址。

4. P3 口

P3 口的字节地址为 B0H，位地址为 B0H～B7H，也是一个 8 位准双向 I/O 口。P3 口
既可以字节操作，也可以位操作；既可以 8 位口操作，也可以逐位定义口线为输入线或输
出线；既可以读引脚，也可以读锁存器，实现"读—修改—输出"操作。P3 口位电路由一个
数据输出锁存器、三个三态数据输入缓冲器和一个输出驱动电路组成。P3 口某位位电路
如图 4-10 所示。

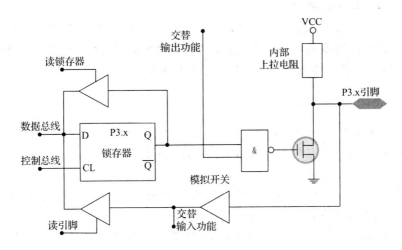

图 4-10　P3 口某位位电路

P3 口除具有与 P1 口同样的功能外，还具有第二功能，如表 4 - 4 所示。

表 4 - 4 P3 口的第二功能

端　口	第 二 功 能
P3.0	RXD，串行数据输入口
P3.1	TXD，串行数据输出口
P3.2	$\overline{\text{INT0}}$，外部中断 0 输入
P3.3	$\overline{\text{INT1}}$，外部中断 1 输入
P3.4	T0，定时器 0 的外部计数输入
P3.5	T1，定时器 1 的外部计数输入
P3.6	$\overline{\text{WR}}$，外部数据存储器写选通输出
P3.7	$\overline{\text{RD}}$，外部数据存储器读选通输出

AT89S51 的 P3 口用作通用 I/O 口时，"选择输出功能"应保持高电平，工作于第二功能时，该位锁存器应置 1；作为输入口时，输出锁存器和选择输出功能端都应置 1，第二功能为专用输入，取自输入通道缓冲器（BUF3）的输出端，通用信号取自"读引脚"。

4.7 时 钟 和 时 序

时钟电路用于产生 AT89S51 单片机工作时所必需的控制信号。AT89S51 单片机的内部电路正是在时钟信号的控制下，严格地按时序执行指令来工作的。在执行指令时，CPU首先到程序存储器中取出需要执行的指令操作码，然后译码，并由时序电路产生一系列控制信号完成指令所规定的操作。

CPU 发出的时序信号有两类：一类用于对片内各个功能部件的控制，用户无需了解；另一类用于对片外存储器或 I/O 口的控制，这部分时序对于分析、设计硬件接口电路至关重要，这也是单片机应用系统设计者普遍关心和重视的问题。

4.7.1 AT89S51 时钟电路设计

时钟频率直接影响单片机的速度，时钟电路的质量也直接影响单片机系统的稳定性。常用的时钟电路有两种方式，分别是内部时钟方式和外部时钟方式。

1. 内部时钟方式

AT89S51 内部有一个用于构成振荡器的高增益反相放大器，输入端为芯片引脚XTAL1，输出端为引脚 XTAL2。这两个引脚跨接石英晶体和微调电容，构成一个稳定的自激振荡器，如图 4 - 11 所示。图中 C1 和 C2 的典型值通常选择 30 pF，电容的大小会影响振荡器的稳定性和起振速度。晶振频率范围通常是 1.2～12 MHz，晶振频率越高，单片机的速度就越快，速度快对存储器的速度要求就高，对印制电路板的工艺要求也高，线间的寄生电容要小，所以晶体和电容应尽可能与单片机靠近，以保证振荡器稳定、可靠地工作。

　　通常选用 6 MHz 或者 12 MHz 的石英晶体可以得到比较准确的定时，如果选用 11.0592 MHz的石英晶体，则可以得到准确的串行通信波特率。

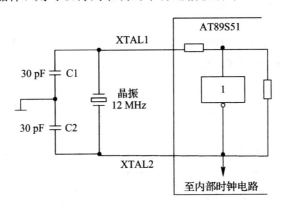

图 4-11　AT89S51 内部时钟方式电路

2. 外部时钟方式

　　外部时钟方式使用现成的外部振荡器产生脉冲信号，常用于多片 AT89S51 单片机同时工作，以便于多片 AT89S51 单片机之间的同步，一般为低于 12 MHz 的方波。如图 4-12所示，使用时外部时钟源直接接到 XTAL1 端，XTAL2 端悬空。

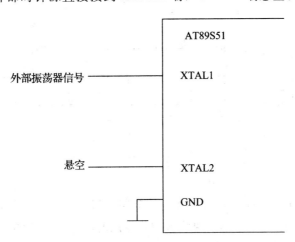

图 4-12　AT89S51 外部时钟方式电路

4.7.2　AT89S51 的周期和时序

　　前面提到 CPU 发出时序信号有两类，其中通过控制总线送到片外的时序信号对分析、设计硬件接口电路非常重要，单片机执行指令均是在 CPU 控制器的时序控制电路的控制下进行的，各种时序均与时钟周期有关。下面就按照从小到大的顺序分别介绍时钟周期、状态周期、机器周期、指令周期。

1. 时钟周期

时钟周期也叫振荡周期，是单片机时钟脉冲的周期，也就是晶振振荡的周期，是单片机时钟控制信号的基本时间单位。晶振振荡频率一般用 f_{osc} 表示，则时钟周期 $T_{osc} = 1/f_{osc}$。若 $f_{osc} = 12$ MHz，则 $T_{osc} = 83.3$ ns。

2. 状态周期

状态周期是将时钟脉冲二分频后的脉冲信号周期，所以状态周期是时钟周期的两倍，状态周期又称为 S 周期，分为两拍：P1 和 P2。

3. 机器周期

机器周期是单片机工作的基本定时单位，是 CPU 完成一个基本操作所需要的时间，简称机周，用 T_{cy} 表示。AT89S51 单片机的一个机器周期含有 12 个时钟周期（$T_{cy} = 12/f_{osc}$），即 6 个状态周期（S1~S6），每个状态周期两拍，如图 4-13 所示，分别为 S1P1、S1P2、S2P1、S2P2、…、S6P2。当时钟周期为 12 MHz 时，可以计算出机器周期为 1 μs；当时钟频率为 6 MHz 时，机器周期为 2 μs。

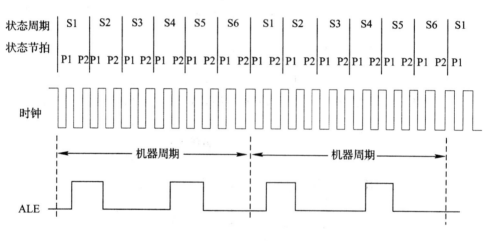

图 4-13　AT89S51 的机器周期

4. 指令周期

指令周期是指 CPU 完成一条指令所需的全部时间。每条指令的执行时间都是由一个或几个机器周期组成的。AT89S51 执行各种指令的时间是不一样的，有单周期指令、双周期指令和四周期指令，单周期指令和双周期指令分别属于单字节指令和双字节指令，四周期指令是三字节指令，一般情况下只有乘、除指令占用四个机器周期。

4.8　复位操作和复位电路

复位是计算机的一个重要工作状态，是单片机的初始化操作，可使单片机或者系统各部件处于确定的初始状态。

1. 复位条件

给复位引脚 RST 加大于 2 个机器周期（24 个时钟周期）的高电平便可以使 AT89S51

单片机复位。例如，若时钟频率为 6 MHz，则机器周期为 2 μs，只要给 RST 引脚持续 4 μs 以上的高电平即可让 AT89S51 复位。

2. 复位操作

AT89S51 单片机复位时，程序计数器 PC 初始化为 0000H，使 AT89S51 从程序存储器 0000H 单元开始执行程序。

除 PC 之外，复位操作还对其他寄存器有影响，这些寄存器复位时的状态见表 4-5。

表 4-5　单片机复位时片内各寄存器的状态

序号	寄存器	复位状态	序号	寄存器	复位状态
1	PC	0000H	14	TMOD	00H
2	ACC	00H	15	TCON	00H
3	PSW	00H	16	TH0	00H
4	B	00H	17	TL0	00H
5	SP	07H	18	TH1	00H
6	DPTR	0000H	19	TL1	00H
7	P0～P3	FFH	20	SCON	00H
8	IP	xxx0 0000B	21	SBUF	xxxx xxxxB
9	IE	0xx0 0000B	22	PCON	0xxx 0000B
10	DP0H	00H	23	AUXR	xxxx 0xx0B
11	DP0L	00H	24	AUXR1	xxxx xxx0B
12	DP1H	00H	25	WDTRST	xxxx xxxxB
13	DP1L	00H			

3. 复位电路

AT89S51 单片机复位操作通常有两种基本形式，分别是上电自动复位和手动按键复位。

1）上电自动复位

上电自动复位操作要求接通电源后自动实现复位操作。基本的上电自动复位电路如图 4-14 所示。

图 4-14 中，R、C 元件构成微分电路，在上电瞬间，产生一个微分脉冲，将高电平信号加到复位引脚 RST 上，只要脉冲宽度大于 2 个机器周期，便可以使 AT89S51 复位。R、C 的取值大小决定了高电平的持续时间，R、C 时间常数应保证大于两个机器周期。

2）手动按键复位

除了上电复位外，有时还需要手动按键复位，手动按键复位要求在电源接通的条件

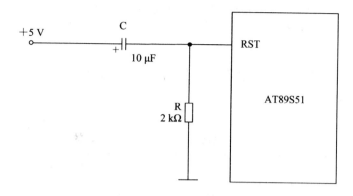

图 4-14　上电自动复位电路

下，在单片机运行期间，用按键开关操作使单片机复位。典型的手动按键复位电路如图 4-14所示，此电路兼有上电自动复位和手动按键复位功能。

4.9　AT89S51 单片机低功耗节电模式

AT89S51 单片机有两种低功耗节电模式，分别是空闲模式和掉电保持模式，为了尽量降低系统的功耗，在掉电保持模式，VCC 可由后备电源供电。两种模式的内部控制电路如图 4-15 所示。

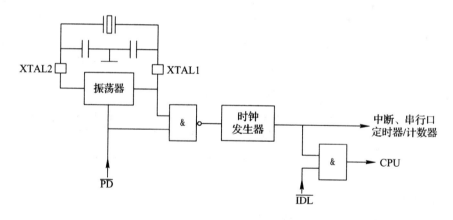

图 4-15　低功耗节电模式的内部控制电路

低功耗节电模式可以通过编程来实现，即通过设置 PCON 的 IDL 和 PD 位来实现，PCON 的字节地址为 87H，格式如图 4-16 所示。

	D7	D6	D5	D4	D3	D2	D1	D0	
PCON	SMOD	—	—	—	GF1	GF0	PD	IDL	87H

图 4-16　PCON 寄存器的格式

PCON 寄存器各位的定义如表 4-6 所示。

表 4-6　PCON 寄存器各位的定义

序号	位名称	定　义
D0	IDL	空闲模式控制位,若 IDL=1,则进入空闲模式
D1	PD	掉电保持模式控制位,若 PD=1,则进入掉电保持模式
D2	GF0	通用标志位,在编程时使用
D3	GF1	通用标志位,在编程时使用
D4	保留位	未定义
D5	保留位	未定义
D6	保留位	未定义
D7	SMOD	串行通信的波特率选择位

4.9.1　空闲模式

把 PCON 中的 IDL 位置 1,通往 CPU 的时钟信号被关断,振荡器停止工作,单片机进入空闲模式,单片机内部所有部件停止工作,但是所有外围电路(中断系统、串行口和定时器)仍继续工作,SP、PC、PSW、A、P0～P3 等其他寄存器、内部 RAM 和 SFR 中内容均保持进入空闲模式前的状态。

空闲模式下,当任何一个允许的中断请求被响应时,IDL 位被片内硬件自动清 0,从而退出空闲模式。当中断服务程序执行完毕返回时,将从设置空闲模式指令的下一条指令(即断点)处继续执行程序。

当空闲模式由硬件复位来唤醒时,设备正常地从程序停止的地方恢复运行,内部运算器运行前要过 2 个机器周期的唤醒时间。在该过程中,芯片上的硬件控制内部 RAM 的存取。当空闲模式被硬件唤醒时,要排除不希望的端口的写操作。跟在调用空闲模式指令后面的第 1 条指令不能是写端口引脚或者写外部内存。

4.9.2　掉电保持模式

用指令将 PCON 寄存器的 PD 位置 1 即进入掉电保持模式。在掉电保持模式下,芯片时钟停止,调用掉电保持模式的指令是最后执行的指令,WDT 停止计数,在进入空闲模式前,应先设置 AUXR 中的 WDIDLE 位确认 WDT 是否继续计数。

采用外部中断或者硬件复位的方式,可以从掉电保持模式中恢复,片内 RAM 的数据不会丢失。复位时特殊功能寄存器被复位,但其他内部 RAM 的内容不改变。在 VCC 电源没有达到正常电压之前,复位不会发生;VCC 恢复正常后,只要硬件复位信号维持10 ms 即退出掉电保持模式。

4.10　AT89S51 单片机最小系统

单片机最小系统也称为最小应用系统,是指用最少的元件组成的单片机可以工作的系统。对 51 系列单片机来说,最小系统一般应该包括供电电源、单片机、晶振电路和复位电路。AT89S51 单片机最小系统如图 4 – 17 所示。

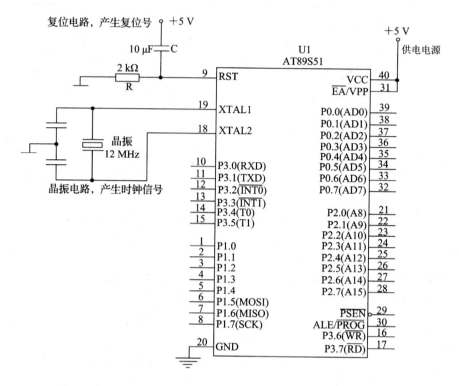

图 4 – 17　AT89S51 单片机最小系统

习　　题

1. AT89S51 和 AT89C51 的主要区别是什么？相对于 AT89C51，AT89S51 有何优势？

2. AT89S51 单片机中，如果使用 12 MHz 晶振，则其时钟周期、机器周期分别为多少？

3. P0、P2、P3、P4 四个 I/O 端口的区别是什么？

4. AT89S51 单片机的 CPU 由哪些部分组成？

5. AT89S51 单片机复位操作通常有几种形式？绘制典型复位电路的电路图。

6. AT89S51 单片机有几种低功耗节电模式？

7. 空闲模式如何进入？如何退出？如何设置？

第 5 章

AT89S51 单片机的中断系统

5.1　中断概述

1. 中断的概念

在 CPU 运行过程中，由于内部或外部某个随机事件的发生，使 CPU 暂停正在运行的程序，而转去执行处理引起中断事件的程序，完成后返回原来的程序继续执行的过程，称为中断。其运行过程如图 5－1 所示。

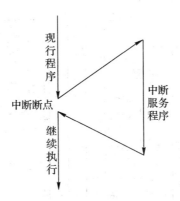

图 5－1　中断响应和处理过程

引起 CPU 中断的内部或外部事件就是中断源。中断源向 CPU 发出的处理请求叫中断请求或中断申请。CPU 暂时中止正在处理的事情，转去处理突发事件的过程，称为中断响应。实现中断功能的部件称为中断系统，又称中断机构。CPU 响应中断后，处理中断事件的程序称为中断服务程序。CPU 响应中断请求，转去执行中断服务程序时的 PC 值，即为断点地址。CPU 执行完中断服务程序后回到断点的过程称为中断返回。

2. 设置中断的目的

1）提高 CPU 工作效率

CPU 工作速度快，外设工作速度慢，如果没有中断系统，则单片机的大量时间可能会浪费在查询是否有服务请求的定时查询操作上，即不论是否有服务请求，都必须去查询。

采用中断技术完全消除了查询方式的等待,可大大提高单片机的工作效率。

2)具有实时处理能力

实时控制是单片机系统应用领域的一个重要任务。在实时控制系统中,现场各种参数和状态的变化是随机发生的,要求 CPU 能做出快速响应、及时处理。有了中断系统,这些参数和状态的变化可以作为中断信号,使 CPU 中断,在响应的中断服务程序中及时处理这些参数和状态的变化。

3)具有故障处理功能

单片机在运行过程中,往往会随机出现一些无法预料的故障情况,如电源和硬件故障、数据和运送错误等。有了中断系统,CPU 可以根据故障源发出的中断请求,立即执行响应的故障处理程序而不必停机,从而提高了单片机的工作可靠性。

5.2 AT89S51 中断系统结构

AT89S51 中断系统结构见图 5-2。中断系统有 5 个中断请求源(简称中断源),2 个中断优先级,可实现 2 级中断服务程序嵌套。每一中断源可用软件独立控制为允许中断或关闭中断状态,每一个中断源的优先级均可用软件设置。

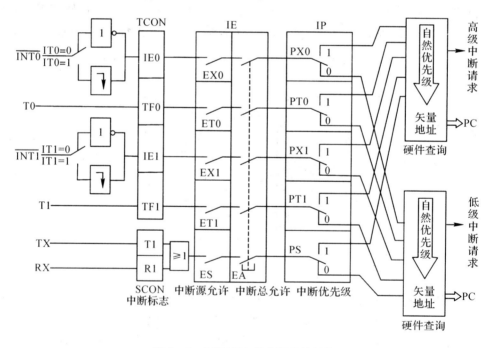

图 5-2 AT89S51 的中断系统结构

5.2.1 AT89S51 的中断源

AT89S51 中断系统共有 5 个中断请求源,它们是:

(1) $\overline{\text{INT0}}$:外部中断请求 0,外部中断请求信号(低电平或负跳变有效)由 $\overline{\text{INT0}}$ 引脚输入。

(2) $\overline{INT1}$：外部中断请求 1，外部中断请求信号（低电平或负跳变有效）由 $\overline{INT1}$ 引脚输入。

(3) 定时器/计数器 T0 计数溢出的中断请求。

(4) 定时器/计数器 T1 计数溢出的中断请求。

(5) 串行口发送/接收中断请求。

5.2.2　中断控制寄存器

AT89S51 单片机中涉及中断控制的有中断请求、中断允许控制和中断优先级控制 3 个方面的 4 个特殊功能寄存器：

(1) 中断请求：定时和外部中断控制寄存器 TCON、串行口控制寄存器 SCON。

(2) 中断允许控制寄存器 IE。

(3) 中断优先级控制寄存器 IP。

1. 定时和外部中断控制寄存器 TCON

TCON 为定时器/计数器的控制寄存器，字节地址为 88H，可位寻址，既包括定时器/计数器 T0、T1 溢出中断请求标志位 TF0 和 TF1，也包括两个外部中断请求的标志位 IE1 与 IE0，还包括两个外部中断请求源的中断触发方式选择位。TCON 的格式见图 5-3。

	D7	D6	D5	D4	D3	D2	D1	D0
TCON	TF1	TR1	TF0	TR0	IE1	IT1	IE0	IT0
位地址	8FH	8EH	8DH	8CH	8BH	8AH	89H	88H

图 5-3　TCON 的格式

TCON 寄存器中与中断系统有关的各标志位的功能如下：

· TF1(TF0)：定时器/计数器 T1(或 T0)的溢出中断请求标志位。当定时器/计数器 T1(或 T0)计满时，由硬件置 TF1(或 TF0)为"1"，向 CPU 申请中断，若中断允许，则响应 TF1(或 TF0)中断。进入中断处理后由内部硬件电路自动清除。

· IE1(IE0)：外部中断请求 1(或 0)中断请求标志位。当检测到外部中断引脚输入有效的中断请求信号时，由硬件置 IE1(或 IE0)为"1"。

· IT1(IT0)：选择外部中断请求 1(或 0)为跳沿触发还是电平触发方式。

当 IT1(IT0)=0 时，外中断 1(或 0)为低电平触发，CPU 在每一个机器周期的 S5P2 期间对 P3.3(或 P3.2)引脚采样，若 P3.3(或 P3.2)为低电平，则使 IE1(或 IE0)置 1，否则 IE1(或 IE0)清 0。

当 IT1(IT0)=1 时，外中断 1 为下跳沿触发，CPU 在每一个机器周期的 S5P2 期间对 P3.3(或 P3.2)引脚采样，若上一个机器周期检测为高电平，紧接着的下一个机器周期为低电平，则使 IE1(或 IE0)置 1。

IE1(IE0)的清 0 方式与外中断的触发方式有关，若为低电平触发，则 P3.3(或 P3.2)引脚为高电平，自动对 IE1(或 IE0)清 0；若为下跳沿触发，则 CPU 响应中断由硬件自动对 IE1(或 IE0)清 0。

当 AT89S51 复位后，TCON 被清"0"，5 个中断源的中断请求标志均为 0。

2. 串行口控制寄存器 SCON

串行口控制寄存器的字节地址为 98H，可位寻址。SCON 的低二位锁存串口的发送中断和接收中断的中断请求标志 TI 和 RI,格式见图 5-4。

	D7	D6	D5	D4	D3	D2	D1	D0
SCON	SM0	SM1	SM2	REN	TB8	RB8	TI	RI
位地址	9FH	9EH	9DH	9CH	9BH	9AH	99H	98H

图 5-4 SCON 的中断请求标志位

图 5-4 中:

·TI:串行口发送中断请求标志位。当串行口发送完一帧数据后,硬件自动使 TI 中断请求标志置"1"。

·RI:串行口接收中断请求标志位。当串行口接收完一帧数据后,硬件自动使 RI 中断请求标志置"1"。

无论是发送中断标志 TI 还是接收中断标志 RI 置"1",都请求串行口中断,到底是发送中断 TI 还是接收中断 RI,需要在中断服务程序中通过程序查询语句来判断。串行口响应中断后,不能由硬件自动清"0",必须由软件对 TI 或 RI 清"0",该寄存器复位后为 00H。

3. 中断允许控制寄存器 IE

各中断源开放或屏蔽是由片内中断允许控制寄存器 IE 控制的。IE 字节地址为 A8H,可进行位寻址,格式见图 5-5。

	D7	D6	D5	D4	D3	D2	D1	D0
IE	EA	—	—	ES	ET1	EX1	ET0	EX0
位地址	AFH	—	—	ACH	ABH	AAH	A9H	A8H

图 5-5 中断允许控制寄存器 IE 的格式

图 5-5 中:

·EA:中断允许总开关控制位。EA=0,所有的中断请求被屏蔽;EA=1,所有的中断请求被开放。

·ES:串行口中断允许位。ES=0,禁止串行口中断;ES=1,允许串行口中断。

·ET1:定时器/计数器 T1 溢出中断允许位。ET1=0,禁止 T1 溢出中断;ET1=1,允许 T1 溢出中断。

·EX1:外部中断 1 中断允许位。EX1=0,禁止外部中断 1 中断;EX1=1,允许外部中断 1 中断。

·ET0:定时器/计数器 T0 的溢出中断允许位。ET0=0,禁止 T0 溢出中断;ET0=1,允许 T0 溢出中断。

·EX0:外部中断 0 中断允许位。EX0=0,禁止外部中断 0 中断;EX0=1,允许外部中断 0 中断。

IE 对中断开放和关闭实现两级控制。IE 中与各个中断源相应的位用指令置"1"或清"0",即可允许或禁止各中断源的中断申请。若使某一个中断源被允许中断,则除了 IE 相应位被置"1"外,还必须使 EA 位置"1"。

AT89S51 复位后,IE 被清"0",所有中断请求被禁止。

4. 中断优先级控制寄存器 IP

AT89S51 单片机有 5 个中断源,每个中断源有两级优先级控制:高优先级和低优先级。通过对中断优先级控制寄存器 IP 设置可以让中断源处于不同的优先级。IP 的字节地址为 B8H，可位寻址。IP 的格式见图 5-6。

	D7	D6	D5	D4	D3	D2	D1	D0
IP	—	—	—	PS	PT1	PX1	PT0	PX0
位地址	—	—	—	BCH	BBH	BAH	B9H	B8H

图 5-6   IP 的格式

图 5-6 中：

- PS：串行口中断优先级控制位，该位为 1 表示高优先级，该位为 0 表示低优先级。
- PT1：T1 中断优先级控制位，该位为 1 表示高优先级，该位为 0 表示低优先级。
- PX1：外部中断 1 中断优先级控制位，该位为 1 表示高优先级，该位为 0 表示低优先级。
- PT0：T0 中断优先级控制位，该位为 1 表示高优先级，该位为 0 表示低优先级。
- PX0：外部中断 0 中断优先级控制位，该位为 1 表示高优先级，该位为 0 表示低优先级。

AT89S51 复位后，各中断源均为低优先级中断。IP 内容为 00H。

5.2.3   中断优先级控制和中断嵌套

1. 中断嵌套

中断请求源有两个中断优先级，每一个中断请求源可由软件设置为高优先级中断或低优先级中断，也可实现两级中断嵌套。

所谓两级中断嵌套，就是 AT89S51 正在执行低优先级中断的服务程序时，可被高优先级中断请求所中断，待高优先级中断处理完毕后，再返回低优先级中断服务程序的过程。

两级中断嵌套见图 5-7。

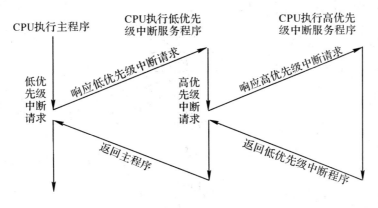

图 5-7   两级中断嵌套过程

2. 中断优先级的控制原则

各中断源的中断优先级关系可归纳为下面两条基本规则：

（1）低优先级可被高优先级中断，高优先级不能被低优先级中断。

（2）任何一种中断（不管是高优先级还是低优先级）一旦得到响应，就不会再被它的同级中断源所中断。如果某一中断源被设置为高优先级中断，则在执行该中断源的中断服务程序时，不能被中断源的任何其他中断请求所中断。

（3）在同时收到几个同优先级的中断请求时，哪一个中断请求能优先得到响应，取决于内部查询顺序。其查询顺序见表 5-1。

表 5-1　中断优先级的排列顺序

中断源	优先级顺序
外部中断 0	最高
定时器/计数器 0 中断	
外部中断 1	↓
定时器/计数器 1 中断	
串行口中断	最低

由表 5-1 可知，各中断源在同一优先级条件下，外部中断 0 的中断优先级最高，串行口中断的优先级最低。

5.3　中断响应及中断请求的撤销

在 AT89S51 单片机内部，系统在每个机器周期的 S5P2 顺序采样中断源，并在下一个周期的 S6 按优先级顺序查询中断标志。如果中断标志为 1，则接下来的机器周期的 S1 期间按优先级顺序进行中断处理。

中断处理过程一般可以分为 3 个阶段：中断响应、中断处理、中断返回。图 5-8 为中断处理流程图。

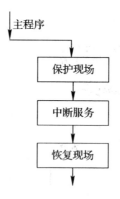

图 5-8　中断处理流程图

5.3.1　中断响应

为保证正在执行的程序不因随机出现的中断响应而被破坏或出错，又能正确保护和恢复现场，必须对中断响应提出要求。

1. 中断响应的条件

（1）该中断源发出中断请求，即该中断源对应的中断请求标志为"1"。

（2）总中断允许开关接通，即 IE 寄存器中的中断总允许位 EA＝1。

（3）该中断源的中断允许位＝1，即该中断被允许。

（4）无同级或更高优先级中断正在被服务。

当遇到下列 3 种情况之一时，中断响应被封锁：

（1）CPU 正在处理同级或更高优先级的中断。

（2）所查询的机器周期不是当前正在执行指令的最后一个机器周期。

（3）正在执行的指令是 RETI 或访问 IE(或 IP)的指令。因为按中断系统的规定，在执行完这些指令后，需再执行完一条指令，才响应新的中断请求。

如存在上述 3 种情况之一，则 CPU 将丢弃中断查询结果，不能对中断进行响应。

2. 中断响应的过程

在满足上述中断响应条件的前提下，进入中断响应。中断响应过程首先由硬件自动生成一条长调用指令"LCALL addr16"，即程序存储区中相应的中断入口地址。

生成 LCALL 指令后，紧接着就由 CPU 执行该指令。首先将程序计数器 PC 的内容压入堆栈以保护断点，再将中断入口地址装入 PC，使程序转向响应中断请求的中断入口地址。各中断源服务程序入口地址是固定的，见表 5－2。

表 5－2　中断源及其对应的中断入口地址

中断源	入口地址
外部中断 0	0003H
定时器/计数器 0 中断	000BH
外部中断 1	0013H
定时器/计数器 1 中断	001BH
串行口中断	0023H

两个中断入口间只相隔 8 字节，一般情况下难以安放一个完整的中断服务程序。因此，通常总是在中断入口地址处放置一条无条件转移指令，使程序执行转到在其他地址存放的中断服务程序入口。

3. 中断响应的时间

所谓中断响应时间，是指 CPU 检测到中断请求信号到达转入中断服务程序入口所需要的时间。

外部中断的最短响应时间为 3 个机器周期。其中，中断请求标志位查询占 1 个机器周期，而这个机器周期恰好处于指令的最后 1 个机器周期。在这个机器周期结束后，中断即被响应，接着 CPU 执行 1 条硬件子程序调用指令 LCALL 以转到相应的中断服务程序入口，这需要 2 个机器周期。

外部中断响应的最长时间为 8 个机器周期。这种情况发生在 CPU 进行中断标志查询时，刚好才开始执行 RETI 或访问 IE(或 IP)的指令，则需把当前指令执行完再继续执行 1 条指令后，才能响应中断。

执行上述的 RETI 或访问 IE(或 IP)的指令，最长需要 2 个机器周期。而接着再执行 1

条指令，我们按最长的指令(乘法指令 MUL 和除法指令 DIV)来算，也只有 4 个机器周期。再加上硬件子程序调用指令 LCALL 的执行，需要 2 个机器周期，所以，外部中断响应的最长时间为 8 个机器周期。

如已在处理同级或更高级中断，则外部中断请求响应时间取决于正在执行的中断服务程序的处理时间。这种情况下，响应时间无法计算。

这样除了最后一种情况，在一个单一的中断系统中，AT89S51 对外部中断请求的响应时间总是在 3~8 个机器周期之间。对于实时性要求高的系统，中断响应所造成的误差要加以考虑。

5.3.2 中断请求的撤销

某中断请求被响应后存在着一个中断请求撤销的问题。下面按中断请求源的类型分别说明中断请求的撤销方法。

1. 定时器/计数器中断请求的撤销

定时器/计数器中断的中断请求被响应后，硬件会自动把中断请求标志位(TF0 或 TF1)清"0"，因此定时器/计数器中断请求是自动撤销的。

2. 外部中断请求的撤销

1）跳沿方式外部中断请求的撤销

中断请求撤销两项内容：中断标志位清"0"和外中断信号。其中，中断标志位(IE0 或 IE1)清"0"是在中断响应后由硬件自动完成的；而对于外中断请求信号的撤销，由于跳沿信号过后也就消失了，所以跳沿方式的外部中断请求也是自动撤销的。

2）电平方式外部中断请求的撤销

中断请求标志自动撤销，但中断请求信号低电平可能继续存在，在以后的机器周期采样时，又会把已清"0"的 IE0 或 IE1 标志位重新置"1"。要彻底解决电平方式外部中断请求的撤销，除标志位清"0"之外，还需在中断响应后把中断请求信号输入引脚从低电平强制改变为高电平。

3. 串行口中断请求的撤销

串行口中断标志位是 TI 和 RI，但对这两个中断标志 CPU 不自动清"0"。

因为响应串口中断后，CPU 无法知道是接收中断还是发送中断，还需测试这两个中断标志位来判定，然后才清除。所以串口中断请求的撤销只能使用软件在中断服务程序中把串行口中断标志位 TI、RI 清 0。

5.4 中断系统的应用

中断系统的应用要解决的问题主要是编制应用程序。编制应用程序包括两大部分的内容：中断初始化和中断服务函数。

5.4.1 中断初始化

中断初始化应在产生中断请求前完成，一般放在主程序中，与主程序其他初始化内容一起完成设置。其主要步骤如下：

1. 定义中断优先级

根据中断源的轻重缓急,划分高优先级和低优先级,通过对中断优先级控制寄存器 IP 的相关位置"1"和清"0"进行优先级高低的设置。

2. 定义外中断触发方式

一般情况下,定义边沿触发方式为宜。若外中断信号无法适用跳沿触发方式,必须采用电平触发方式,则应在硬件电路上和中断服务程序中采取撤出中断请求信号的措施。

3. 开放中断

开放中断必须同时开放二级中断控制,即同时置位 EA 和需要开放中断的中断允许控制位。

除上述中断初始化操作外,还应安排好等待中断或中断发生前主程序应完成的操作内容。

5.4.2 中断服务函数

为直接使用 C51 编写中断服务程序,C51 中定义了中断函数。由于 C51 编译器在编译时对声明为中断服务程序的函数自动添加相应现场保护、阻断其他中断、返回时自动恢复现场等处理的程序段,因而在编写中断函数时可不必考虑这些问题,从而减小了编写中断服务程序的繁琐程度。

中断服务函数的一般形式如下:

函数类型 函数名(形式参数表) interrupt n using n

关键字 interrupt 后面的 n 是中断号,对于 AT80S51 单片机,n 的取值为 0~4,编译器从 8×n+3 处产生中断向量。AT89S51 中断源对应的中断号和中断向量见表 5-3。

表 5-3 中断源对应的中断号和中断向量

中断号 n	中断源	中断向量(8×n+3)
0	外部中断 0	0003H
1	定时器/计数器 0	000BH
2	外部中断 1	0013H
3	定时器/计数器 1	001BH
4	串行口	0023H

AT89S51 内部 RAM 中可使用 4 个工作寄存器区,每个工作寄存器区包含 8 个工作寄存器(R0~R7)。关键字 using 后面的 n 专门用来选择 4 个工作寄存器区。using 是一个选项,如不选,中断函数中的所有工作寄存器的内容将被保存到堆栈中。

关键字 using 对函数目标代码的影响如下:

在中断函数的入口处将当前工作寄存器区的内容保护到堆栈中,函数返回前将被保护的寄存器区的内容从堆栈中恢复。使用 using 在函数中确定一个工作寄存器区必须十分小心,要保证任何工作寄存器区的切换都只在指定的控制区域中发生,否则将产生不正确的函数结果。

中断调用与标准 C 的函数调用是不一样的,当中断事件发生后,对应的中断函数被自动调用,既没有参数,也没有返回值,这样会带来如下影响:

（1）编译器会为中断函数自动生成中断向量。

（2）退出中断函数时，所有保存在堆栈中的工作寄存器及特殊功能寄存器被恢复。

（3）在必要时特殊功能寄存器 Acc、B、DPH、DPL 以及 PSW 的内容被保存到堆栈中。

编写中断程序应遵循以下规则：

（1）中断函数没有返回值，如果定义一个返回值，将会得到不正确结果。建议将中断函数定义为 void 类型，明确说明无返回值。

（2）中断函数不能进行参数传递，中断函数中包含任何参数声明都将导致编译出错。

（3）任何情况下都不能直接调用中断函数，否则会产生编译错误。

（4）如在中断函数中再调用其他函数，则被调用的函数所用的寄存器区必须与中断函数使用的寄存器区不同。

5.4.3　中断系统应用举例

【例 5-1】　在单片机 P1 口上接有 8 只 LED。在外部中断 0 输入引脚(P3.2)接一只按钮开关 k1。要求将外部中断 0 设置为跳沿触发。程序启动时，P1 口上的 8 只 LED 流水点亮。每按一次按钮开关 k1，8 只 LED 同时亮灭一次。实现电路如图 5-9 所示。

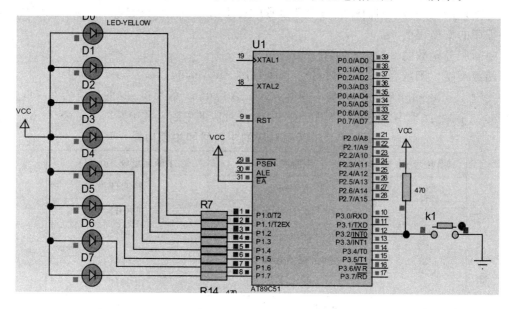

图 5-9　利用中断控制 8 只 LED 同时亮灭一次的电路

参考程序如下：

```
#include <reg51.h>
#define uchar unsigned char
void delay(unsigned int i)        //延时函数 delay()，i 为形式参数，不能赋初值
{
    uchar j;
    for(;i>0;i——)
    for(j=0;j<255;j++);
}
```

```
void main()                       //主函数
{
    unsigned char i, w;
    EA=1;                         //总中断允许
    EX0=1;                        //允许外部中断 0 中断
    IT0=1;                        //选择外部中断 0 为跳沿触发方式
    while(1)
    {
        w=0x01;
        for(i=0;i<8;i++)
        {
            P1=~w;
            w<<=1;
            delay(400);
        }
    }
}
void int0() interrupt 0 using 0   //外中断 0 的中断服务函数
{
    P1=0x00;                      //8 只 LED 灯亮
    delay(400);                   //延时
    P1=0xff;                      //8 只 LED 灯亮
    delay(400);                   //延时
}
```

　　本例程包含两部分：一部分是主程序段，完成中断系统初始化，并实现 8 个 LED 流水点亮；另一部分是中断函数部分，控制 8 个 LED 同时亮灭一次，然后从中断返回。

　　【例 5-2】　电路见图 5-10，设计一中断嵌套程序。要求 k1 和 k2 都未按下时，P1 口

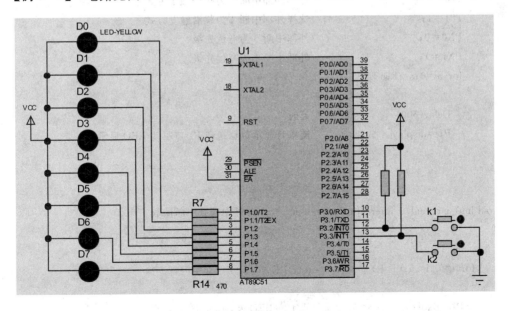

图 5-10　中断嵌套程序示例

8 只 LED 呈流水灯显示，当按一下 k1 时，产生一个低优先级外中断 0 请求（跳沿触发），进入外中断 0 中断服务程序，上下 4 只 LED 交替闪烁 5 次。此时按一下 k2，产生一个高优先级的外中断 1 请求（跳沿触发），进入外中断 1 中断服务程序，使 8 只 LED 全部闪烁。当显示 5 次后，再从外中断 1 返回继续执行外中断 0 中断服务程序，中断 0 中断服务程序执行完后再返回主程序。设置外中断 0 为低优先级，外中断 1 为高优先级。

参考程序如下：

```
# include <reg51.h>
# define uchar unsigned char
void delay(unsigned int i)          //延时函数 Delay()
{
    uchar j;
    for(;i>0;i--)
    for(j=0;j<125;j++);
}
void   main( )                      //主函数
{
    uchar display [9]={0xfe, 0xfd, 0xfb, 0xf7, 0xef, 0xdf, 0xbf, 0x7f};
                                    //流水灯显示数据组
    uchar a;
    while(1)
    {
      EA=1;                         //总中断允许
      EX0=1;                        //允许外部中断 0 中断
      EX1=1;                        //允许外部中断 1 中断
      IT0=1;                        //选择外部中断 0 为跳沿触发方式
      IT1=1;                        //选择外部中断 1 为跳沿触发方式
      PX0=0;                        //外部中断 0 为低优先级
      PX1=1;                        //外部中断 1 为高优先级
      for(a=0;a<8;a++)
      {
        Delay(500);                 //延时
        P1=display[a];              //流水灯显示数据送到 P1 口驱动 LED 显示
      }
    }
}
void int0_isr(void)   interrupt 0  using 0       //外中断 0 中断函数
{
    uchar i;
    for(i=0;i<5;i++)                //8 位 LED 高低 4 位交替闪烁 5 次
    {
      P1=0x0f;                      //低 4 位 LED 灭，高 4 位 LED 亮
      Delay(400);                   //延时
```

```
        P1＝0xf0；                    //高 4 位 LED 灭，低 4 位 LED 亮
        Delay(400)；                  //延时
    }
}
void int1_isr (void)    interrupt 2    using 1        //外中断 1 中断函数
{
    uchar j；
    for(j＝0；j＜5；j＋＋)           //8 位 LED 全亮全灭 5 次
    {
        P1＝0x00；                    //8 位 LED 全亮
        Delay(500)；                  //延时
        P1＝0xff；                    //8 位 LED 全灭
        Delay(500)；                  //延时
    }
}
```

本例若设置两个外中断源的中断优先级为同级，则不会发生中断嵌套。

习　　题

1. 什么叫中断？设置中断有什么优点和功能？
2. AT89S51 单片机有几个中断源？各中断标志是如何产生的？又如何清零？
3. AT89S51 单片机各中断源的中断入口地址是多少？
4. 什么是中断嵌套？处理中断优先级的原则是什么？
5. AT89S51 单片机在什么情况下可以响应中断？
6. 外部中断触发方式有几种？它们的特点是什么？
7. 中断系统的初始化一般包括哪些内容？
8. 中断响应的时间是否确定不变？为什么？在实际应用中应如何考虑这一因素？

第 6 章

AT89S51 单片机的定时器/计数器

6.1 定时器/计数器的结构

AT89S51 单片机的定时器/计数器结构如图 6-1 所示，定时器/计数器 T0 由特殊功能寄存器 TH0、TL0 构成，定时器/计数器 T1 由特殊功能寄存器 TH1、TL1 构成。

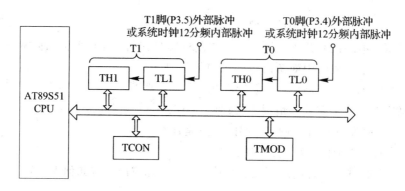

图 6-1　AT89S51 单片机的定时器/计数器结构框图

T0、T1 都具有定时器和计数器两种工作模式，无论是工作在定时器模式还是计数器模式，实质上都是对脉冲信号进行计数，只不过是计数信号的来源不同。计数器模式是对加在 T0(P3.4) 和 T1(P3.5) 两个引脚上的外部脉冲进行计数（见图 6-1）；而定时器模式是对单片机的系统时钟信号经片内 12 分频后的内部脉冲信号（机器周期）计数。由于系统时钟频率是定值，所以可根据计数值计算出定时时间。两个定时器/计数器属于增 1 计数器，即每计一个脉冲，计数器增 1。

T0、T1 具有 4 种工作模式（方式 0、方式 1、方式 2 和方式 3）。图 6-1 中的特殊功能寄存器 TMOD 用于选择定时器/计数器 T0、T1 的工作模式和工作方式。特殊功能寄存器 TCON 用于控制 T0、T1 的启动和停止计数，同时包含了 T0、T1 的状态。

计数器的起始计数是从初值开始的。单片机复位时计数器初值为 0，也可用指令给单片机装入一个新的初值。

6.1.1　工作方式控制寄存器 TMOD

AT89S51 单片机的定时器/计数器工作方式寄存器 TMOD 用于选择定时器/计数器的工作模式和工作方式，字节地址为 89H，不能位寻址，其格式如图 6-2 所示。

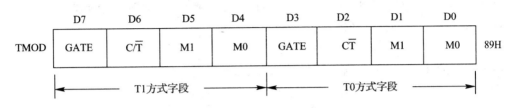

图 6-2　TMOD 的格式

图 6-2 中，8 位分为两组，高 4 位控制 T1，低 4 位控制 T0。

下面对 TMOD 的各位给出说明。

(1) GATE——门控制位。

GATE=0 时，定时器/计数器是否计数，由控制位 TRx(x=0，1)来控制。

GATE=1 时，定时器/计数器是否计数，由外中断引脚($\overline{INT0}$或$\overline{INT1}$)上的电平与控制位 TRx 共同控制。

(2) M1、M0 ——工作方式选择位。

M1、M0 的 4 种编码对应 4 种工作方式，如表 6-1 所示。

表 6-1　M1、M0 工作方式

M1　M0	工 作 方 式
0　0	方式 0，为 13 位定时器/计数器
0　1	方式 1，为 16 位定时器/计数器
1　0	方式 2，8 位常数自动重新装载的定时器/计数器
1　1	方式 3，仅适用于 T0，此时 T0 分成 2 个 8 位计数器，T1 停止计数

(3) C/$\overline{T}$—— 计数器模式和定时器模式选择位。

C/$\overline{T}$=0，为定时器工作模式，对系统时钟 12 分频后的脉冲进行计数。

C/$\overline{T}$=1，为计数器工作模式，计数器对外部输入引脚 T0(P3.4)或 T1(P3.5)的外部脉冲(负跳变)计数。

6.1.2　定时器/计数器控制寄存器 TCON

TCON 的字节地址为 88H，可位寻址，位地址为 88H～8FH。TCON 的格式如图6-3所示。

	D7	D6	D5	D4	D3	D2	D1	D0	
TCON	TF1	TR1	TF0	TR0	IE0	IT1	IE0	IT0	88H

图 6-3　TCON 的格式

在第 5 章中已经介绍了与外部中断有关的低 4 位功能。这里仅介绍与定时器/计数器相关的高 4 位功能。

(1) TF1、TF0——计数溢出标志位。

当计数器计数溢出时，该位置"1"。使用查询方式时，此位可提供 CPU 查询。应当注意，查询后应使用软件及时将该位清"0"。使用中断方式时，此位作为中断请求标志位，进入中断服务程序后由硬件自动清"0"。

(2) TR1、TR0——计数运行控制位。

TR1 位(或 TR0 位)＝1，启动定时器/计数器的必要条件。

TR1 位(或 TR0 位)＝0，停止定时器/计数器计数。

该位可由软件置"1"或清"0"。

6.2 定时器/计数器的 4 种工作方式

定时器/计数器具有 4 种工作方式，下面分别进行介绍。

6.2.1 方式 0

当 M1M0 为 00 时，定时器/计数器工作于方式 0，这时定时器/计数器的等效逻辑结构框图如图 6-4 所示(以定时器/计数器 T1 为例，TMOD.5 TMOD.4＝00)。

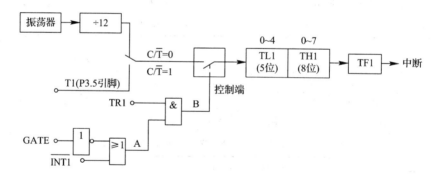

图 6-4 定时器/计数器方式 0 的逻辑结构框图

定时器/计数器工作在方式 0 时，为 13 位计数器，由 TLx(x＝0，1)的低 5 位和 THx 的高 8 位构成。TLx 低 5 位溢出，则向 THx 进位；THx 计数溢出，则把 TCON 中的溢出标志位 TFx 置"1"。

图 6-4 中，C/$\overline{\text{T}}$ 位控制的电子开关决定了定时器/计数器的两种工作模式。

(1) C/$\overline{\text{T}}$＝0，电子开关打在上面位置，T1(或 T0)为定时器工作模式，把系统时钟 12 分频后的脉冲作为计数信号。

(2) C/$\overline{\text{T}}$＝1，电子开关打在下面位置，T1(或 T0)为计数器工作模式，对 P3.5(或 P3.4)引脚上的外部输入脉冲计数，当引脚上发生负跳变时，计数器加 1。

GATE 位的状态决定定时器/计数器的运行控制取决于 TRx 这一个条件，还是取决于 TRx 和 $\overline{\text{INTx}}$(x＝0，1)引脚状态这两个条件。

(1) GATE＝0 时，A 点(见图 6-4)电位恒为 1，B 点电位仅取决于 TRx 的状态。

TRx＝1，B 点电位为高电平，电子开关闭合，允许 T1(或 T0)对脉冲计数；TRx＝0，B 点电位为低电平，电子开关断开，禁止 T1(或 T0)计数。

(2) GATE＝1 时，B 点电位由 $\overline{INTx}$(x＝0，1)的输入电平和 TRx 的状态这两个条件来确定。当 TRx＝1 且 $\overline{INTx}$＝1 时，B 点才为 1，控制端控制电子开关闭合，允许 T1(或 T0)计数。故这种情况下计数器是否计数是由 TRx 和 $\overline{INTx}$ 两个条件共同控制的。

6.2.2　方式 1

当 M1M0 为 01 时，定时器/计数器工作于方式 1，这时定时器/计数器的等效逻辑结构框图如图 6-5 所示(以 T1 为例，x＝1)。

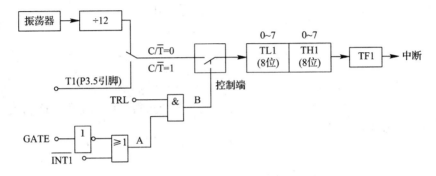

图 6-5　定时器/计数器方式 1 的逻辑结构框图

方式 1 和方式 0 的差别仅仅在于计数器的位数不同：方式 1 为 16 位计数器，由 THx 高 8 位和 TLx 低 8 位构成(x＝0，1)；方式 0 则为 13 位计数器，有关控制状态位的含义(GATE、C/$\overline{T}$、TFx、TRx)与方式 0 相同。

6.2.3　方式 2

方式 0 和方式 1 的最大特点是计数溢出后，计数器为全 0，因此在循环定时或循环计数应用时就存在用指令反复装入计数初值的问题，这会影响定时精度。方式 2 就是为解决此问题而设置的。

当 M1M0 为 10 时，定时器/计数器工作于方式 2，这时定时器/计数器的等效逻辑结构框图如图 6-6 所示(以 T1 为例，x＝1)。

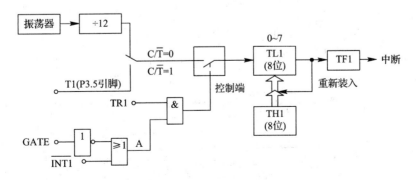

图 6-6　定时器/计数器方式 2 的逻辑结构框图

　　方式 2 为自动恢复初值（初值自动装入）的 8 位定时器/计数器，TLx（x＝0，1）作为常数缓冲器，当 TLx 计数溢出时，溢出标志 TFx 置"1"的同时，还自动将 THx 中的初值送至 TLx，使 TLx 从初值开始重新计数。定时器/计数器方式 2 的工作过程如图 6－7 所示。

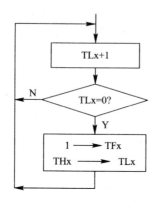

图 6－7　方式 2 的工作过程

　　这种工作方式可以省去用户软件中重装初值指令的执行时间，简化定时初值的计算方法，可以相当精确地确定定时时间。

6.2.4　方式 3

　　方式 3 是为了增加一个附加的 8 位定时器/计数器而设置的，从而使 AT89S51 单片机具有 3 个定时器/计时器。方式 3 只适用于定时器/计数器 T0，定时器/计数器 T1 不能工作在方式 3。T1 处于方式 3 时相当于 TR1＝0，停止计数（此时 T1 可用来作为串行口波特率产生器）。

1. 工作在方式 3 下的 T0

　　当 TMOD 的低 2 位为 11 时，T0 的工作方式被选为方式 3，各引脚与 T0 的逻辑关系如图 6－8 所示。

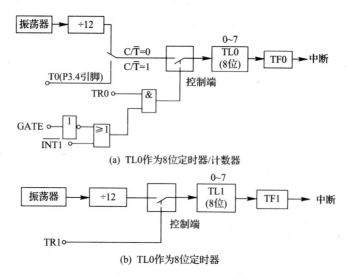

(a) TL0作为8位定时器/计数器

(b) TL0作为8位定时器

图 6－8　定时器/计数器 T0 方式 3 的逻辑结构框图

定时器/计数器 T0 分为两个独立的 8 位计数器 TL0 和 TH0，TL0 使用 T0 的状态控制位 C/$\overline{\text{T}}$、GATE、TR0、$\overline{\text{INT0}}$，而 TH0 被固定为一个 8 位定时器（不能作为外部计数模式），并使用定时器 T1 的状态控制位 TR1，同时占用定时器 T1 的中断请求源 TF1。

2. T0 工作在方式 3 时 T1 的各种工作方式

一般情况下，当 T1 用作串行口的波特率发生器时，T0 才工作在方式 3。T0 工作在方式 3 时，T1 可定为方式 0、方式 1 和方式 2，用来作为串行口的波特率发生器，或用于不需要中断的场合。

1）T1 工作在方式 0

当 T1 的控制字中 M1M0＝00 时，T1 工作在方式 0，工作示意图如图 6-9 所示。

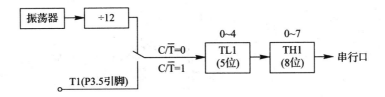

图 6-9　T0 工作在方式 3 时 T1 为方式 0 的工作示意图

2）T1 工作在方式 1

当 T1 的控制字中 M1M0＝01 时，T1 工作在方式 1，工作示意图如图 6-10 所示。

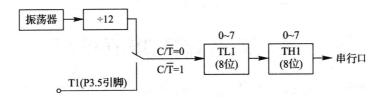

图 6-10　T0 工作在方式 3 时 T1 为方式 1 的工作示意图

3）T1 工作在方式 2

当 T1 的控制字中 M1M0＝10 时，T1 工作在方式 2，工作示意图如图 6-11 所示。

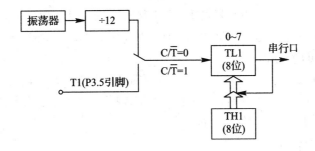

图 6-11　T0 工作在方式 3 时 T1 为方式 2 的工作示意图

4）T1 设置在方式 3

当 T0 设置在方式 3 时，再把 T1 也设置成方式 3，此时 T1 停止计数。

6.3　对外部输入的计数信号的要求

当定时器/计数器工作在计数器模式时,计数脉冲来自外部输入引脚 T0 或 T1。当输入信号产生负跳变时,计数器的值增 1。每个机器周期的 S5P2 期间,都对外部输入引脚 T0 或 T1 进行采样。如在第 1 个机器周期中采得的值为 1,而在下一个机器周期中采得的值为 0,则在紧跟着的下一个机器周期 S3P1 期间,计数器加 1。由于确认一个负跳变要花 2 个机器周期,即 24 个振荡周期,因此外部输入的计数脉冲的最高频率为系统振荡器频率的 1/24。

例如,选用频率为 6 MHz 的晶振,允许输入的脉冲频率最高为 250 kHz。如果选用频率为 12 MHz 的晶振,则可输入最高频率为 500 kHz 的外部脉冲。对于外部输入信号的占空比并没有什么限制,但为了确保某一给定电平在变化之前能被采样一次,则这一电平至少要保持 1 个机器周期。因此对外部输入信号的要求如图 6-12 所示,图中 Tcy 为机器周期。

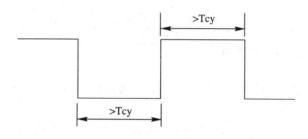

图 6-12　对外部计数输入信号的要求

6.4　定时器/计数器的编程和应用

在定时器/计数器的 4 种工作方式中,方式 0 和方式 1 基本相同,只是计数器的计数位数不同。方式 0 为 13 位计数器,方式 1 为 16 位计数器。由于方式 0 是为了兼容 MCS-48 而设计的,计数初值计算复杂,所以在实际应用中,一般不用方式 0,常采用方式 1。

6.4.1　P1 口控制 8 只 LED 每 0.5 秒闪亮一次

【例 6-1】　在 AT89S51 单片机的 P1 口上接有 8 只 LED,原理电路见图 6-13。下面采用定时器 T0 的方式 1 的定时中断方式,使 P1 口外接的 8 只 LED 每 0.5 s 闪亮一次。

(1)设置 TMOD 寄存器。

定时器 T0 工作在方式 1,应使 TMOD 寄存器的 M1M0=01;设置 C/$\overline{\text{T}}$=0,为定时器模式;T0 的运行仅由 TR0 来控制,应使相应的 GATE 位为 0。定时器 T1 不使用,各相关位均设为 0。所以,TMOD 寄存器应初始化为 0x01。

(2)计算定时器 T0 的计数初值。

设定时时间为 5 ms(即 5000 μs),定时器 T0 的计数初值为 X,假定晶振频率为 11.0592 MHz,则

$$定时时间=\frac{(2^{16}-X)\times 12}{晶振频率}$$

即

$$5000 = \frac{(2^{16} - X) \times 12}{11.0592}$$

得

$$X = 60\ 928$$

将其转换成十六进制后为 0xee00，其中 0xee 装入 TH0，0x00 装入 TL0。

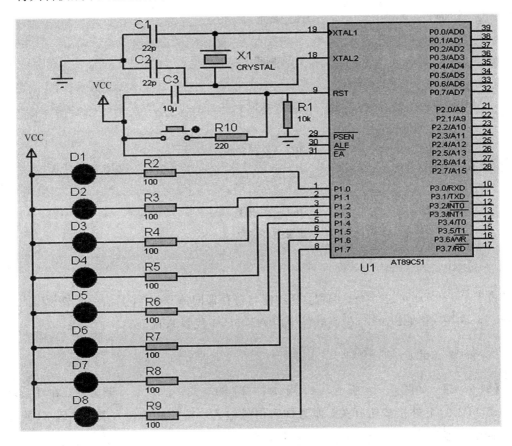

图 6-13 方式 1 定时中断控制 LED 闪亮

（3）设置 IE 寄存器。

本例由于采用定时器 T0 中断，因此需将 IE 寄存器中的 EA、ET0 位置 1。

（4）启动和停止计数器 T0。

定时器控制寄存器 TCON 中的 TR0=1，则启动定时器 T0；TR0=0，则停止定时器 T0 定时。

参考程序如下：

```
#include <reg51.h>
char i=100;
void main()
{
    TMOD=0x01;              //定时器 T0 为方式 1
```

```
        TH0=0xee;                    //设置定时器初值
        TL0=0x00;
        P1=0x00;                     //P1 口 8 个 LED 点亮
         EA=1;                       //开总中断
         ET0=1;                      //开定时器 T0 中断
         TR0=1;                      //启动定时器 T0
         while(1);                   //循环等待
        }
    void timer0() interrupt 1        //T0 中断程序
    {
        TH0=0xee;                    //重新赋初值
        TL0=0x00;
        i－－;                        //循环次数减一
        if(i＜=0)
        {
          P1=～P1;                    //P1 口按位取反
          i=100;                      //重置循环次数
        }
    }
```

由于 AT89S51 可进行 ISP 编程，其功能与寄存器同 AT89C51 具有一致性，因此为了方便，本书中一般在 Proteus 仿真软件中用 AT89C51 代替 AT89S51。

6.4.2　计数器的应用

【例 6-2】　如图 6-14 所示，采用定时器 T1 的方式 1 的计数中断方式，在计数输入引脚 T1(P3.5)上外接按钮开关，作为计数信号输入。按 4 次按钮开关后，P1 口的 8 只 LED 闪烁不停。

(1) 设置 TMOD 寄存器。

定时器 T1 工作在方式 1，应使 TMOD 寄存器的 M1M0=01；设置 $C/\overline{T}=1$，为计数器模式；对 T0 运行仅由 TR0 来控制，应使 GATE0=0。定时器 T0 不使用，各相关位均设为 0。所以，TMOD 寄存器应初始化为 0x50。

(2) 计算定时器 T1 的计数初值。

由于每按 1 次按钮开关，计数器计数 1 次，按 4 次后，P1 口 8 只 LED 闪烁不停，因此计数器的初值为 65 536－4=65 532，将其转换成十六进制后为 0xFFFC，所以，TH1=0xFF，TL1=0xFC。

(3) 设置 IE 寄存器。

本例由于采用 T1 中断，因此需将 IE 寄存器中的 EA、ET1 位置 1。

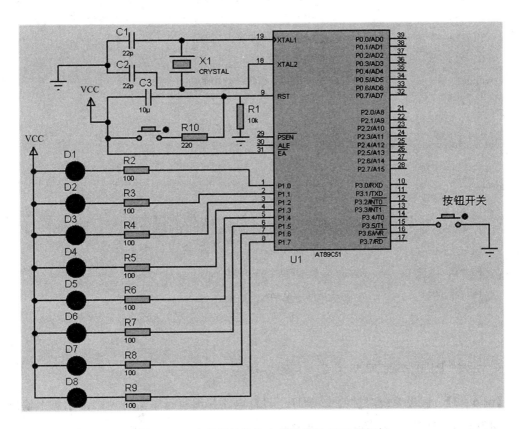

图 6-14　由外部计数输入信号控制 LED 的闪烁

（4）启动和停止定时器 T1。

定时器控制寄存器 TCON 中的 TR1＝1，则启动定时器 T1 计数；TR1＝0，则停止 T1
计数。

参考程序如下：

```
#include <reg51.h>
void Delay(unsigned int i)        //定义延时函数 Delay()，i 是形式参数，不能赋初值
{
    unsigned int j;
    for(;i>0;i--)                 //变量 i 由实际参数传入一个值，因此 i 不能赋初值
    for(j=0;j<125;j++);
}

void    main()                    //主函数
{
    TMOD=0x50;                    //设置定时器 T1 为方式 1，计数模式
    TH1=0xff;                     //向 TH1 写入初值的高 8 位
```

```
    TL1＝0xfc；            //向 TL1 写入初值的低 8 位
    EA＝1；                //总中断允许
    ET1＝1；               //定时器 T1 中断允许
    TR1＝1；               //启动定时器 T1
    while(1)；             //无穷循环，等待计数中断
}


void T1_int(void)  interrupt 3  //T1 中断函数
{
for(；；)                  //无限循环
  {
    P1＝0xff；             //8 位 LED 全灭
    Delay(500)；          //延时 500 ms
    P1＝0；               //8 位 LED 全亮
    Delay(500)；          //延时 500 ms
  }
}
```

6.4.3　控制 P1.0 产生周期为 2 ms 的方波

【例 6 - 3】　假设系统时钟为 12 MHz，设计电路并编写程序实现从 P1.0 引脚上输出一个周期为 2 ms 的方波，如图 6 - 15 所示。

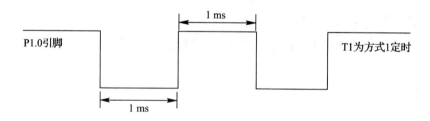

图 6 - 15　定时器控制 P1.0 输出一个周期为 2 ms 的方波

要在 P1.0 上产生周期为 2 ms 的方波，定时器应产生 1 ms 的定时中断，定时时间到则在中断服务程序中对 P1.0 求反。使用定时器 T0，采用方式 1 定时中断，GATE 不起作用。

本例的电路原理图如图 6 - 16 所示。其中在 P1.0 引脚接有虚拟示波器，用来观察产生的周期为 2 ms 的方波。

下面来计算 T0 的初值。

设 T0 的初值为 X，则

$$(2^{16}-X)\times 1\times 10^{-6}=1\times 10^{-3}$$

即

$$65\ 536-X=1000$$

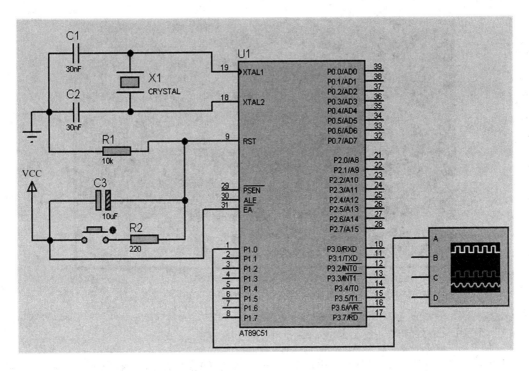

图 6-16　定时器控制 P1.0 输出周期为 2 ms 的方波的原理电路

得 X＝64 536，将其转换成十六进制数就是 0xFC18。将高 8 位 0xFC 装入 TH0，低 8 位 0x18 装入 TL0。

参考程序如下：

```
# include ＜reg51.h＞            //头文件 reg51.h
sbit P1_0＝P1^0;                //定义特殊功能寄存器 P1 的位变量 P1_0
void main(void)                 //主程序
{
    TMOD＝0x01;                 //设置 T0 为方式 1
    TR0＝1;                     //接通 T0
    while(1)                    //无限循环
    {
        TH0＝0xfc;              //置 T0 高 8 位初值
        TL0＝0x18;              //置 T0 低 8 位初值
        do{}while(! TF0);       //判断 TF0 是否为 1，为 1 则 T0 溢出，往下执行，否则原地循环
        P1_0＝! P1_0;           //P1.0 状态求反
        TF0＝0;                 //TF0 标志清零
    }
}
```

仿真时，右键单击虚拟数字示波器，出现下拉菜单，单击"Digital Oscilloscope"选项，就会在数字示波器上显示 P1.0 引脚输出的周期为 2 ms 的方波，如图 6-17 所示。

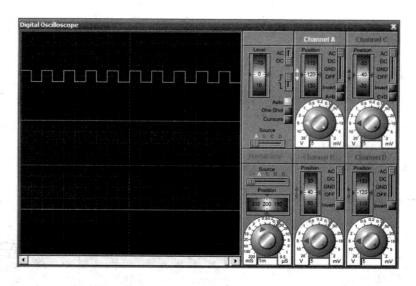

图 6-17 虚拟数字示波器显示的周期为 2 ms 的方波波形

6.4.4 利用 T1 控制发出 1 kHz 的音频信号

【例 6-4】 利用定时器 T1 的中断控制 P1.7 引脚输出频率为 1 kHz 的方波音频信号，驱动蜂鸣器发声。系统时钟为 12 MHz。方波音频信号的周期为 1 ms，因此 T1 的定时中断时间为 0.5 ms，进入中断服务程序后，对 P1.6 求反。电路如图 6-18 所示。

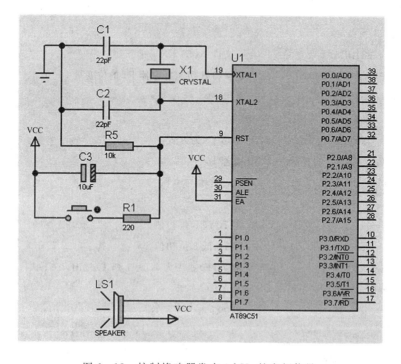

图 6-18 控制蜂鸣器发出 1 kHz 的音频信号

先来计算 T1 初值。系统时钟为 12 MHz，则机器周期为 1 μs。1 kHz 的音频信号周期为 1 ms，要定时计数的脉冲数为 a，则 T1 初值：

$$TH1=(65\ 536-a)/256$$
$$TL1=(65\ 536-a)\%256$$

参考程序如下：

```
#include<reg51.h>              //包含头文件
sbit sound=P1^6;               //将 sound 位定义为 P1.6 脚
#define f1(a) (65536-a)/256    //定义装入定时器高 8 位时间常数
#define f2(a) (65536-a)%256    //定义装入定时器低 8 位时间常数
unsigned int i = 500;
unsigned int j = 0;
void main(void)
{
    EA=1;                      //开总中断
    ET1=1;                     //允许定时器 T1 中断
    TMOD=0x10;                 //使用 T1 的方式 1，定时模式
    TH1=f1(i);
    TH1=f1(i);                 //给定时器 T1 高 8 位赋初值
    TL1=f2(i);                 //给定时器 T1 低 8 位赋初值
    TR1=1;                     //启动定时器 T1
    while(1)
    {   i=460;                 //循环等待
        while(j<2000);
        j=0;
        i=360;
        while(j<2000);
        j=0;
    }
}

void T1_int(void) interrupt 3 using 0 //定时器 T1 中断函数
{   TR1= 0;                    //关闭定时器 T1
    sound=! sound;             //P1.6 输出求反
    TH1=f1(i);                 //重新给定时器 T1 高 8 位赋初值
    TL1=f2(i);                 //重新给定时器 T1 低 8 位赋初值
    TR1=1;                     //启动定时器 T1
}
```

6.4.5　LED 数码管秒表的制作

【例 6 - 5】　制作一个 LED 数码管显示的秒表，用 2 位数码管显示计时时间，最小计时单位为"百毫秒"，计时范围为 0.1～9.9 s。第 1 次按一下计时功能键，秒表开始计时并显示；第 2 次按一下计时功能键，停止计时，将计时的时间值送到数码管显示，如果计时到 9.9 s，将重新开始从 0 计时；第 3 次按一下计时功能键，秒表清 0。再次按一下计时功

能键，则重复上述计时过程。

本秒表应用了 AT89S51 的定时器工作方式，计时范围为 $0.1 \sim 9.9$ s。此外，还涉及如何编写控制 LED 数码管显示的程序。

LED 数码管显示的秒表原理电路如图 6-19 所示。

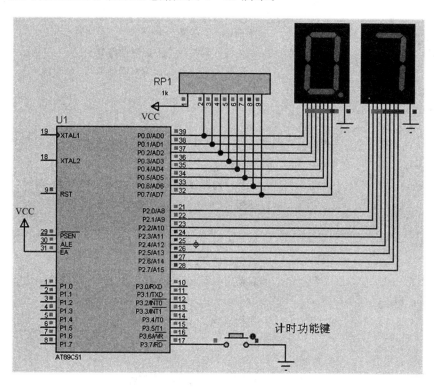

图 6-19 LED 数码管显示的秒表原理电路及仿真

参考程序如下：

```
#include <reg51.h>                    //包含51单片机寄存器定义的头文件
unsigned char code discode1[]={0xbf, 0x86, 0xdb, 0xcf, 0xe6, 0xed, 0xfd, 0x86, 0xff, 0xef};
                                      //数码管显示0~9的段码表，带小数点
unsigned char code discode2[]={0x3f, 0x06, 0x5b, 0x4f, 0x66, 0x6d, 0x6d, 0x06, 0x6f,
0x6f};                                //数码管显示0~9的段码表，不带小数点
unsigned char timer=0;                //记录中断次数
unsigned char second;                 //储存秒
unsigned char key=0;                  //记录按键次数
main()                                //主函数
{
    TMOD=0x01;                        //定时器T0工作在方式1，定时模式
    ET0=1;                            //允许定时器T0中断
    EA=1;                             //总中断允许
    second=0;                         //设初始值
    P0=discode1[second/10];           //显示秒位0
    P2=discode2[second%10];           //显示0.1 s位0
```

```
    while(1)                      //循环
    {
     if((P3&0x80)==0x00)          //当按键被按下时
     {
       key++;                     //按键次数加 1
       switch(key)                //根据按键次数分三种情况
        {
         case 1:                  //按下一次,启动秒表计时
         TH0=0xee;                //向 TH0 写入初值的高 8 位
         TL0=0x00;                //向 TL0 写入初值的低 8 位,定时 5 ms
         TR0=1;                   //启动定时器 T0
         break;
         case 2:                  //按下两次,暂定秒表
         TR0=0;                   //关闭定时器 T0
         break;
         case 3:                  //按下三次,秒表清 0
         key=0;                   //按键次数清 0
         second=0;                //秒表清 0
          P0=discode1[second/10]; //显示秒位 0
          P2=discode2[second%10]; //显示 0.1 s 位 0
         break;
        }
       while((P3&0x80)==0x00);    //如果按键时间过长,则再次循环
        }
     }
}


void int_T0() interrupt 1    using 0    //定时器 T0 中断函数
{
    TR0=0;                        //停止计时,执行以下操作(会带来计时误差)
    TH0=0xee;                     //向 TH0 写入初值的高 8 位
    TL0=0x00;                     //向 TL0 写入初值的低 8 位,定时 5 ms
    timer++;                      //记录中断次数
    if (timer==20)                //中断 20 次,共计时 20×5 ms=100 ms=0.1 s
    {
       timer=0;                   //中断次数清 0
       second++;                  //加 0.1 s
       P0=discode1[second/10];    //根据计时时间,即时显示秒位
       P2=discode2[second%10];    //根据计时时间,即时显示 0.1 s 位
    }
    if(second==99)                //当计时到 9.9 s 时
    {
       TR0=0;                     //停止计时
```

```
        second＝0;                        //秒数清 0
    }
    TR0＝1;                              //启动定时器继续计时
}
```

6.4.6　测量脉冲宽度——门控位 GATEx 的应用

下面介绍定时器中的寄存器 TMOD 的门控位 GATE 的应用。以定时器 T1 为例，利用门控位 GATE 测量加在 $\overline{INT1}$ 引脚上的正脉冲的宽度。

【例 6-6】 门控位 GATE1 可使 T1 的启动计数受 $\overline{INT1}$ 的控制，当 GATE1＝1，TR1＝1 时，只有 $\overline{INT1}$ 引脚输入高电平，T1 才被允许计数。利用 GATE1 的这一功能，可测量 $\overline{INT1}$ 引脚(P3.3)上正脉冲的宽度，其方法如图 6-20 所示。

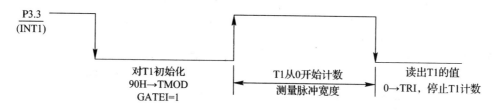

图 6-20　利用 GATE 位测量正脉冲的宽度

测量正脉冲的宽度的原理电路如图 6-21 所示，图中省略了复位电路和时钟电路。利用定时器/计数器门控位 GATE1 来测量 $\overline{INT1}$ 引脚上正脉冲的宽度（该脉冲的宽度应该可调），并在 6 位 LED 数码管上以机器周期数显示出来。对于被测量的脉冲信号的宽度，要求能通过旋转信号源的旋钮来调节。

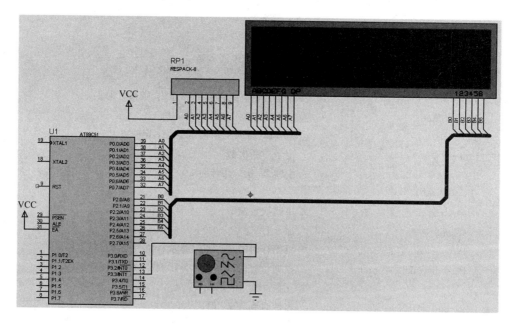

图 6-21　利用 GATE 位测量引脚上正脉冲的宽度的原理电路

参考程序如下：

```c
#include<reg51.h>
#define uint unsigned int
#define uchar unsigned char
sbit P3_3=P3^3;                      //定义位变量
uchar count_high;                    //定义计数变量,用来读取 TH0
uchar count_low;                     //定义计数变量,用来读取 TL0
uint num;
uchar shiwan, wan, qian, bai, shi, ge;
uchar flag;
uchar code table[]={0x3f, 0x06, 0x5b, 0x4f, 0x66, 0x6d, 0x6d, 0x06, 0x6f, 0x6f};
                                     //共阴极数码管段码表
void delay(uintz)                    //延时函数
{
    uint x, y;
    for(x=z;x>0;x--)
    for(y=110;y>0;y--);
}
void display(uint a, uint b, uint c, uint d, uint e, uint f)      //数码管显示函数
{
    P2=0xfe;
    P0=table[f];
    delay(2);
    P2=0xfd;
    P0=table[e];
    delay(2);
    P2=0xfb;
    P0=table[d];
    delay(2);
    P2=0xf6;
    P0=table[c];
    delay(2);
    P2=0xef;
    P0=table[b];
    delay(2);
    P2=0xdf;
    P0=table[a];
    delay(2);
    }

void read_count()                    //读取计数寄存器的内容
{
    do
```

```
      {
        count_high＝TH1;             //读高字节
        count_low＝TL1;              //读低字节
       }while(count_high!＝TH1);
      num＝count_high＊256＋count_low;//将两字节的机器周期数进行显示处理

    }


    void main( )
    {   while(1)
      {
        flag＝0;
        TMOD＝0x90;                  //设置定时器 T1 工作在方式 1，定时模式
        TH1＝0;                      //向定时器 T1 写入计数初值
        TL1＝0;
        while(P3_3＝＝1);            //等待INT1变低
        TR1＝1;                      //如果INT1为低，启动 T1(未真正开始计数)
        while(P3_3＝＝0);            //等待INT1变高，变高后 T1 真正开始计数
        while(P3_3＝＝1);            //等待INT1变低，变低后 T1 停止计数
        TR1＝0;
        read_count();               //读计数寄存器内容的函数
        shiwan＝num/100000;
        wan＝num％100000/10000;
        qian＝num％10000/1000;
        bai＝num％1000/100;
        shi＝num％100/10;
        ge＝num％10;
        while(flag!＝100)            //减小刷新频率
        {
        flag＋＋;
        display(ge, shi, bai, qian, wan, shiwan);
        }
      }

    }
```

执行上述程序进行仿真，把INT1引脚上出现的正脉冲宽度显示在 LED 数码管显示器上。晶振频率为 12 MHz，如果默认信号源输出频率为 1 kHz 的方波，则数码管应显示为 500。注意：在仿真时，偶尔显示 501 是因为信号源的问题，若将信号源转换成频率固定的激励源，则不会出现此问题。

6.4.7　LCD 时钟的设计

【例 6‐7】　使用定时器/计数器来实现一个 LCD 显示的时钟。液晶显示器采用 LCD1602，具体见第 7 章的介绍。LCD 时钟的原理电路如图 6‐22 所示。

时钟的最小计时单位是秒，如何获得 1 s 的定时呢？可将定时器 T0 的定时时间定为 50 ms，采用中断方式进行溢出次数的累计，计满 20 次，则秒计数变量 second 加 1；若秒计满 60，则分计数变量 minute 加 1，同时将秒计数变量 second 清 0；若分钟计满 60，则小时计数变量 hour 加 1；若小时计数变量满 24，则将小时计数变量 hour 清 0。

先将定时器以及各计数变量设定完毕，然后调用时间显示的子程序。秒计时功能由定时器 T0 的中断服务程序来实现。

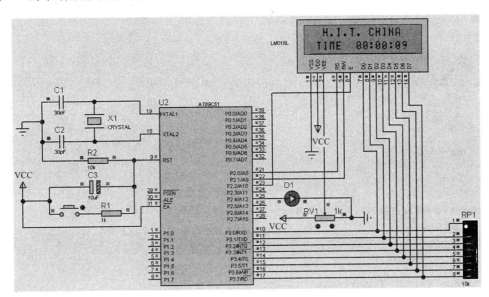

图 6-22 LCD 时钟的原理电路

参考程序如下：

```c
#include <reg51.h>
#include <lcd1602.h>
#define uchar unsigned char
#define uint unsigned int
uchar int_time;                        //定义中断次数计数变量
uchar second;                          //定义秒计数变量
uchar minute;                          //定义分钟计数变量
uchar hour;                            //定义小时计数变量
uchar code date[]=" H.I.T. CHINA ";    //LCD 第 1 行显示的内容
uchar code time[]=" TIME  23：59：55 "; //LCD 第 2 行显示的内容
uchar second=55,minute=59,hour=23;
void clock_init()
{
uchar i,j;
    for(i=0;i<16;i++)
    {
        write_data(date[i]);
    }
```

```
    write_command(0x80+0x40);
    for(j=0;j<16;j++)
     {
       write_data(time[j]);
     }
 }


void clock_write( uint s，uint m，uint h)
 {
     write_sfm(0x46，h);
     write_sfm(0x4a，m);
     write_sfm(0x4d，s);
 }


void main()
 {
     init1602();                              //LCD 初始化
     clock_init();                            //时钟初始化
     TMOD=0x01;                               //设置定时器 T0 工作在方式 1,定时模式
     EA=1;                                    //开总中断
     ET0=1;                                   //允许 T0 中断
     TH0=(65536－46483)/256;                  //给 T0 装初值
     TL0=(65536－46483)%256;
     TR0=1;
     int_time=0;                              //中断次数、秒、分、时单元清 0
     second=55;
     minute=59;
     hour=23;
     while(1)
   {
       clock_write(second ，minute，hour);
     }
 }


void   T0_interserve(void)   interrupt 1   using 1     //定时器 T0 中断服务子程序
 {
   int_time++;                               //中断次数加 1
   if(int_time==20)                          //若中断次数计满 20 次
   {
     int_time=0;                             //中断次数变量清 0
     second++;                               //秒计数变量加 1
   }
   if(second==60)                            //若计满 60 s
```

```
{
    second＝0；                                 //秒计数变量清 0
    minute ＋＋；                              //分计数变量加 1
}
if(minute＝＝60)                              //若计满 60 min
{
    minute＝0；                                //分计数变量清 0
    hour ＋＋；                                //小时计数变量加 1
}
if(hour＝＝24)                                //若计满 24 h
{
hour＝0；                                     //小时计数变量清 0
}
THO＝(65536－46083)/256；                     //定时器 T0 重新赋值
TLO＝(65536－46083)%256；
}
```

执行上述程序仿真运行，就会在 LCD 显示器显示实时时间。

习　　题

1. 定时器/计数器工作于定时和计数方式时有何异同点？

2. 定时器/计数器的 4 种工作方式各有何特点？

3. 当定时器/计数器 T0 工作于方式 3 时，定时器/计数器 T1 可以工作在何种方式下？如何控制 T1 的开启和关闭？

4. 利用定时器/计数器 T0 从 P1.0 输出周期为 1 s、脉宽为 20 ms 的正脉冲信号，晶振频率为 12 MHz，试设计程序。

5. 要求从 P1.1 引脚输出 1000 Hz 的方波，晶振频率为 12 MHz，试设计程序。

6. 试用定时器/计数器 T1 对外部事件计数，要求每计数 100，就将 T1 改成定时方式，控制 P1.7 输出一个脉宽为 10 ms 的正脉冲，然后又转为计数方式，如此反复循环。

7. 要求定时器/计数器的运行控制完全由 TR1、TR0 确定，由$\overline{\text{INT0}}$、$\overline{\text{INT1}}$高低电平控制，其初始化编程应作何处理？

第 7 章

单片机与显示器件及键盘的接口

在各种单片机应用系统中，需扩展很多外部接口器件才能充分发挥单片机的智能控制功能，如通过扩展键盘与显示器件接口，可实现人机对话功能。本章主要介绍单片机与常用的显示器件、开关以及键盘的接口设计与实际的软件编程设计。

7.1　单片机控制发光二极管显示

发光二极管常用来指示系统的工作状态，制作节日彩灯、广告牌匾等。大部分发光二极管的工作电流在 $1\sim5$ mA 之间，其内阻为 $20\sim100$ Ω。电流越大，亮度也越高。为保证发光二极管正常工作，同时减少功耗，限流电阻的选择十分重要，若供电电压为 $+5$ V，则限流电阻可选 $1\sim3$ kΩ。

7.1.1　单片机与发光二极管的连接

P0 口用作通用 I/O，由于漏极开路，因此需外接上拉电阻，而 P1～P3 口内部有 30 kΩ左右的上拉电阻。下面讨论 P1～P3 口如何与 LED 发光二极管驱动连接的问题。单片机并行端口 P1～P3 直接驱动发光二极管，电路见图 7 - 1。与 P1、P2、P3 口相比，P0 口每位可驱动 8 个 LSTTL 输入，而 P1～P3 口每位的驱动能力只有 P0 口的一半。当 P0 口某

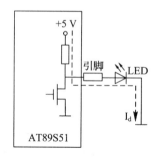

(a) 不恰当的连接：高电平驱动

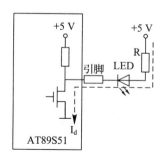

(b) 恰当的连接：低电平驱动

图 7 - 1　发光二极管与单片机并行口的连接

位为高电平时，可提供 400 mA 的拉电流；当 P0 口某位为低电平(0.45 V)时，可提供 3.2 mA 的灌电流，而 P1～P3 口内有 30 kΩ 左右的上拉电阻，如高电平输出，则从 P1、P2 和 P3 口输出的拉电流 I_d 仅几百 μA，驱动能力较弱，亮度较差，见图 7-1(a)。如端口引脚为低电平，则能使灌电流 I_d 从单片机外部流入内部，将大大增加流过的灌电流值，见图 7-1(b)。AT89S51 任一端口要想获得较大的驱动能力，要用低电平输出。

7.1.2 单片机输入/输出端口的编程设计

P0～P3 口是单片机与外设进行信息交换的桥梁，可通过读取 I/O 口的状态了解外设的状态，也可向 I/O 端口送出命令或数据控制外设。对 I/O 端口编程控制时，要对 I/O 端口特殊功能寄存器声明。在 C51 的编译器中，这项声明包含在头文件 reg51.h 中。编程时，可通过预处理命令♯include<reg51.h>把这个头文件包含进去。下面通过案例介绍如何编程对发光二极管输出进行控制。

【例 7-1】 制作流水灯，原理电路见图 7-2，8 个发光二极管 LED0～LED7 经限流电阻分别接至 P1 口的 P1.0～P1.7 引脚上，阳极共同接高电平。编写程序来控制发光二极管由上至下反复循环流水点亮，每次点亮一个发光二极管。

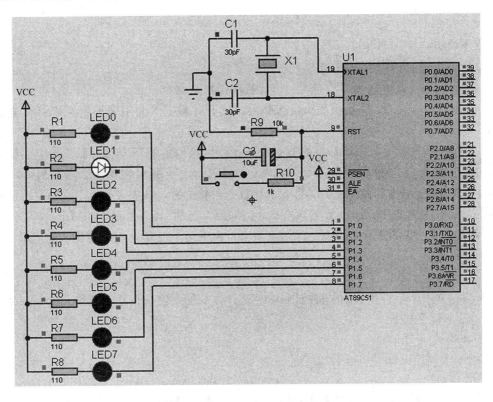

图 7-2 单片机控制流水灯电路的仿真

参考程序如下：

```
♯include <reg51.h>
♯include <intrins.h>          //包含移位函数_crol_()的头文件
♯define uchar unsigned char
```

```
#define uint unsigned int
void   delay(uint i)              //延时函数
{
    uchar t;
    while (i——)
    {
        for(t=0;t<120;t++);
    }
}
void   main()                     //主程序
{
    P1=0xfe;                      //向 P1 口送出点亮数据
    while (1)
    {
        delay( 500 );             //500 为延时参数,可根据实际需要调整
        P1=_crol_(P1,1);          // 函数_crol_(P1,1)把 P1 中的数据循环左移 1 位
    }
}
```

程序说明:

(1) while(1)有两种用法:

"while(1);":while(1)后有分号,可使程序停留在这个指令上。

"while(1){…;}":反复循环执行大括号内的程序段,本例用来控制流水灯反复循环显示。

(2) C51 函数库中的循环移位函数:循环移位函数包括循环左移函数"_crol_"和循环右移函数"_cror_"。本例用循环左移函数"_crol_(P1,1)",括号内第 1 个参数为循环左移对象,即对 P1 中的内容循环左移,第 2 个参数为左移位数,即左移 1 位。编程中一定要把含有移位函数的头文件 intrins.h 包含在内,例如第 2 行的"#include <intrins.h>"。

【例 7-2】 电路见图 7-2,制作由上至下再由下至上反复循环点亮显示的流水灯,用 3 种方法实现。

(1) 数组的字节操作实现。

本法建立 1 个字符型数组,将控制 8 个 LED 显示的 8 位数据作为数组元素,依次送至 P1 口。参考程序如下:

```
#include <reg51.h>
#define uchar unsigned char
uchar tab[ ]={0xfe,0xfd,0xfb,0xf7,0xef,0xdf,0xbf,0x7f,0x7f,0xbf,0xdf,0xef,0xf7,0xfb,
0xfd ,0xfe};/*前 8 个数据为左移点亮数据,后 8 个为右移点亮数据*/
void   delay( )
{
    uchar i, j;
    for(i=0; i<255; i++)
    for(j=0; j<255; j++);
```

```
}
void   main()                      //主函数
{
    uchar i;
    while (1)
    {
      for(i=0;i<16; i++)
      {
        P1=tab[i];         //向 P1 口送出点亮数据
        delay( );          //延时，即点亮一段时间
      }
    }
}
```

（2）移位运算符实现。

使用移位运算符"＞＞"、"＜＜"把送至 P1 口的显示控制数据进行移位，从而实现发光二极管依次点亮。参考程序如下：

```
＃include ＜reg51.h＞
＃define uchar unsigned char
void   delay()
{
    uchar i, j;
    for(i=0; i<255; i++)
    for(j=0; j<255; j++);
}
void   main()                      //主函数
{
    uchar i, temp;
    while (1)
    {
      temp=0x01;             //左移初值赋给 temp
      for(i=0; i<8; i++)
      {
          P1=~temp;         // temp 中的数据取反后送 P1 口
        delay();            // 延时
        temp=temp<<1;       // temp 中数据左移一位
      }
      temp=0x80;            // 赋右移初值给 temp
      for(i=0; i<8; i++)
      {
          P1=~temp;         // temp 中的数据取反后送 P1 口
        delay();            // 延时
        temp=temp>>1;       // temp 中数据右移一位
```

```
        }
      }
  }
```

程序说明：注意使用移位运算符"＞＞"、"＜＜"与使用循环左移函数"_crol_"和循环右移函数"_cror_"的区别。左移移位运算"＜＜"是将高位丢弃，低位补 0，右移移位运算"＞＞"是将低位丢弃，高位补 0；而循环左移函数"_crol_"是将移出的高位再补到低位，即循环移位，循环右移函数"_cror_"是将移出的低位再补到高位。

（3）用循环左、右移位函数实现。

使用 C51 提供的库函数，即循环左移 n 位函数和循环右移 n 位函数，控制发光二极管点亮。参考程序如下：

```
# include <reg51.h>
# include <intrins.h>                //包含循环左、右移位函数的头文件
# define uchar unsigned char
void   delay()
{
uchar i, j;
    for(i=0; i<255; i++)
for(j=0; j<255; j++);
}
void   main()                        // 主函数
{
uchar i, temp;
    while (1)
      {
      temp=0xfe;                     // 初值为 0x11111110
      for(i=0; i<7; i++)
        {
        P1=temp;                     // temp 中的点亮数据送 P1 口，控制点亮显示
        delay();                     // 延时
        temp=_crol_( temp, 1);       // 执行左移，temp 数据循环左移 1 位
        }
      for(i=0; i<7; i++)
        {
        P1=temp;                     // temp 中的数据送 P1 口输出
        delay();                     // 延时
        temp=_cror_( temp, 1);       //temp 中的数据循环右移 1 位
        }
      }
}
```

使用 I/O 端口来进行开关状态检测，读入 I/O 端口电平，即可检测开关处于闭合状态还是打开状态。开关一端接到 I/O 端口引脚上，并通过上拉电阻接＋5 V 上，开关另一端接地。当开关打开时，I/O 引脚为高电平；当开关闭合时，I/O 引脚为低电平。

【例 7-3】 如图 7-3 所示，单片机的 P1.4～P1.7 接 4 个开关 S0～S3，P1.0～P1.3 接 4 个发光二极管 LED0～LED3。编程将 P1.4～P1.7 上的 4 个开关状态反映在 P1.0～P1.3 引脚控制的 4 个发光二极管上，开关闭合，对应发光二极管点亮。例如，P1.4 引脚上开关 S0 的状态由 P1.0 脚上的 LED0 显示，P1.6 引脚上开关 S2 的状态由 P1.2 脚的 LED2 显示。

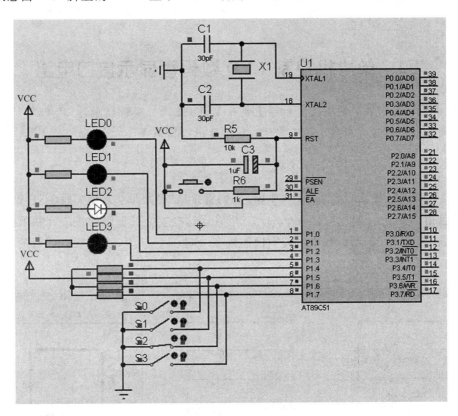

图 7-3 开关、LED 发光二极管与 P1 口的连接

参考程序如下：

```c
#include <reg51.h>
#define uchar unsigned char
void   delay()                //延时函数
{
    uchar i, j;
    for(i=0; i<255; i++)
    for(j=0; j<255; j++);
}
void   main()                 //主函数
{
while (1)
    {
    unsigned char temp;       //定义临时变量 temp
    P1=0xff;                  //P1 口低 4 位置 1，作为输入；高 4 位置 1，发光二极管熄灭
```

```
    temp＝P1&0xf0;          //读 P1 口并屏蔽低 4 位，送入 temp 中
    temp＝temp＞＞4;         //temp 内容右移 4 位，P1 口高 4 位移至低 4 位
P1＝temp;                    // temp 中的数据送 P1 口输出
    delay();
    }
}
```

7.2 单片机控制 LED 数码管显示接口电路

在微机测控系统中，使用的显示器主要有 LED(发光二极管显示器)和 LCD(液晶显示器)。这两种显示器成本低廉，配置灵活，与单片机接口方便。

7.2.1 LED 数码管及其编码方式

LED 数码管是常见的显示器件。LED 数码管排成"8"字形，共计 7 段(不包括小数点)或 8 段(包括小数点)，每段对应一个发光二极管。这些发光二极管的接法有共阳极和共阴极两种，见图 7-4。共阳极数码管的阳极连接在一起，接＋5 V；共阴极数码管的阴极连在一起接地。

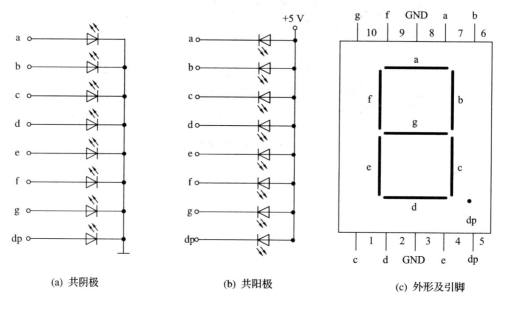

(a) 共阴极   (b) 共阳极   (c) 外形及引脚

图 7-4 八段 LED 数码管

对于共阴极数码管，当某发光二极管阳极为高电平时，发光二极管点亮，相应段被显示。同样，共阳极数码管阳极连在一起，公共阳极接＋5 V，当某个发光二极管阴极接低电平时，该发光二极管被点亮，相应段被显示。

为使 LED 数码管显示不同字符，要把某些段点亮，就要为数码管各段提供一字节的二进制码，即字型码(也称段码)。习惯上以"a"段对应字型码字节的最低位。共阴极与共阳极的段码表互为补码。各字符段码见表 7-1。

表7-1 七段数码管的段选码

显示字符	共阴极字型研	共阳极字型码	显示字符	共阴极字型码	共阳极字型码
0	3FH	COH	C	39H	C6H
1	06H	F9H	d	5EH	A1H
2	5BH	A4H	E	79H	86H
3	4FH	B0H	F	71H	8EH
4	66H	99H	P	73H	8CH
5	6DH	92H	U	3EH	C1H
6	7DH	82H	T	31H	CEH
7	07H	F8H	y	6EH	91H
8	7FH	80H	H	76H	89H
9	6FH	90H	L	38H	C7H
A	77H	88H	"灭"	00H	FFH
b	7CH	83H	...	...	...

如果要在数码管显示某字符,只需将该字符字型码加到各段上即可。

例如,某存储单元中的数为"02H",要在共阳极数码管上显示"2",需要把"2"的字型码"A4H"加到数码管各段。将欲显示字符的字型码做成一个表(数组),根据显示字符从表中查找到相应字型码,然后把该字型码输出到数码管各个段上,同时数码管的公共端接+5 V,此时在数码管上显示字符"2"。

【例7-4】 利用单片机控制一个8段LED数码管,试编写程序,分别实现:上电后数码管显示"0",每隔一段时间加1,加至"F"后,数码管重新显示"0",如此反复循环显示。

本案例的原理电路及仿真结果如图7-5所示。

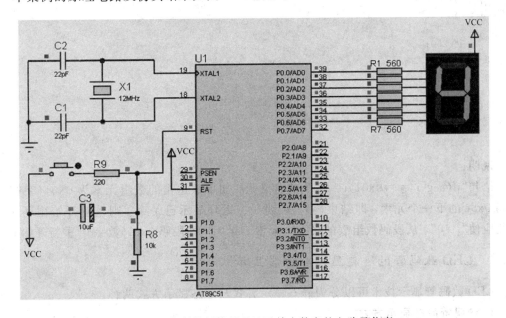

图7-5 控制数码管循环显示单个数字的电路及仿真

参考程序如下：

```
# include "reg51.h"
# include "intrins.h"
# define uchar unsigned char
# define uint unsigned int
# define out P0
uchar code seg[]={0xc0，0xf9，0xa4，0xb0，0x99，0x92，0x82，0xf8，0x80，0x90，0x88，0x83，
0xc6，0xa1，0x86，0x8e，0x01}；//共阳极段码表
void delayms(uint)；
void main(void)
{
uchar i=0；
while(1)
    {
    out=seg[i]；
    delayms(900)；
    i++；
    if(seg[i]==0x01)i=0；          // 如段码为0x01，表明一个循环显示已结束
    }
}
void delayms(uint j)              // 延时函数
{
uchar i；
for(;j>0;j--)
    {
    i=250；
    while(--i)；
    i=249；
    while(--i)；
    }
}
```

说明：

语句"if(seg[i]==0x01)i=0；"的含义是：如果欲送出的数组元素为0x01(字符"F"段码0x8e的下一个元素，即结束码)，表明一个循环显示已结束，则重新开始循环显示，因此应使"i=0"，从段码数组表的第一个元素seg[0]，即段码0xc0(数字0)重新开始显示。

7.2.2 LED数码管的静态显示与动态显示

LED数码管显示技术可以分为静态显示方式与动态显示方式两种。

1. 数码管静态显示方式

数码管静态显示方式主要指每位字段码是从I/O控制口输出，并且保持不变直至

CPU 刷新。这种方式的特点是编程比较简单，但是占用的 I/O 口线比较多，主要适用在显示位数比较少的场合。多位 LED 数码管工作于静态显示方式时，各位共阴极（或共阳极）连接在一起并接地（或接 +5 V）；每位数码管段码线（a~dp）分别与一个 8 位 I/O 口锁存器输出相连。如果送往各个 LED 数码管所显示字符的段码确定，则相应 I/O 口锁存器锁存的段码输出将维持不变，直到送入下一个显示字符段码。静态显示方式下，显示无闪烁，亮度较高，软件控制较易。

图 7-6 所示为一个四位 LED 静态显示电路，该电路每一个数码管都可以独立显示，只要在该位的段选线上保持段选码电平，该位就能保持相应的显示字符。由于每一位由一个八位输出口控制段选码，因此在同一时间里每一位显示的字符可以各不相同。图 7-6 所示的电路要占用 4 个 8 位 I/O 口（或锁存器）。如数码管数目增多，则需增加 I/O 口的数目。

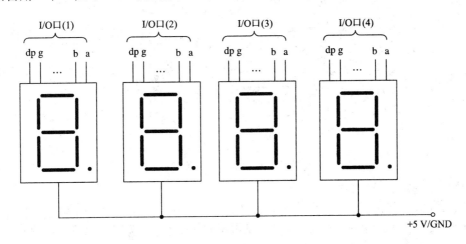

图 7-6 单片机控制四位 LED 静态显示电路

【例 7-5】 单片机控制 2 只数码管，静态显示数字"27"。

分析：单片机用 P0 口与 P1 口，分别控制加到两个数码管 DS0 与 DS1 的段码，而共阳极数码管 DS0 与 DS1 的公共端（公共阳极端）直接接至 +5 V，因此数码管 DS0 与 DS1 始终处于导通状态。利用 P0 口与 P1 口带有的锁存功能，只需向单片机 P0 口与 P1 口分别写入相应的显示字符"2"和"7"的段码即可。由于一个数码管就占用一个 I/O 端口，因此如果数码管数目增多，则需增加 I/O 口，但软件编程要简单得多。

原理电路见图 7-7。

参考程序如下：

```c
#include<reg51.h>        //包含 8051 单片机寄存器定义的头文件
void main(void)
{
    P0=0xa4;             //将数字"2"的段码送 P0 口
    P1=0xf8;             //将数字"7"的段码送 P1 口
    while(1)             //无限循环
    ;
}
```

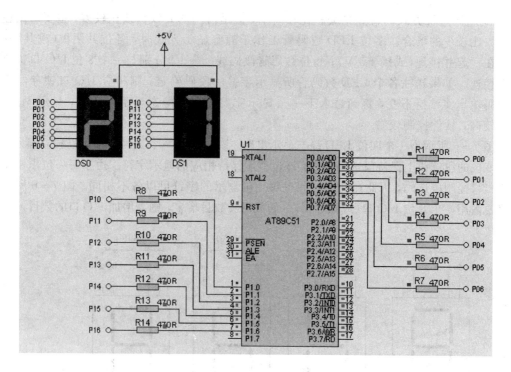

图 7-7　2 位数码管静态显示的原理电路与仿真

2. 数码管动态显示方式

数码管的动态显示方式是依次循环扫描，轮流显示。由于人的视觉滞留效应，人们看到的是多位且稳定的显示。这种方式的主要特点是占用的 I/O 端线比较少，电路也比较简单，编程比较复杂，而 CPU 要定时地扫描和刷新显示，主要适用在显示位数较多的场合。

图 7-8 所示为一个 4 位 8 段 LED 动态显示电路示意图。其中单片机发出的段码占用 1 个 8 位 I/O(1) 端口，而位选控制使用 I/O(2) 端口中的 4 位口线。

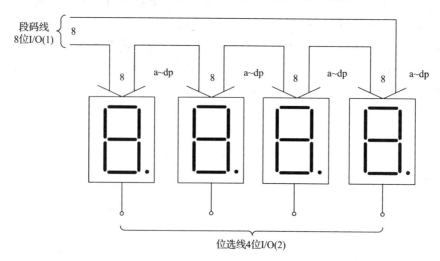

图 7-8　4 位 LED 动态显示电路示意图

动态显示就是单片机向段码线输出欲显示字符的段码。每一时刻，只有 1 位位选线有效，即选中某一位显示，其他各位位选线都无效。

动态显示电路一般利用 CPU 控制电路来控制显示块的导通和截止。显示电路由显示块、字形锁存驱动器及字位锁存驱动器三部分组成，如图 7 - 9 所示。

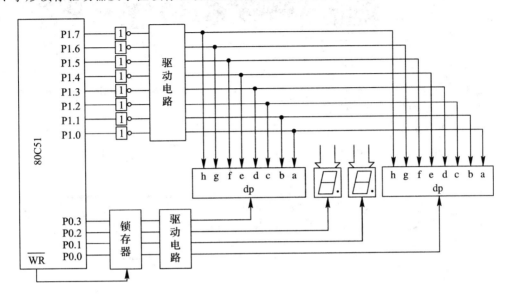

图 7 - 9   单片机控制 4 位 LED 数码管动态显示电路原理图

从 LED 显示器的扩展功能来看，静态显示能使各类数码管在显示过程中持续得到信号，并且与各类数码管接口的 I/O 口线是专用的形式。静态显示的特点主要是：无闪烁，用元器件比较多，占有 I/O 线也比较多，而且无需扫描，能节省 CPU 时间，编程简单。动态显示能使各类数码管在显示的过程中轮流得到送显信号，并且与各类数码管接口的 I/O 口线是共用的形式。动态显示的特点是：有闪烁，所用元器件比较少，占用 I/O 线比较少，而且必须要扫描，能花费 CPU 时间，编程复杂。

【例 7 - 6】   8 只数码管分别滚动显示单个数字 1~8。程序运行后，单片机控制左边第 1 个数码管显示 1，其他不显示，延时之后，控制左边第 2 个数码管显示 1，其他不显示，直至第 8 个数码管显示 8，其他不显示，反复循环上述过程。

电路原理与仿真如图 7 - 10 所示。

参考程序如下：

```c
#include<reg51.h>
#include<intrins.h>
#define uchar unsigned char
#define uint unsigned int
uchar code dis_code[]={0xf9,0xa4,0xb0,0x99,0x92,0x82,0xf8,0x80,0x90,0x88,0xc0};
                              //共阳数码管段码表
void   delay(uint t)          //延时函数
{
    uchar i;
    while(t--) for(i=0;i<200;i++);
}
```

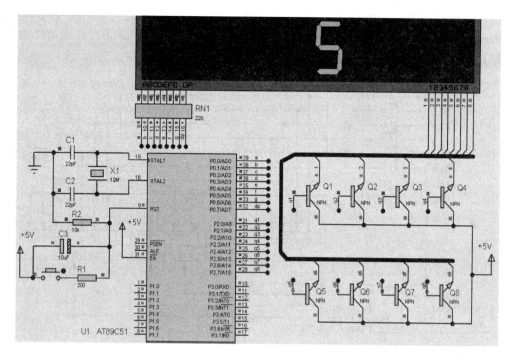

图 7-10 8 只数码管分别滚动显示单个数字 1~8

```
void   main()
{
    uchar i，j＝0x80；
    while(1)
    {
      for(i＝0;i＜8;i++)
      {
        j＝_crol_(j，1)；        //_crol_(j，1)为将对象 j 循环左移 1 位
        P0＝dis_code[i]；        //P0 口输出段码
        P2＝j；                  //P2 口输出位控码
        delay(180)；            //延时，控制每位显示的时间
      }
    }
}
```

　　由本实验可以看出，P0 口输出段码，P2 口输出扫描的位控码，通过由 8 个 NPN 晶体管组成的位驱动电路对 8 个数码管进行位控扫描。即使扫描速度加快，但由于是虚拟仿真，因此数码管的余辉不会像实际电路那样体现出来。例如，对本例实际硬件显示电路进行快速扫描，由于数码管余辉和人眼"视觉暂留"作用，只要控制好每位数码管显示的时间和间隔，则可造成"多位同时亮"的假象，达到同时显示的效果。

　　但虚拟仿真做不到这一点。仿真运行下，只能是一位一位点亮显示，不能看到同时显示的效果，本例使我们了解了动态扫描显示的实际过程。如果采用实际硬件电路，用软件控制快速扫描，则可看到"多位同时点亮"的效果。

7.3 单片机控制 LED 点阵显示器显示

LED 点阵显示器是由几万至几十万个半导体发光二极管像素点均匀排列组成的。利用不同的材料可以制造不同色彩的 LED 像素点。它是一种通过控制半导体发光二极管的显示方式来显示文字、图形、图像、动画、视频、录像信号等各种信息的显示屏幕。目前应用最广的是红色、绿色、黄色。

LED 显示器分为图文显示器和视频显示器，均由 LED 矩阵块组成。图文显示屏可与计算机同步显示汉字、英文文本和图形；视频显示屏采用微型计算机进行控制，图文、图像并茂，以实时、同步、清晰的信息传播方式播放各种信息，还可显示二维和三维动画、录像、电视、VCD 节目以及现场实况。LED 显示屏显示画面色彩鲜艳，立体感强，静如油画，动如电影，广泛应用于车站、码头、机场、商场、医院、宾馆、银行、证券市场、建筑市场、拍卖行、工业企业管理和其他公共场所。

7.3.1 LED 点阵显示器的结构与显示原理

LED 点阵显示器由若干个发光二极管按矩阵方式排列而成。阵列点数可分为 5×7、5×8、6×8、8×8 点阵；按发光颜色可分为单色、双色、三色；按极性排列可分为共阴极和共阳极。

1. LED 点阵结构

以 8×8 LED 点阵显示器为例，外形见图 7-11，内部结构见图 7-12，由 64 个发光二极管组成，且每个发光二极管处于行线（R0～R7）和列线（C0～C7）之间的交叉点上。

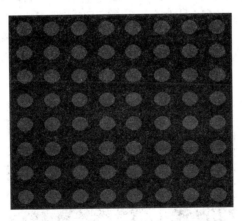

图 7-11 8×8 LED 点阵显示器的外形

由图 7-12 可以看出，点亮 LED 点阵中的一个发光二极管的条件是：对应的行为高电平，对应的列为低电平。

2. LED 点阵显示原理

LED 阵列是按显示编码的顺序一行一行显示的。每一行的显示时间大约为 4 ms，由于人类的视觉暂留现象，将感觉到 8 行 LED 同时显示。若显示的时间太短，则亮度不够；若显示的时间太长，将会感觉到闪烁。

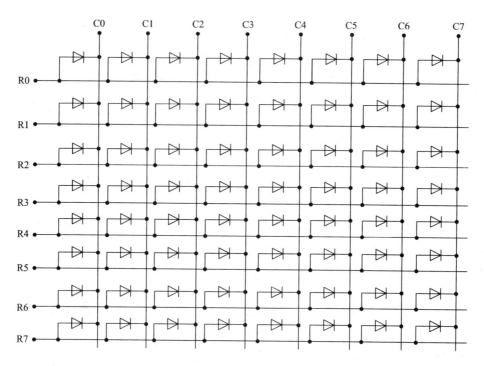

图 7-12   8×8 LED 点阵显示器(共阴极)的结构

　　控制 LED 点阵显示器的显示实质上就是控制加到行线和列线上的编码,控制点亮某些发光二极管(点),从而显示出由不同发光点组成的各种字符。

　　16×16 LED 点阵显示器的结构与 8×8 LED 点阵显示模块的内部结构及显示原理是类似的,只不过行和列均为 16。16×16 是由 4 个 8×8 LED 点阵组成的,且每个发光二极管也放置在行线和列线的交叉点上,当对应某一列置 0 电平、某一行置 1 电平时,该发光二极管点亮。

　　下面以 16×16 LED 点阵显示器显示字符"子"(见图 7-13)为例进行介绍。

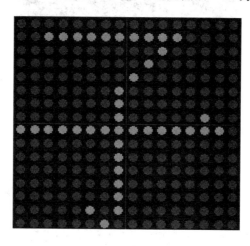

图 7-13   16×16 LED 点阵显示器显示字符"子"

　　显示过程如下:先给 LED 点阵的第 1 行送高电平(行线高电平有效),同时给所有列线送高电平(列线低电平有效),从而第 1 行发光二极管全灭;延时一段时间后,再给第 2 行送高电平，同时给所有列线送"1100 0000 0000 1111"，列线为 0 的发光二极管点亮，从而点亮 10 个发光二极管，显示出汉字"子"的第一横；延时一段时间后，再给第 3 行送高电平，同时加到列线的编码为"1111 1111 1101 1111"，点亮 1 个发光二极管；……；延时一段时间后，再给第 16 行送高电平，同时给列线送"1111 1101 1111 1111"，显示出汉字"子"的最下面一行，点亮 1 个发光二极管。然后再重新循环上述操作，利用人眼视觉暂留效应，一个稳定字符"子"便显示出来，见图 7 - 13。

7.3.2 案例：控制 16×16 LED 点阵显示屏

【例 7 - 7】 如图 7 - 13 所示，利用单片机及 74LS154(4 - 16 译码器)、74LS07、16×16 LED 点阵显示屏来实现字符显示，编写程序，循环显示字符"电子技术"。

图中，16×16 LED 点阵显示屏 16 行行线 R0～R15 的电平，由 P1 口低 4 位经 4 - 16 译码器 74HC154 的 16 条译码输出线 L0～L15 经驱动后的输出来控制，16 列列线 C0～C15 的电平由 P0 口和 P2 口控制。剩下的问题是如何确定显示字符的点阵编码，以及控制好每一屏逐行显示的扫描速度(刷新频率)。

参考程序如下：

```
#include<reg51.h>
#define uchar unsigned char
#define uint unsigned int
#define out0 P0
#define out2 P2
#define out1 P1
void delay(uint j)          //延时函数
{   uchar i=250;
    for(;j>0;j——)
    {
      while(——i);
      i=100;
    }
}
uchar code string[]=
{
//汉字"电"的16×16点阵的列码
0x7F,0xFF,0x7F,0xFF,0x7F,0xFF,0x03,0xE0,0x7B,0xEF,0x7B,0xEF,0x03,0xE0,0x7B,
0xEF,0x7B,0xEF,0x7B,0xEF,0x03,0xE0,0x7B,0xEF,0x7F,0xBF,0x7F,0xBF,0xFF,0x00,
0xFF,0xFF
//汉字"子"的16×16点阵的列码
0xFF,0xFF,0x03,0xF0,0xFF,0xFB,0xFF,0xFD,0xFF,0xFE,0x7F,0xFF,0x7F,0xFF,0x7F,
0xDF,0x00,0x80,0x7F,0xFF,0x7F,0xFF,0x7F,0xFF,0x7F,0xFF,0x7F,0xFF,0x5F,0xFF,
0xBF,0xFF
//汉字"技"的16×16点阵的列码
0xF7,0xFB,0xF7,0xFB,0xF7,0xFB,0x40,0x80,0xF7,0xFB,0xD7,0xFB,0x67,0xC0,0x73,
```

0xEF，0xF4，0xEE，0xF7，0xF6，0xF7，0xF9，0xF7，0xF9，0xF7，0xF6，0x77，0x8F，0x95，0xDF，
0xFB，0xFF

//汉字"术"的 16×16 点阵的列码

0x7F，0xFF，0x7F，0xFB，0x7F，0xF7，0x7F，0xFF，0x00，0x80，0x7F，0xFF，0x3F，0xFE，0x5F，
0xFD，0x5F，0xFB，0x6F，0xF7，0x77，0xE7，0x7B，0x8F，0x7C，0xDF，0x7F，0xFF，0x7F，0xFF，
0xFF，0xFF，

```
    };
    void main()
    {
    uchar i，j，n；
    while(1)
        {
        for(j=0;j<4;j++)                    //共显示 4 个汉字
            {
            for(n=0;n<40;n++)               //每个汉字整屏扫描 40 次
                {
                for(i=0;i<16;i++)           //逐行扫描 16 行
            {
            out1=i%16；                     //输出行码
            out0=string[i*2+j*32]；         //输出列码到 C0～C7，逐行扫描
            out2=string[i*2+1+j*32]；       //输出列码到 C8～C15，逐行扫描
            delay(4)；                      //显示并延时一段时间
            out0=0xff；                     //列线 C0～C7 为高电平，熄灭发光二极管
            out2=0xff；                     //列线 C8～C15 为高电平，熄灭发光二极管
            }
        }
    }
    }
    }
```

扫描显示时，单片机通过 P1 口低 4 位连接 4-16 译码器 74HC154 的输入端，译码器 74HC154 的 16 条译码输出线（L0～L15）经驱动后控制行线（此时逐行为高电平）来进行扫描。由 P0 口与 P2 口控制列码的输出，从而显示出某行应点亮的发光二极管。

下面以显示汉字"子"为例，说明显示过程。由上面的程序可看出，汉字"子"的前 3 行发光二极管的列码为"0xFF，0xFF，0x03，0xF0，0xFF，0xFB，…"，第一行列码为"0xff，0xff"，由 P0 口与 P2 口输出，无点亮的发光二极管。第二行列码为"0x03，0xf0"，通过 P0 口与 P2 口输出后，由图 7-14 可看出，0x03 加到列线 C7～ C0 的二进制编码为"0000 0011"，这里要注意加到 8 个发光二极管上的对应位置。按照图 7-12 和图 7-14 的连线关系，加到列线 C0～ C7 的二进制编码为"1100 0000"，即最左边的 2 个发光二极管不亮，其余的 6 个发光二极管点亮。

同理，P2 口输出的 0xF0 加到列线 C15～ C8 的二进制编码为"1111 0000"，即加到 C8～ C15 的二进制编码为"0000 1111"，所以第二行最右边的 4 个发光二极管不亮，如图7-4所示。对应于通过 P0 口与 P2 口输出的加到第 3 行 16 个发光二极管的列码为"0xFF，

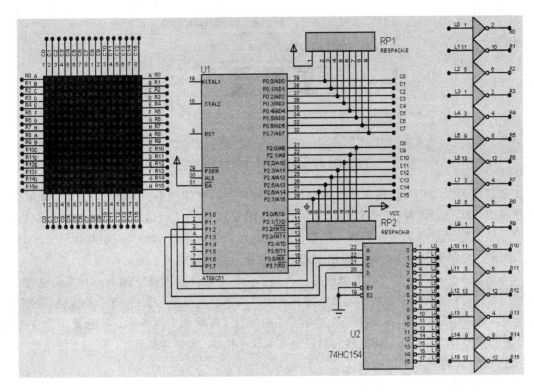

图 7-14　16×16 LED 点阵显示器显示字符"电子技术"

0xFB",对应于从左到右的 C0～C15 的二进制编码为"1111 1111 1011 1111",从而第 3 行从左边数第 11 个发光二极管被点亮,其余均熄灭,如图 7-14 所示。其余各行点亮的发光二极管也是由 16×16 点阵的列码来决定的。

7.4 单片机控制液晶显示器显示

液晶显示器(Liquid Crystal Display,LCD)具有省电、体积小、抗干扰能力强等优点。LCD 分为字段型、字符型和点阵图形型。

(1) 字段型:以长条状组成字符显示,主要用于数字显示,也可用于显示西文字母或某些字符,广泛用于电子表、计算器、数字仪表中。

(2) 字符型:专门用于显示字母、数字、符号等。一个字符由 5×7 或 5×10 的点阵组成,在单片机系统中已广泛使用。

(3) 点阵图形型:广泛用于图形显示,如笔记本电脑、彩色电视和游戏机等。它是在平板上排列的行列数比较多的矩阵式的晶格点,点的大小与多少决定了显示的清晰度。

7.4.1 LCD 的基本原理

1. LCD 的结构及工作原理

液晶显示器的结构如图 7-15 所示。

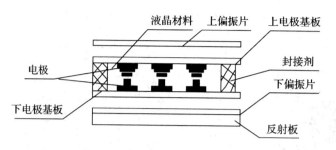

图 7-15 液晶显示器的基本结构

液晶显示器(LCD)是现在非常普遍的显示器。它具有体积小、重量轻、省电、辐射低、易于携带等优点。液晶显示器(LCD)的原理与阴极射线管显示器(CRT)大不相同。LCD是基于液晶电光效应的显示器件,包括段显示方式的字符段显示器件,矩阵显示方式的字符、图形、图像显示器件,矩阵显示方式的大屏幕液晶投影电视、液晶屏等。

液晶显示器利用的是液晶的物理特性。液晶是介于固体和液体之间的一种有机化合物,可流动,又具有晶体的某些光学性质,即在不同方向上它的光电效应不同。液晶显示器本身不发光,通过电压控制对环境中光在显示部位的反射或透射来实现显示。液晶显示器在通电时,液晶排列变得有秩序,使光线容易通过;在不通电时,排列变得混乱,阻止光线通过。

2. LCD 的特点及主要参数

LCD 的特点如下:

(1) 功耗小。每平方厘米的功耗在 1 μW 以下,是 LED 的几百分之一。

(2) 可在明亮环境下正常使用,清晰度不受环境中光的影响。

(3) 外形薄,约为 LED 的 1/3。

(4) 显示内容多。

(5) 响应时间和余辉时间长,响应速度为 ms 级。

(6) 通常需辅助光源。

(7) 使用寿命较长(在 50 000 h 以上)。

(8) 工作温度范围窄(-5℃~+700℃)。

LCD 的主要参数如下:

(1) 响应时间:从加上脉冲电压算起,到透光率达到饱和值的 90% 所需的时间。

(2) 余辉:从去掉脉冲电压算起,到透光率达到饱和值的 10% 所需的时间。

(3) 阈值电压 V_{th}:当脉冲电压大于 V_{th} 时液晶显示,否则液晶不显示。

(4) 对比度:在 0 V 时光的透过率与在工作电压下光的透过率的比值。

(5) 刷新率:每秒刷新次数。

(6) 分辨率:屏幕上水平和垂直方向所能够显示的点数。

(7) 视角:可视角度,目前最好的已达 160°,接近 CRT 的 180°。

由于液晶显示器是靠反射光线进行显示的器件,因此在环境光线较弱时,就需要有光源来使显示变得清晰。这就产生了液晶显示的采光技术。从目前背光源的类型来看,一般分为 LED 型(DC5V~DC24V)、EL 型(场致发光灯,AC100V,400 Hz)和 CCFL 型(冷阴极荧光灯,AC1000V)。

7.4.2 LCD1602 显示模块

LCD1602 是最常见的字符型液晶显示模块，在单片机系统中经常用到。由于 LCD 显示面板较为脆弱，因此各厂商已将 LCD 控制器、驱动器、RAM、ROM 和液晶显示器用 PCB 连接到一起，称为液晶显示模块(LCd Module，LCM)，用户只需购买现成的液晶显示模块即可。单片机只需向 LCD 显示模块写入相应命令和数据就可显示需要的内容。LCD1602 是最常见的字符型液晶显示模块。

1. 字符型液晶显示模块 LCD1602 的特性与引脚

字符型 LCD 模块常用的有 16 字×1 行、16 字×2 行、20 字×2 行、20 字×4 行等，型号常用×××1602、×××1604、×××2002、×××2004 来表示，其中×××为商标名称，16 代表液晶显示器每行可显示 16 个字符，02 表示显示 2 行。LCD1602 内部具有字符库 ROM(CGROM)，能显示出 192 个字符(5×7 点阵)，如图 7-16 所示。

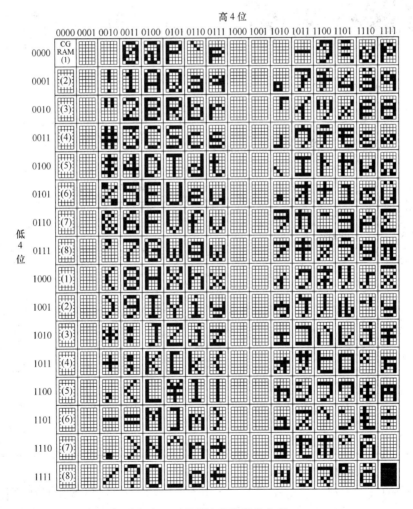

图 7-16 ROM 字符库的内容

由字符库可看出，显示器显示的数字和字母的部分代码恰是 ASCII 码表中的编码。单片机控制 LCD1602 显示字符时，只需将待显示字符的 ASCII 码写入内部的显示用数据存储器(DDRAM)，控制电路就可将字符在显示器上显示出来。例如，显示字符"A"，单片机只需将字符"A"的 ASCII 码 41H 写入 DDRAM，控制电路就会将对应的字符库 ROM (CGROM)中字符"A"的点阵数据找出来显示在 LCD 上。

模块内有 80 字节数据显示 RAM(DDRAM)，除显示 192 个字符(5×7 点阵)的字符库 ROM(CGROM)外，还有 64 字节的自定义字符 RAM(CGRAM)，用户可自行定义 8 个 5×7点阵字符。

LCD1602 的工作电压为 4.5～5.5 V，典型值为 5 V，工作电流为 2 mA。LCD1602 的标准的 14 个引脚(无背光)或 16 个引脚(有背光)的外形及引脚分布如图 7－17 所示。

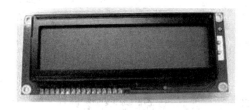

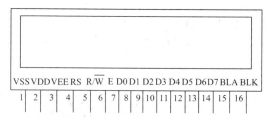

(a) LCD1602的外形　　　　　　　　　　　　(b) LCD1602的引脚

图 7－17　LCD1602 的外形及引脚

LCD1602 的引脚包括 8 条数据线、3 条控制线和 3 条电源线，见表 7－2。通过单片机向模块写入命令和数据，就可对显示方式和显示内容做出选择。

表 7－2　LCD1602 的引脚功能

引脚	引脚名称	引脚功能
1	VSS	电源地
2	VDD	―5 V 逻辑电源
3	VEE	液晶显示偏压(调节显示对比度)
4	RS	寄存器选择(1 表示数据寄存器，0 表示命令状态寄存器)
5	R/$\overline{W}$	读/写操作选择(1 表示读，0 表示写)
6	E	使能信号
7～14	D0～D7	数据总线，与单片机的数据总线相连，三态
15	BLA	背光板电源，通常为―5 V，串联 1 个电位器，调节背光亮度，如接地，此时无背光，但不易发热
16	BLK	背光板电源地

2. LCD1602 字符的显示及命令字

显示字符首先要解决待显示字符的 ASCII 码的产生。用户只需在 C51 程序中写入欲显示的字符常量或字符串常量，C51 程序在编译后会自动生成其标准的 ASCII 码，然后将生成的 ASCII 码送入显示用数据存储器 DDRAM，内部控制电路就会自动将该 ASCII 码对应的字符在 LCD1602 上显示出来。

　　要让液晶显示器显示字符,首先要对其进行初始化设置,还必须对有无光标、光标移动方向、光标是否闪烁及字符移动方向等进行设置,才能获得所需的显示效果。对 LCD1602 的初始化、读、写、光标设置、显示数据的指针设置等都是单片机向 LCD1602 写入命令字来实现的。LCD1602 的命令字见表 7-3。

表 7-3　LCD1602 的命令字

编号	命　令	RS	R/$\overline{W}$	D7	D6	D5	D4	D3	D2	D1	D0
1	清屏	0	0	0	0	0	0	0	0	0	1
2	光标返回	0	0	0	0	0	0	0	0	1	×
3	光标和显示模式设置	0	0	0	0	0	0	0	1	I/D	S
4	显示开/关及光标设置	0	0	0	0	0	0	1	D	C	B
5	光标或字符移位	0	0	0	0	0	1	S/C	R/L	×	×
6	功能设置	0	0	0	0	1	DL	N	F	×	×
7	CGRAM 地址设置	0	0	0	1	字符发生存储器地址					
8	DDRAM 地址设置	0	0	1	显示数据存储器地址						
9	读忙标志或地址	0	0	BF	计数器地址						
10	写数据	0	0	要写的数据							
11	读数据	0	1	读出的数据							

表 7-3 中 11 个命令的功能说明如下:

- 命令 1:清屏,光标返回地址 00H 位置(显示屏的左上方)。
- 命令 2:光标返回到地址 00H 位置(显示屏的左上方)。
- 命令 3:光标和显示模式设置。

I/D:地址指针加 1 或减 1 选择位。

I/D=1 表示读或写一个字符后地址指针加 1;

I/D=0 表示读或写一个字符后地址指针减 1。

S:屏幕上所有字符移动方向是否有效的控制位。

S=1 表示当写入一字符时,整屏显示左移(I/D=1)或右移(I/D=0);

S=0 表示整屏显示不移动。

- 命令 4:显示开/关及光标设置。

D:屏幕整体显示控制位,D=0 表示关显示,D=1 表示开显示。

C:光标有无控制位,C=0 表示无光标,C=1 表示有光标。

B:光标闪烁控制位,B=0 表示不闪烁,B=1 表示闪烁。

- 命令 5:光标或字符移位。

S/C:光标或字符移位选择控制位。S/C=1 表示移动显示的字符,S/C=0 表示移动光标。

　　R/L:移位方向选择控制位。R/L=0 表示左移,R/L=1 表示右移。

- 命令 6:功能设置。

DL:传输数据的有效长度选择控制位。DL=1 表示 8 位数据线接口;DL=0 表示 4 位数据线接口。

N：显示器行数选择控制位。N＝0 表示单行显示，N＝1 表示两行显示。

F：字符显示的点阵控制位。F＝0 表示显示 5　7 点阵字符，F＝1 表示显示 5　10 点阵字符。

·命令 7：CGRAM 地址设置。

·命令 8：DDRAM 地址设置。LCD 内部有一个数据地址指针，用户可通过它访问内部全部 80 字节的数据显示 RAM。命令格式为：80H＋地址码。其中，80H 为命令码。

·命令 9：读忙标志或地址。

BF：忙标志。BF＝1 表示 LCD 忙，此时 LCD 不能接收命令或数据；BF＝0 表示 LCD 不忙。

·命令 10：写数据。

·命令 11：读数据。

例如，将显示模式设置为"16×2 显示，5×7 点阵，8 位数据接口"，只需要向 LCD1602 写入光标和显示模式设置命令（命令 3）"00111000B"（即 38H）即可。

再如，要求液晶显示器开显示，显示光标且光标闪烁，那么根据显示开关及光标设置命令（命令 4），只要令 D＝1，C＝1 和 B＝1，也就是写入命令"00001111B"，即 0FH，就可实现所需的显示模式。

3. 字符显示位置的确定

LCD1602 内部有 80 字节 DDRAM，与显示屏上字符显示位置一一对应。图 7‐18 给出了 LCD1602 显示 RAM 地址与字符显示位置的对应关系。

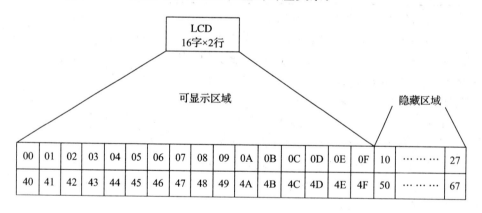

图 7‐18　LCD 内部显示 RAM 的地址映射图

当向 DDRAM 的 00H～0FH（第 1 行）、40H～4FH（第 2 行）地址的任一处写数据时，LCD 立即显示出来，该区域也称为可显示区域。

而当写入 10H～27H 或 50H～67H 地址处时，字符不会显示出来，该区域也称为隐藏区域。如果要显示写入到隐藏区域的字符，需要通过字符移位命令（命令 5）将它们移入到可显示区域方可正常显示。

需说明的是，在向 DDRAM 写入字符时，首先要设置 DDRAM 定位数据指针，此操作可通过命令 8 完成。

例如，要写字符到 DDRAM 的 40H 处，则命令 8 的格式为 80H＋40H＝C0H，其中 80H 为命令代码，40H 是要写入字符处的地址。

4. LCD1602 的复位

LCD1602 上电后复位状态如下：

◆清除屏幕显示。

◆设置为 8 位数据长度，单行显示，5×7 点阵字符。

◆显示屏、光标、闪烁功能均关闭。

◆输入方式为整屏显示不移动，I/D＝1。

LCD1602 的一般初始化设置如下：

◆写命令 38H，即显示模式设置(16×2 显示，5×7 点阵，8 位接口)。

◆写命令 08H，显示关闭。

◆写命令 01H，显示清屏，数据指针清 0。

◆写命令 06H，写一个字符后地址指针加 1。

◆写命令 0CH，设置开显示，不显示光标。

需说明的是，在进行上述设置及对数据进行读取时，通常需要检测忙标志位 BF。如果 BF 为 1，则说明忙，要等待；如果 BF 为 0，则可进行下一步操作。

5. LCD1602 的基本操作

LCD 是慢显示器件，所以在写每条命令前，一定要查询忙标志位 BF，即是否处于"忙"状态。如果 LCD 正忙于处理其他命令，则等待；如果 LCD 不忙，则向 LCD 写入命令。标志位 BF 连接在 8 位双向数据线的 D7 位上。如果 BF＝0，表示 LCD 不忙；如果 BF＝1，表示 LCD 处于忙状态，需等待。

LCD1602 的读写操作规定见表 7－4。

表 7－4　LCD1602 的读/写操作规定

操　作	单片机发给 LCD1602 的控制信号	LCD1602 的输出
读状态	RS＝0，R/$\overline{W}$＝1，E＝1	D0～D7＝状态字
写命令	RS＝0，R/$\overline{W}$＝0，D0～D7＝指令 E＝正脉冲	无
读数据	RS＝0，R/$\overline{W}$＝1，E＝1	D0～D7＝数据
写数据	RS＝1，R/$\overline{W}$＝0，D0～D7＝指令 E＝正脉冲	无

LCD1602 与 AT89S51 的接口电路见图 7－19。

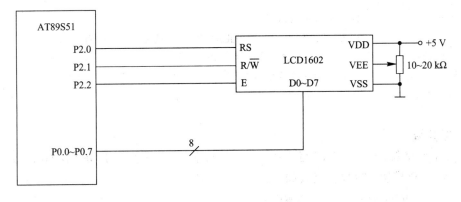

图 7－19　单片机与 LCD1602 接口电路

由图 7-19 可看出，LCD1602 的 RS、R/$\overline{\text{W}}$ 和 E 这 3 个引脚分别接 P2.0、P2.1 和 P2.2 引脚，只需通过对这 3 个引脚置"1"或清"0"，就可实现对 LCD1602 的读/写操作。具体来说，显示一个字符的操作过程为"读状态→写命令→写数据→自动显示"。

1）读状态

读状态就是对 LCD1602 的"忙"标志 BF 进行检测。如果 BF＝1，说明 LCD 处于忙状态，不能对其写命令；如果 BF＝0，则可写入命令。检测忙标志的函数具体如下：

```
void check_busy(void)      //检查忙标志函数
{
    uchar dt;
    do
    {
    dt=0xff;               // dt 为变量单元，初值为 0xff
    E=0;
    RS=0;                  //按照表 7-4 的读/写操作规定 RS=0，E=1 时才可以读忙标志
    RW=1;
    E=1;
    dt=out;                // out 为 P0 口，P0 口的状态送入 dt 中
    }while(dt&0x80);       // 如果忙标志 BF=1，继续循环检测，等待 BF=0
    E=0;                   // BF=0，LCD 不忙，结束检测
}
```

函数检测 P0.7 脚的电平，即检测忙标志 BF。如果 BF＝1，说明 LCD 处于忙状态，不能执行写命令；如果 BF＝0，说明可以执行写命令。

2）写命令

写命令函数如下：

```
void write_command(uchar com) //写命令函数
{
    check_busy();
    E=0;            //按规定 RS 和 E 同时为 0 时可以写入命令
    RS=0;
    RW=0;
    out=com;        //将命令 com 写入 P0 口
    E=1;            //按规定写命令时，E 应为正脉冲，即正跳变，所以前面先置 E=0
    _nop_();        //空操作 1 个机器周期，等待硬件反应
    E=0;            // E 由高电平变为低电平，LCD 开始执行命令
    delay(1);       //延时，等待硬件响应
}
```

3）写数据

将要显示字符的 ASCII 码写入 LCD 中的数据显示 RAM（DDRAM），例如将数据"dat"写入 LCD 模块，写数据函数如下：

```
void write_data(uchar dat)     //写数据函数
{
```

```
    check_busy();              //若检测忙标志 BF=1,则等待;若 BF=0,则可对 LCD 操作
    E=0;                       //按规定写数据时,E 应为正脉冲,所以先置 E=0
    RS=1;                      //按规定 RS=1 和 RW=0 时可以写入数据
    RW=0;
    out=dat;                   //将数据 dat 从 P0 口输出,即写入 LCD
    E=1;                       // E 产生正跳变
    _nop_();                   //空操作,给硬件反应时间
    E=0;                       //E 由高电平变为低电平,写数据操作结束
    delay(1);
}
```

4) 自动显示

数据写入 LCD 模块后,自动读出字符库 ROM(CGROM)中的字型点阵数据,并将字型点阵数据送到液晶显示屏上显示,该过程是自动完成的。

6. LCD1602 初始化

使用 LCD1602 前,需对其显示模式进行初始化设置,初始化函数如下:

```
void LCD_initial(void)      //液晶显示器的初始化函数
{
    write_command(0x38);    //写入命令 0x38:两行显示,5×7 点阵,8 位数据
    _nop_();                //空操作,给硬件反应时间
    write_command(0x0C);    //写入命令 0x0C:开整体显示,光标关,无黑块
    _nop_();                //空操作,给硬件反应时间
    write_command(0x06);    //写入命令 0x06:光标右移
    _nop_();                //空操作,给硬件反应时间
    write_command(0x01);    //写入命令 0x01:清屏
    delay(1);
}
```

注意:在函数开始处,由于 LCD 尚未开始工作,所以不需检测忙标志,但是初始化完成后,每次再写命令、读/写数据操作,均需检测忙标志。

7.4.3 单片机控制液晶显示

【例 7-8】 用单片机驱动字符型液晶显示器 LCD1602,使其显示两行文字:"Welcome"与"Harbin CHINA",见图 7-20。

在 Proteus 中,LCD1602 的仿真模型采用 LM016L。

1. LM016L 的引脚及特性

LM016L 的原理符号及引脚见图 7-21,与 LCD1602 的引脚信号相同。LM016L 引脚的功能如下:

(1) 数据线 D7~D0。

(2) 控制线(3 根,分别为 RS、R/$\overline{W}$、E)。

(3) 两根电源线(VDD、VEE)。

(4) 地线 VSS。

LM016L 的属性设置见图 7-22,具体如下:

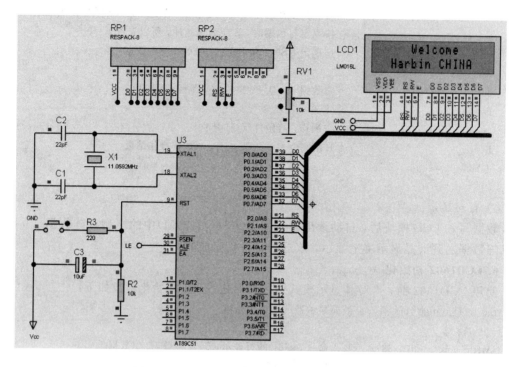

图 7-20　单片机与字符型 LCD 接口电路与仿真

（1）每行字符数为 16，行数为 2。

（2）时钟为 250 kHz。

（3）第 1 行字符的地址为 80H～8FH。

（4）第 2 行字符的地址为 C0H～CFH。

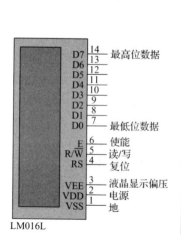

图 7-21　LM016L 的引脚

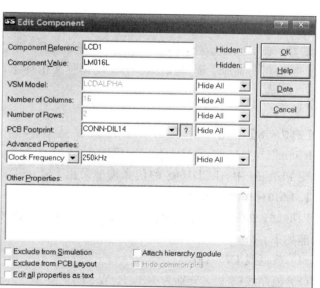

图 7-22　LM016L 的属性设置

2. 原理电路设计

(1) 从 Proteus 库中选取元器件如下：

AT89C51：单片机。

LM016L：字符型显示器。

POT - LIN：滑动变阻器。

RP1、RP2：排电阻。

(2) 放置元器件、电源和地，连线，进行元器件属性设置，进行电气检测。

3. C51 源程序设计

通过 Keil μVision3 建立工程，再建立源程序"＊.c"文件，在前面介绍的 LCD1602 基本操作函数的基础上，不难理解如下源程序。参考程序如下：

```
# include <reg51.h>
# include <intrins.h>              //包含_nop_()空函数指令的头文件
# define uchar unsigned char
# define uint unsigned int
# define out P0
sbit RS＝P2^0；                     //位变量
sbit RW＝P2^1；                     //位变量
sbit E＝P2^2；                      //位变量
void lcd _initial(void)；           // LCD 初始化函数
void check_busy(void)；             //检查忙标志函数
void write_command(uchar com)；     //写命令函数
void write_data(uchar dat)；        //写数据函数
void string(uchar ad ，uchar ＊s)；
void lcd_test(void)；
void delay(uint)；                  //延时函数
void main(void)                     //主程序
{
    lcd _initial( )；               //调用 LCD 初始化函数
    while(1)
    {
      string(0x85，"Welcome")；      //显示的第 1 行字符串
      string(0xC2，"Harbin CHINA")； //显示的第 2 行字符串
      delay(100)；                   //延时
      write_command(0x01)；          //写入清屏命令
      delay(100)；                   //延时
    }
}
void delay(uint j)                  //1 ms 延时子程序
{
    uchar i＝250；
    for(；j＞0；j－－)
    {
```

```
        while(——i);
        i=249;
        while(——i);
        i=250;
      }
}
void check_busy(void)              //检查忙标志函数
{
    uchar dt;
    do
    {
    dt=0xff;
    E=0;
    RS=0;
    RW=1;
    E=1;
    dt=out;
    }while(dt&0x80);
    E=0;
    }
    void write_command(uchar com)     //写命令函数
    {
    check_busy();
    E=0;
    RS=0;
    RW=0;
    out=com;
    E=1;
    _nop_();
    E=0;
    delay(1);
    }
    void write_data(uchar dat)        //写数据函数
    {
      check_busy();
      E=0;
      RS=1;
      RW=0;
      out=dat;
      E=1;
      _nop_();
      E=0;
```

```
        delay(1);
    }
    void LCD_initial(void)              //液晶显示器初始化函数
    {
    write_command(0x38);        //写入命令0x38：8位两行显示，5×7点阵字符
    write_command(0x0C);        //写入命令0x0C：开整体显示，光标关，无黑块
    write_command(0x06);        //写入命令0x06：光标右移
    write_command(0x01);         //写入命令0x01：清屏
    delay(1);
    }
    void string(uchar ad, uchar * s)       //输出显示字符串的函数
    {
    write_command(ad);
    while( * s>0)
    {
    write_data( * s++);          //输出字符串，且指针增1
    delay(100);
    }
    }
}
```

最后通过按钮"Build target"编译源程序，生成目标代码"＊.hex"文件。若编译失败，对程序修改调试直至编译成功。

4. Proteus 仿真

(1) 加载目标代码文件。

打开元器件单片机属性窗口，在"Program File"栏中添加上面编译好的目标代码文件"＊.hex"，在"Clock Frequency"栏中输入晶振频率12 MHz。

(2) 仿真。

单击仿真按钮，启动仿真，见图7-20。

7.5 键盘接口设计

键盘是计算机最常用的输入设备，是实现人机对话的纽带。键盘按其结构形式可分为非编码键盘和编码键盘。编码键盘采用硬件方法产生键码。每按下一个键，键盘能自动生成键盘代码，键数较多，且具有去抖动功能。这种键盘使用方便，但硬件较复杂，PC所用键盘即为编码键盘。

键盘由若干按键按照一定规则组成。每一个按键实质上是一个按键开关，按构造可分为有触点开关按键和无触点按键。有触点开关按键常见的有触摸式键盘、薄膜键盘、导电橡胶、按键式键盘等，最常用的是按键式键盘。无触点开关按键有电容式按键、光电式按键和磁感应按键等。下面介绍按键式键盘的工作原理、方式以及键盘接口设计与软件编程。

7.5.1 键盘接口电路中应解决的问题

1. 键盘的任务

键盘的任务有以下 3 项：

(1) 判别是否有键按下，若有，进入第(2)步。

(2) 识别哪一个键被按下，并求出相应的键值。

(3) 根据键值，找到相应键值处理程序的入口。

2. 键盘输入的特点

键盘上的一个按键实质就是一个按钮开关。图 7 - 23(a)所示为按键开关的两端分别连接在行线和列线上，列线接地，行线通过电阻接到+5 V 上。键盘开关机械触点的断开、闭合其行线电压输出波形如图 7 - 23(b)所示。

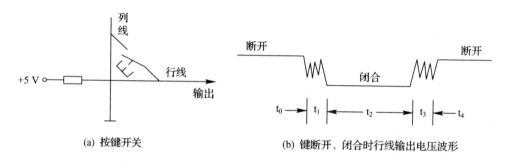

(a) 按键开关　　　　　　　(b) 键断开、闭合时行线输出电压波形

图 7 - 23　键盘开关及其行线波形

图 7 - 23(b)中，t_1 和 t_3 分别为键的闭合和断开过程中的抖动期(呈现一串负脉冲)，抖动时间长短与开关机械特性有关，一般为 5～10 ms；t_2 为稳定的闭合期，其时间由按键动作确定，一般为十分之几秒到几秒；t_0、t_4 为断开期。

3. 按键的识别

按键闭合与否反应在行线输出电压上就是高电平或低电平，对行线电平高低状态检测，便可确认按键是否按下。为了确保单片机对一次按键动作只确认一次按键有效，必须消除抖动期 t_1 和 t_3 的影响。

4. 消除按键抖动的方法

常用的按键去抖动的方法有两种。一种是用软件延时来消除按键抖动，基本思想是：在检测到有键按下时，该键所对应的行线为低电平，执行一段延时 10 ms 的子程序后，确认该行线电平是否仍为低电平，如果仍为低电平，则确认该行确实有键按下。当按键松开时，行线的低电平变为高电平，执行一段延时 10 ms 的子程序后，检测该行线为高电平，说明按键确实已经松开。采取以上措施，可消除两个抖动期 t_1 和 t_3 的影响。另一种去除按键抖动的方法是采用专用的键盘/显示器接口芯片，这类芯片中都有自动去抖动的硬件电路。

键盘主要分为两类：非编码键盘和编码键盘。

非编码键盘是利用按键直接与单片机相连接而成的，常用在按键数量较少的场合。该类键盘系统功能比较简单，需要处理的任务较少，成本低，电路设计简单，通过软件来获取按下按键的键号信息。

非编码键盘常见的有独立式键盘和矩阵式键盘两种结构。

7.5.2 独立式按键及其接口电路

独立式键盘相互独立，每个按键占用一根 I/O 口线，每根 I/O 口线上的按键工作状态不会影响其他按键的工作状态。这种按键软件程序简单，但占用 I/O 口线较多（一根口线只能接一个键），适用于键盘应用数量较少的系统中。图 7-24 为独立式键盘的接口电路。

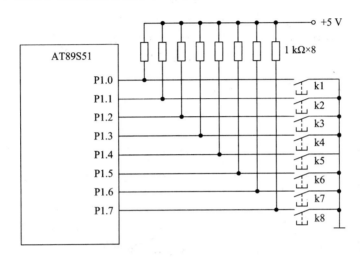

图 7-24 独立式键盘的接口电路

图 7-24 中，8 个按键 k1～k8 分别接到单片机的 P1.0～ P1.7 引脚上，图中上拉电阻保证按键未按下时对应 I/O 口线为稳定高电平。当某一按键按下时，对应 I/O 口线就变成低电平，与其他按键相连的 I/O 口线仍为高电平。因此，只需读入 I/O 口线状态，判别是否为低电平，就很容易识别出哪个键被按下。

1. 独立式键盘的查询工作方式

【例 7-9】 对图 7-24 所示的独立式键盘，用查询方式实现键盘扫描，根据按下的不同按键，对其进行处理。扫描程序如下：

```
#include<reg51.h>
void key_scan(void)
{
    unsigned char keyval
    do
    {
        P1＝0xff;              // P1 口为输入
        keyval＝P1;            //从 P1 口读入键盘状态
        keyval＝～ keyval;     //键盘状态求反
        switch(keyval)
        {
        case 1：…;            //处理按下的 k1 键，"…"为处理程序
                break;        //跳出 switch 语句
        case 2：…;            //处理按下的 k2 键
```

```
              break;              //跳出 switch 语句
        case 4：…；                //处理按下的 k3 键
              break；              //跳出 switch 语句
        case 8：…；                //处理按下的 k4 键
              break；              //跳出 switch 语句
        case 16：…；               //处理按下的 k5 键
              break；              //跳出 switch 语句
        case 32：…；               //处理按下的 k6 键
              break；              //跳出 switch 语句
        case 64：…；               //处理按下的 k7 键
              break；              //跳出 switch 语句
        case 128：…；              //处理按下的 k8 键
              break；              //跳出 switch 语句
        default：
              break；              //无按下键处理
        }
    }
    while(1);
}
```

下面介绍用 Proteus 虚拟仿真独立式键盘的实际案例。

【例 7 - 10】　单片机与 4 个独立按键 k1～k4 及 8 个 LED 指示灯组成一个独立式键盘，4 个按键接在 P1.0～P1.3 引脚，P3 口接 8 个 LED 指示灯，控制 LED 指示灯的亮与灭，原理电路见图 7 - 25。当按下 k1 键时，P3 口 8 个 LED 正向（由上至下）流水点亮；按下 k2 键时，P3 口 8 个 LED 反向（由下而上）流水点亮；k3 键按下时，高、低 4 个 LED 交替点亮；按下 k4 键时，P3 口 8 个 LED 闪烁点亮。

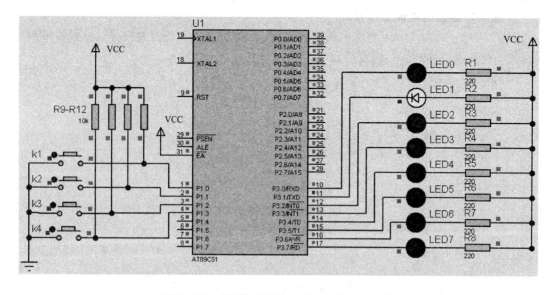

图 7 - 25　虚拟仿真的独立式键盘的接口电路

本案例中的 4 个按键分别对应 4 个不同的点亮功能，且具有不同的按键值"keyval"，具体如下：

按下 k1 按键时，keyval＝1；

按下 k2 按键时，keyval＝2；

按下 k3 按键时，keyval＝3；

按下 k4 按键时，keyval＝4。

本独立式键盘的工作原理如下：

（1）判断是否有按键按下。将接有 4 个按键的 P1 口低 4 位（P1.0～P1.3）写入"1"，使 P1 口低 4 位为输入状态。然后读入低 4 位的电平，只要有一位不为"1"，则说明有键按下。读取方法如下：

P1＝0xff；

if((P1&0x0f)！＝0x0f)；　//读 P1 口低 4 位按键值，按位"与"运算后结果非 0x0f

　　　　　　　　　　　　　//表明低 4 位必有 1 位是"0"，说明有键按下

（2）按键去抖动。当判别有键按下时，调用软件延时子程序，延时约 10 ms 后再进行判别，若按键确实按下，则执行相应的按键功能，否则重新开始进行扫描。

（3）获得键值。确认有键按下时，可采用扫描方法来判断哪个键按下，并获取键值。

首先用 Keil μVision3 建立工程，再建立源程序"＊.c"文件。

参考程序如下：

```
#include<reg51.h>        //包含 51 单片机寄存器定义的头文件
sbit S1＝P1^0;            //将 S1 位定义为 P1.0 引脚
sbit S2＝P1^1;            //将 S2 位定义为 P1.1 引脚
sbit S3＝P1^2;            //将 S3 位定义为 P1.2 引脚
sbit S4＝P1^3;            //将 S4 位定义为 P1.3 引脚
unsigned char keyval;     //定义键值储存变量单元
void main(void)           //主函数
{
    keyval＝0;            //键值初始化为 0
    while(1)
    {
      key_scan();         //调用键盘扫描函数
      switch(keyval)
      {
      case 1：forward();  //键值为 1，调用正向流水点亮函数
      break;
      case 2：backward(); //键值为 2，调用反向流水点亮函数
      break;
      case 3：Alter();    //键值为 3，调用高、低 4 位交替点亮函数
      break;
      case 4：blink ();   //键值为 3，调用闪烁点亮函数
      break;
      }
    }
```

```
    }
    void key_scan(void)              //函数功能：键盘扫描
    {
        P1=0xff;
        if((P1&0x0f)! =0x0f)         //检测到有键按下
        {
            delay10ms();             //延时 10 ms 再去检测
            if(l1==0)                //按键 k1 被按下
            keyval=1;
            if(l2==0)                //按键 k2 被按下
            keyval=2;
            if(l3==0)                //按键 k3 被按下
            keyval=3;
            if(l4==0)                //按键 k4 被按下
            keyval=4;
        }
    }
    void forward(void)               //函数功能：正向流水点亮 LED
    {
        P3=0xfe;                     //LED0 亮
        led_delay();
        P3=0xfd;                     //LED1 亮
        led_delay();
        P3=0xfb;                     //LED2 亮
        led_delay();
        P3=0xf7;                     //LED3 亮
        led_delay();
        P3=0xef;                     //LED4 亮
        led_delay();
        P3=0xdf;                     //LED5 亮
        led_delay();
        P3=0xbf;                     //LED6 亮
        led_delay();
        P3=0x7f;                     //LED7 亮
        led_delay();
    }
    void backward(void)         //函数：反向流水点亮 LED
    {
        P3=0x7f;                     //LED7 亮
        led_delay();
        P3=0xbf;                     //LED6 亮
        led_delay();
        P3=0xdf;                     //LED5 亮
```

```c
        led_delay();
        P3＝0xef;                    //LED4 亮
        led_delay();
        P3＝0xf7;                    //LED3 亮
        led_delay();
        P3＝0xfb;                    //LED2 亮
        led_delay();
        P3＝0xfd;                    //LED1 亮
        led_delay();
        P3＝0xfe;                    //LED0 亮
        led_delay();
}
void Alter(void)        //函数：交替点亮高 4 位与低 4 位 LED
{
        P3＝0x0f;
        led_delay();
        P3＝0xf0;
        led_delay();
}
void blink (void)        //函数：闪烁点亮 LED
{
        P3＝0xff;
        led_delay();
        P3＝0x00;
        led_delay();
} void led_delay(void) //函数：流水灯显示延时
{
        unsigned char i, j;
        for(i=0;i<220;i++)
        for(j=0;j<220;j++)
            ;
}
void delay10ms(void)   //函数：软件消抖延时
{
        unsigned char i, j;
        for(i=0;i<100;i++)
        for(j=0;j<100;j++)
            ;
}
```

2. 独立式键盘的中断扫描方式

前面介绍了采用查询工作方式的独立式键盘接口设计与程序设计。为提高单片机扫描键盘的工作效率，可采用中断扫描方式，即只有在键盘有键按下时，才进行扫描与处理。

可见，中断扫描方式的键盘实时性强，工作效率高。

【**例 7 - 11**】 设计一采用中断扫描方式的独立式键盘，只有在键盘有按键按下时，才进行处理，接口电路见图 7 - 26。当键盘中有键按下时，8 输入与非门 74LS30 输出经过 74LS04 反相后向单片机外中断请求输入引脚$\overline{INT0}$发出低电平中断请求信号，单片机响应中断，进入外部中断的中断函数，在中断函数中，判断按键是否按下。如果确实按下，则把标志 keyflag 置 1，并得到按下按键键值，然后从中断返回，根据键值跳向该键的处理程序。

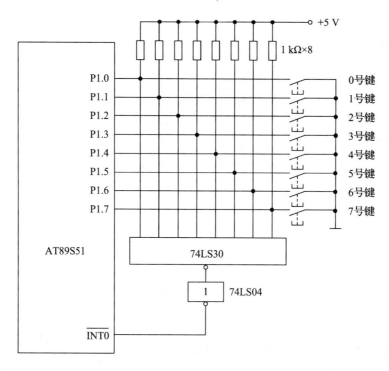

图 7 - 26 中断扫描方式的独立式键盘的接口电路

参考程序如下：

```c
#include<reg51.h>
#include<absacc.h>
#define uchar unsigned char
#define TRUE 1
#define FALSE 0
bit keyflag;                    // keyflag 为按键按下的标志位
uchar keyval;                   // keyval 为键值
void delay10ms(void);           //软件延时 10 ms 函数
void main(void)
{
    IE=0x81;                    //总中断允许 EA=1，允许中断
    EA=1;
    EX0=1;
    IP=0x01;                    //设置为高优先级
```

```
        keyflag＝0；                  //设置按键按下标志为 0
        do
        {
          if(keyflag)                //如果按键按下标志 keyflag ＝1，则有键按下
          {
            keyval＝～keyval；        //键值取反
            switch(keyval)           //根据按下键的键值进行分支跳转
            {
            case 1：…；              //处理 0 号键
                   break；
            case 2：…；              //处理 1 号键
                   break；
            case 4：…；              //处理 2 号键
                   break；
            case 8：…；              //处理 3 号键
                   break；
            case 16：…；             //处理 4 号键
                   break；
            case 32：…；             //处理 5 号键
                   break；
            case 64：…；             //处理 6 号键
                   break；
            case 128：…；            //处理 7 号键
                   break；
            default；
                   break；           //无效按键，例如多个键同时按下
            }
            keyflag＝0；              //清按键按下标志
          }
        } while(TRUE)；
}
void int0( )   interrupt 0          //有键按下，则执行中断函数
{
      uchar reread_key；             // reread_key 为重读键值变量
      IE＝0x80；                     // 屏蔽中断
      EA＝1；
      EX0＝0；
      keyflag＝0；                   // 把按键按下标志 keyflag 清 0
      P1＝0xff；                     // 向 P1 口写 1，设置 P1 口为输入
      keyval＝P1；                   // 从 P1 口读入键盘的状态
      delay10ms(void)；             // 延时 10 ms
      reread_key＝P1；               //再次从 P1 口读键盘状态，并存入 reread_key 中
      if(keyval ＝＝reread_key)      //比较两次读取的键值，如相同，说明键按下
```

```
    {
      key_flag=1;                    // 按键按下标志 key_flag 为 1
    }
    IE=0x81;                         // 重新允许中断
}
```

程序中用到了外部中断，当没有按键按下时，标志 keyflag＝0，程序一直执行"do｛ ｝while()"循环。当有键按下时，74LS04 输出端产生低电平，向单片机$\overline{\text{INT0}}$脚发中断请求信号，单片机响应中断，执行中断函数。如果确实按键按下，在中断函数中把 keyflag 置 1，并得到键值。在执行完中断函数后，再进入"do｛ ｝while()"循环，此时由于"if(keyflag)"中的 keyflag＝1，因此可根据键值"keyval"，采用"switch(keyval)"分支语句进行按下按键的处理。

7.5.3 矩阵式按键及其接口电路

矩阵式键盘又称行列式键盘，见图 7－27。图中，P1 口的 8 根口线分别作为 4 根行线与 4 根列线，在其行、列交汇点接有 16 个键盘。与独立式键盘相比，单片机口线资源利用率提高了一倍。如果采用 8×8 的行、列结构，则可以构成一个 64 按键的键盘，只需要两个并行 I/O 口即可。很明显，在按键数目较多的场合，矩阵式键盘要比独立式键盘节省较多 I/O 口线。

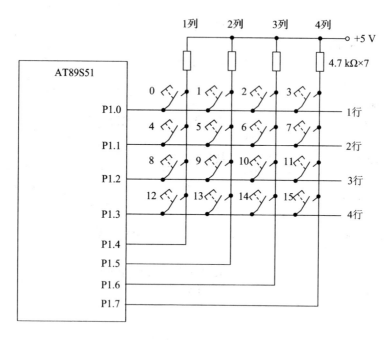

图 7－27 矩阵式（行列式）键盘的接口电路

【例 7－12】 数码管显示 4×4 矩阵键盘键号。单片机的 P1 口的 P1.0～P1.7 连接 4×4 矩阵键盘，矩阵中各键编号见图 7－28。数码管显示由 P0 口控制，当 4×4 矩阵键盘中的某一按键按下时，数码管上显示对应键号。例如，1 号键按下时，数码管显示"1"；E 键按下时，数码管显示"E"；等等。

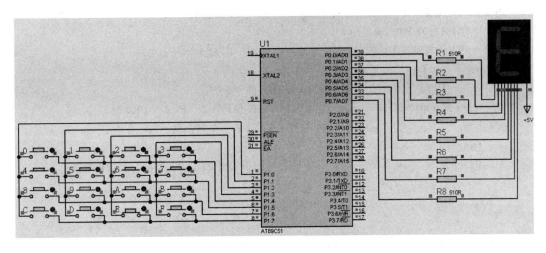

图 7-28　数码管显示 4×4 矩阵键盘键号的原理电路

参考程序如下：

```c
#include <reg51.h>
#define uchar unsigned char
sbit L1=P1^0;                    // 定义列
sbit L2=P1^1;
sbit L3=P1^2;
sbit L4=P1^3;
uchar dis[16]={0xc0,0xf9,0xa4,0xb0,0x99,0x92,0x82,0xf8,0x80,0x90,0x88,0x83,
0xc6,0xa1,0x86,0x8e};            //共阳极数码管字符 0~F 对应的段码值
unsigned int time;
delay(time)                      //延时子程序
{
unsigned int j;
    for(j=0;j<time;j++)
    {;}
}
main()                           //主程序
{
    uchar temp,i;
    while(1)
    {
      P1=0xef;                   //行扫描初值，P1.4=0，P1.5=P1.6=P1.7=1
      for(i=0;i<=3;i=i++)        //按行扫描，一共 4 行
      {
      if (L1==0) P0= dis [i*4+0];
//判第 1 列有无键按下，若有，键值可能为 0,4,8,C,送显示
      if (L2==0) P0= dis [i*4+1];
//判第 2 列有无键按下，若有，键值可能为 1,5,9,d,送显示
      if (L3==0) P0= dis [i*4+2];
```

```
//判第 3 列有无键按下，若有，键值可能为 2，6，A，E，送显示
    if (L4==0) P0= dis [i*4+3];
//判第 4 列有无按键按下，若有，键值可能为 3，7，b，F，送显示
    delay(500);
    temp=P1;                //读入 P1 口的状态
    temp=temp|0x0f;         // P1.7～ P1.4 保持不变，P1.3～ P1.0 全 1
    temp=temp<<1;           //左移 1 位，准备下一行扫描
    temp=temp|0X0f;
    P1=temp;                //下一行行扫描值送 P1 口，为下一行扫描做准备
    }
  }
}
```

程序说明：本例的关键是如何获取键号。具体采用了逐行扫描，先驱动行 P1.4＝0，然后依次读入各列的状态，第 1 列对应的 i＝0，第 2 列对应的 i＝1，第 3 列对应的 i＝2，第 4 列对应的 i＝3。假设 4 号键按下，此时第 2 列对应的 i＝1，又 L2＝0，执行语句"if (L2==0) P0=dis [i*4+1]"后，i*4+1＝5，从而查找到字型码数组 dis[ ]中的第 5 个元素，即显示"4"的段码"0x99"（见表 7 - 1），把段码"0x99"送 P0 口驱动数码管显示"4"。

习　　题

1. 以单片机为核心，设计一个彩灯控制器，要求如下：

在单片机的 P0 口接 8 个二极管作为指示灯，P1.0～P1.3 接有 4 个按键开关，当不同脚上的按键按下时，实现如下功能：

（1）按下 P1.0 脚的按键，8 只灯全亮，然后全灭，再全亮，之后全灭，交替闪亮。

（2）按下 P1.1 脚的按键，停止点亮 8 只灯，所有灯全灭。

（3）按下 P1.2 脚的按键，LED 灯由上往下流动点亮。

（4）按下 P1.3 脚的按键，LED 灯由下往上流动点亮。

2. 用单片机控制 4 位 LED 数码管显示，先从左至右慢速动态扫描显示数字"1357"、"2468"，然后再从左至右快速动态扫描显示字符"AbCd"、"EFHP"。

3. 用单片机控制字符型液晶显示器 LCD1602 显示字符信息"Happy New Year"和"Welcome to QIT"，要求上述信息分别从 LCD1602 右侧第一行、第二行滚动移入，然后从左侧滚动移出，反复循环显示。

第 8 章

AT89S51 单片机与 ADC、DAC 的接口

在工业生产过程中，被测参数常为压力、流量、温度、液面高度等，一般都是随时间连续变化的非物理量，通过传感器或敏感元件和变送器，可把这些参数转换成模拟电流或电压。由于单片机只识别数字量，因此模拟电信号必须通过模拟/数字（A/D）转换器变为相应的数字信号，然后送入单片机。反之，经过单片机处理发出的数字信号，经过数字/模拟（D/A）转换器变为相应的模拟信号，从而控制外部设备。本章从应用的角度，介绍典型的 ADC、DAC 芯片与 AT89S51 单片机的硬件接口设计以及接口驱动程序设计。

8.1 AT89S51 单片机与 ADC0809 的接口设计

8.1.1 A/D 转换器简介

A/D 转换器（ADC）把模拟量转换成数字量，以便于单片机进行数据处理。随着超大规模集成电路技术的飞速发展，大量结构不同、性能各异的 A/D 转换芯片应运而生。

1. A/D 转换器的主要性能指标

A/D 转换器的主要技术指标有转换精度、转换速度等。选择 A/D 转换器时，除考虑这两项技术指标外，还应留意满足其输入电压的范围、输出数字的编码、工作温度范围和电压稳定度等方面的要求。

1）转换精度

单片集成 A/D 转换器的转换精度是用分辨率和转换误差来描述的。

（1）分辨率。

分辨率＝$U_{REF}/2^N$，它表示输出数字量变化一个相邻数码所需输入模拟电压的变化量。其中，N 为 A/D 转换的位数，N 越大，分辨率越高，习惯上 A/D 转换器的分辨率以输出二进制（或十进制）数的位数来表示。例如，A/D 转换器输出为 8 位二进制数，输入信号最大值为 5 V，那么这个转换器应能区分出输入信号的最小电压为 19.53 mV。

（2）转换误差。

转换误差通常以输出误差的最大值形式给出。它表示 A/D 转换器实际输出的数字量和理论上输出的数字量之间的差别，常用最低有效位的倍数表示。例如，给出相对误差 ≤±LSB/2，这就表明实际输出的数字量和理论上应得到的输出数字量之间的误差小于最

低位的半个字。

2）转换时间

转换时间是指 A/D 转换器从转换控制信号到来开始，到输出端得到稳定的数字信号所经过的时间。A/D 转换器的转换时间与转换电路的类型有关。不同类型的转换器其转换速度相差甚远。其中，并行比较 A/D 转换器的转换速度最高，8 位二进制输出的单片集成 A/D 转换器的转换时间可达到 50 ns 以内，逐次比较型 A/D 转换器次之，它们的多数转换时间为 10～50 s，间接 A/D 转换器的速度最慢，如双积分 A/D 转换器的转换时间大都在几十毫秒至几百毫秒之间。在实际应用中，应从系统数据总的位数、精度要求、输入模拟信号的范围以及输入信号的极性等方面综合考虑 A/D 转换器的选用。

2. A/D 转换器的分类

尽管 A/D 转换器种类很多，但目前广泛应用在单片机应用系统中的主要有逐次比较型转换器和双积分型转换器。此外，$\Sigma-\Delta$ 式 ADC 也逐渐得到了重视和应用。

（1）逐次比较型 ADC：精度、速度和价格都适中，是最常用的 A/D 转换器。

（2）双积分型 ADC：具有精度高、抗干扰性好、价格低廉等优点，与逐次比较型 A/D 转换器相比，转换速度较慢，近年来在单片机应用领域中已得到广泛应用。

（3）$\Sigma-\Delta$ 式 ADC：具有双积分型与逐次比较型 ADC 的优点。它对工业现场串模干扰具有较强的抑制能力，不亚于双积分型 ADC，它的转换速度高于双积分型 ADC。与逐次比较型 ADC 相比，$\Sigma-\Delta$ 式 ADC 有较高的信噪比，分辨率高，线性度好。由于具有上述优点，$\Sigma-\Delta$ 式 ADC 得到了重视，已有多种 $\Sigma-\Delta$ 式 ADC 可供用户选用。

8.1.2　AT89S51 与逐次比较型 8 位 A/D 转换器 ADC0809 的接口

1. ADC0809 的电路组成及转换原理

ADC0809 是一个 8 位 8 通道的 A/D 转换器，为逐次逼近型 A/D 转换器。ADC0809 转换器的结构原理框图如图 8-1 所示。

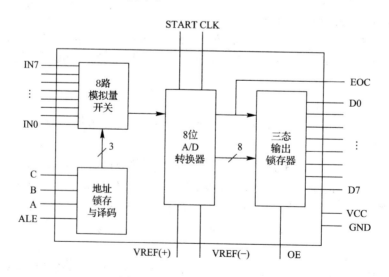

图 8-1　ADC0809 结构框图

ADC0809 转换器芯片主要由一个 8 位逐次逼近型 A/D 转换器和一个 8 路的模拟转换

开关以及相应的通道地址锁存与译码电路等组成。

由于多路开关的地址输入部分能够进行锁存和译码，而且内部有三态输出数据锁存器，所以 ADC0809 可以与单片机接口直接相连。这种转换器芯片无需进行零位和满量程调整。

2. ADC0809 的引脚及功能

ADC0809 是一种逐次比较型 8 路模拟输入、8 位数字量输出的 A/D 转换器，引脚见图 8 - 2。

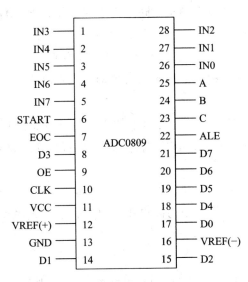

图 8 - 2　ADC0809 引脚

ADC0809 共 28 个引脚，采用双列直插式封装，引脚功能如下：

· IN0～IN7：8 路模拟信号输入端。

· D0～D7：转换完毕的 8 位数字量输出端。

· C、B、A：模拟通道号地址选择输入端。C 为最高位，A 为最低位。

· ALE：地址锁存允许信号，高电平有效。当 ALE 为高电平时，允许 C、B、A 所示的通道被选中，并把该通道的模拟量接入 A/D 转换器。

· OE：转换结果输出允许端。当此信号为高电平有效时，允许从 A/D 转换器的锁存器中读取数字量。

· START：启动信号输入端。当 START 端输入一个正脉冲时，立即启动 ADC0809进行 A/D 转换。

· CLK：时钟信号输入端。ADC0809 的 CLK 信号必须外加。

· EOC：转换结束输出信号。当 A/D 转换开始时，该引脚为低电平；当 A/D 转换结束时，该引脚为高电平，表示 A/D 转换完毕。此信号可以作为 A/D 转换是否结束的检测信号，或向单片机申请中断的信号。

3. 输入模拟电压与输出数字量的关系

ADC0809 输入模拟电压与转换输出结果数字量的关系如下：

$$VIN=\frac{[VREF(+)-VREF(-)]}{256}\cdot N+VREF(-)$$

式中：VIN 在 VREF(+)到 VREF(−)之间，N 为十进制数。通常情况下 VREF(+)接 +5 V，VREF(−)接地，即模拟输入电压范围为 0～+5 V，对应的数字量输出 为0x00～0xff。

4. ADC0809 的工作原理

单片机控制 ADC0809 进行 A/D 转换的过程如下：首先由加到 C、B、A 上的编码决定 选择 ADC0809 的某一路模拟输入通道，同时产生高电平加到 ADC0809 的 START 引脚， 开始对选中通道转换。

当转换结束时，ADC0809 发出转换结束 EOC(高电平)信号。当单片机读取转换结果 时，需控制 OE 端为高电平，把转换完毕的数字量读入到单片机内。

5. 转换数据的传输

A/D 转换后得到的数据应及时传送给单片机进行处理。数据传送的关键问题是如何 确认 A/D 转换的完成，因为只有确认完成后，才能进行传送。确认 A/D 转换完成可采用 下述三种方式。

1）查询方式

查询方式是检测 EOC 脚是否变为高电平，如为高电平则说明转换结束，然后单片机 读入转换结果。

2）中断方式

中断方式是单片机启动 ADC 转换后，单片机执行其他程序。ADC0809 转换结束后 EOC 变为高电平，EOC 通过反相器向单片机发出中断请求，单片机响应中断，进入中断服 务程序，在中断服务程序中读入转换完毕的数字量。很明显，中断方式效率高，适合于转 换时间较长的 ADC。

3）定时传送方式

对于一种 A/D 转换器来说，转换时间作为一项技术指标是已知的和固定的，可据此设 计一个延时子程序，A/D 转换启动后即可调用此子程序，延时时间一到，转换肯定已经完 成了，接着就可以进行数据传送。

8.1.3 案例：单片机控制 ADC0809 进行 A/D 转换

【例 8-1】 采用查询方式控制 ADC0809 进行 A/D 转换，原理电路见图 8-3。输入 ADC0809 的模拟电压由 IN0 通道输入，电压大小可通过调节电位器 RV1 来实现， ADC0809 将输入的模拟电压转换成二进制数字，并通过 P1 口输出，控制发光二极管的亮 与灭，从而显示转换结果的二进制数字量。

ADC0809 转换一次约需 100 μs，采用查询方式，即使用 P2.3 来查询 EOC 脚电平，判 断 A/D 转换是否结束。如果 EOC 脚为高，说明转换结束，单片机从 P1 口读入转换二进 制的结果，然后把结果从 P0 口输出给 8 个发光二极管，发光二极管被点亮的位对应转换 结果"0"。

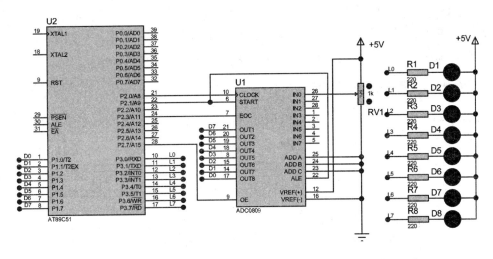

图 8 - 3　电路原理图

参考程序如下：

```c
#include <reg51.h>
#define uchar unsigned char
#define uint unsigned int
sbit start=P2^1;
sbit OE=P2^7;
sbit EOC=P2^3;
sbit clock=P2^0;
void main(void)
{   uchar   temp;
    while(1)
    { start=0;
      start=1;
      start=0;                      //启动转换
      while(1)
      {
        clock=! clock;
        if(EOC==1)break;            //等待转换结束
      }
      OE=1;                         //允许输出
      temp=P1;                      //暂存转换结果
      OE=0;                         //关闭输出
      P3=temp;                      //采样结果通过 P3 口输出到 LED
    }
}
```

A/D 转换时必须加基准电压，基准电压单独用高精度稳压电源供给，其电压变化要小于 1 LSB，这是保证转换精度的基本条件；否则若被转换的输入电压不变，而基准电压的变化大于 1 LSB，则会引起 A/D 转换器输出的数字量变化。如果用中断方式读取结果，可将 EOC 引脚与单片机 P2.3 脚断开，EOC 引脚接反相器（如 74LS04）的输入，反相器输出接单片机外部中断请求输入端（INTx 脚），转换结束时，向单片机发出中断请求信号。可将本例接口电路及程序修改，采用中断方式来读取 A/D 转换结果。

8.1.4 案例：简易数字电压表的设计

【例 8-2】 设计采用查询方式对模拟电压（0～5 V）进行采集的数字电压表。原理电路与仿真见图 8-4。

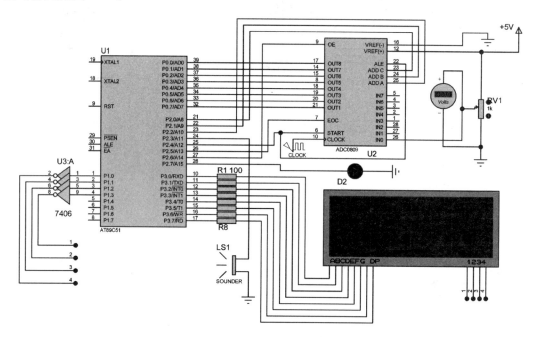

图 8-4 采用查询方式的数字电压表电路原理图与仿真

0～5 V 被测电压加到 ADC0809 IN0 通道，进行 A/D 转换，输入电压的大小可通过手动调节 RV1 来实现。

本例将 2.5 V 作为输入的报警值，当通道 IN0 的电压超过 2.50 V（对应二进制数值为 0x80）时，驱动发光二极管 D2 闪烁与蜂鸣器发声，以表示超限。测得的输入电压显示在 LED 数码管上，同时也显示在虚拟电压表图标上。

ADC0809 采用的基准电压为 +5 V，转换所得结果二进制数字 addata 代表的电压的绝对值为（addata÷256）×5 V；而若将其显示到小数点后两位，不考虑小数点的存在（将其乘以 100），则其计算数值为（addata×100÷256）×5 V≈addata×1.96 V。

控制小数点显示在左边第二位数码管上，即为实际测量电压。

参考程序如下：

```
# include<reg51.h>
unsigned char a[16]={0x3f, 0x06, 0x5b, 0x4f, 0x66, 0x6d, 0x7d, 0x07, 0x7f, 0x6f,
0x77, 0x7c, 0x39, 0x5e, 0x79, 0x71, }, b[4], c=0x01;
sbit START=P2^4;
sbit OE=P2^6;
```

```
sbit EOC=P2^5;
sbit add_a=P2^2;
sbit add_b=P2^1;
sbit add_c=P2^0;
sbit led=P2^7;
sbit buzzer=P2^3;
void Delay1ms(unsigned int count)          //延时函数
{
    unsigned int i,j;
    for(i=0;i<count;i++)
    for(j=0;j<120;j++);
}
void show()                                //显示函数
{
    unsigned int r;
    for(r=0;r<4;r++)
    {
      P1=(c<<r);
      P3=b[r];
      if(r==2)                             //显示小数点
      P3=P3|0x80;
      Delay1ms(1);
    }
}
void main(void)
{
    unsigned int addata=0,i;
    while(1)
    {
      add_a=0;
      add_b=0;
      add_c=0;
      START=0;
      START=1;                             //根据时序启动 ADC0809
      START=0;
      while(EOC==0)
      {OE=1;}
      addata=P0;
      if(addata>=0x80)                     //大于 2.5 V 时，使用 LED 和蜂鸣器报警
      {
          for(i=0;i<=100;i++)
          {
            led=~led;
```

```
        buzzer=~buzzer;
    }
    led=1;                                  //控制发光二极管 D2 闪烁，发出光报警信号
    buzzer=1;                               //控制蜂鸣器发声，发出声音报警信号
}
else                                        //否则取消报警
{
    led=0;                                  //控制发光二极管 D2 灭
    buzzer=0;                               //控制蜂鸣器不发声
}
addata=addata*1.96;                         //将采得的二进制数转换成可读的电压值
OE=0;
b[0]=a[addata%10];                          //显示到数码管上
b[1]=a[addata/10%10];
b[2]=a[addata/100%10];
b[3]=a[addata/1000];
show();
    }
}
```

【**例 8－3**】 用中断方式设计数字电压表，并用 4 位 LED 数码管交替显示，超过 2.5 V 时指示灯 D2 闪烁并驱动蜂鸣器报警。采用中断方式输出的数字电压表的原理图如图 8－5 所示。

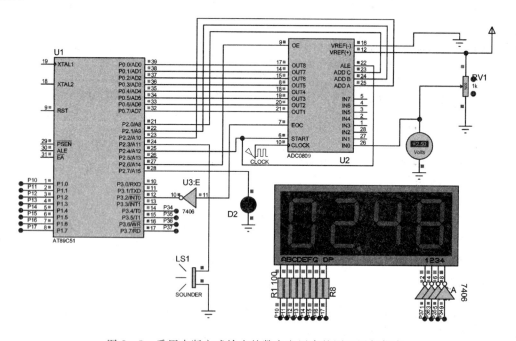

图 8－5 采用中断方式输出的数字电压表的原理图与仿真

参考程序如下：

```
#include<reg51.h>
```

```
#include<intrins.h>
unsigned char a[16]={0x3f，0x06，0x5b，0x4f，0x66，0x6d，0x7d，0x07，0x7f，0x6f，
0x77，0x7c，0x39，0x5e，0x79，0x71，}，b[4];
unsigned int addata=0，i;
sbit START=P2^4;
sbit OE=P2^6;
sbit add_a=P2^2;
sbit add_b=P2^1;
sbit add_c=P2^0;
sbit led=P2^7;
sbit buzzer=P2^3;
sbit wei1=P3^4;
sbit wei2=P3^5;
sbit wei3=P3^6;
sbit wei4=P3^7;
void Delay1ms(unsigned int count)          //延时函数
{
    unsigned int i，j;
    for(i=0;i<count;i++)
    for(j=0;j<120;j++);
}
void show()                                 //显示函数
{
    wei1=1;
    P1=b[0];
    Delay1ms(1);
    wei1=0;
    wei2=1;
    P1=b[1];
    Delay1ms(1);
    wei2=0;
    wei3=1;
    P1=b[2]+128;
    Delay1ms(1);
    wei3=0;
    wei4=1;
    P1=b[3];
    Delay1ms(1);
    wei4=0;
}
void main(void)
{
    EA=1;
```

```
        IT0＝1；
        EX0＝1；
        while(1)
        {
            add_a＝0；                       //采集第 1 路信号
            add_b＝0；
            add_c＝0；
            START＝0；
            START＝1；                       //根据时序启动 ADC0809 的 A/D 程序
            START＝0；
        }
    }
    void int0(void) interrupt 0
    {
        OE＝1；
        addata＝P0；
        if(addata＞＝0x80)                   //当大于 2.5V 时，使用 LED 和蜂鸣器报警
        {
            for(i＝0；i＜＝100；i＋＋)
            {
                led＝～led；
                buzzer＝～buzzer；
            }
            led＝1；
            buzzer＝1；
        }
        else            //否则取消报警
        {
                led＝0；
                buzzer＝0；
        }
        addata＝addata * 1.96；              //将采得的二进制数转换成可读的电压
        OE＝0；
        b[0]＝a[addata％10]；               //显示到数码管上
        b[1]＝a[addata％100/10]；
        b[2]＝a[addata％1000/100]；
        b[3]＝a[addata/1000]；
        for(i＝0；i＜＝200；i＋＋)
        {
            show()；
        }
    }
```

8.2 AT89S51 扩展 12 位串行 ADC TLC2543 的设计

近年来，由于串行输出的 A/D 芯片节省单片机的 I/O 口线，因而其应用越来越广泛，如具有 SPI 三线接口的 TLC1549、TLC1543、TLC2543 等，具有 2 线 I²C 接口的 MAX127、PCF8591 等。本节以 TLC2543 为例介绍串行 A/D 转换器 TLC2543 的基本特性及工作原理。

8.2.1 TLC2543 的特性及工作原理

TLC2543 是 TI 公司生产的一种 12 位串行 SPI 接口的 A/D 转换器，它具有输入通道多、精度高、速度高、使用灵活和体积小的优点，为设计人员提供了一种高性价比的选择。

TLC2543 为 CMOS 型 12 位开关电容逐次逼近型 A/D 转换器，转换时间为 $10\mu s$。它有 3 个控制输入端：片选（$\overline{CS}$）、输入/输出时钟（I/O CLOCK）和数据输入（DATA INPUT）端。其通过一个串行的三态输出端与主处理器或外围的串行口通信，可与主机高速传输数据，输出数据长度和格式可编程。片内有 1 个 14 路模拟开关，用来选择 11 路模拟输入以及 3 路内部测试电压中的 1 路进行采样。为了保证测量结果的准确性，该器件具有 3 路内置自测试方式，可分别测试"REF＋"高基准电压值、"REF－"低基准电压值和"REF＋/2"值。该器件的模拟量输入范围为 REF＋～REF－，一般模拟量的变化范围为 0～＋5 V，所以此时 REF＋脚接＋5 V，REF－脚接地。

由于 TLC2543 与单片机接口简单，且价格适中，分辨率较高，因此在智能仪器仪表中有着较为广泛的应用。

TLC2543 与微处理器的接线若用 SPI 接口则只有 4 根连线，其外围电路也大大减少。TLC2543 的特性如下：

(1) 有 12 位 A/D 转换器(可 8 位、12 位和 16 位输出)。

(2) 在工作温度范围内转换时间为 $10\ \mu s$。

(3) 有 11 通道输入。

(4) 有 3 种内建的自检模式。

(5) 有片内采样/保持电路。

(6) 线性误差最大为 $\pm 1/4096$。

(7) 内置系统时钟。

(8) 有转换结束标志位 EOC。

(9) 有单/双极性输出。

(10) 输入/输出的顺序可编程(高位或低位在前 MSB 或者 LSB)。

(11) 可支持软件关机。

(12) 输出数据长度可编程。

1. TLC2543 的片内结构和引脚功能

TLC2543 片内由通道选择器、数据(地址和命令字)输入寄存器、采样/保持电路、12 位模/数转换器、输出寄存器、并行到串行转换器以及控制逻辑电路 7 个部分组成。通道选择器根据输入地址寄存器中存放的模拟输入通道地址来选择输入通道，并将输入通道中的信号送到采样/保持电路中，然后在12位模/数转换器中将采样的模拟量进行量化编码，转换成数字量，存放到输入寄存器中。这些数据经过并行到串行转换器转换成串行数据，经TLC2543的DOUT输出到微处理器中。

TLC2543有双列直插和方形贴片两种封装方式，其引脚见图8-6，各引脚的功能如下所述。

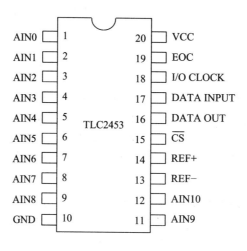

图8-6　TLC2543引脚

- AIN0～AIN10：11路模拟量输入端。
- $\overline{CS}$：片选端。一个从高到低的变化可以使系统寄存器复位，同时使能系统的输入/输出和I/O时钟输入，一个从低到高的变化会禁止数据输入/输出和I/O时钟输入。
- DATA INPUT：串行数据输入端。最先输入的4位串行地址用来选择模拟量输入通道，最高位数据在前，每一个I/O时钟的上升沿送入1位数据，接下来的4位用来设置TLC2543的工作方式。
- DATA OUT：A/D转换结果的三态串行输出端。该位为高时处于高阻抗状态，为低时处于转换结果输出状态。输出的数据有3种长度：8、12和16位。数据输出的顺序可以在TLC2543的工作方式中选择。
- EOC：转换结束端。在命令字的最后一个I/O时钟的下降沿变低，在转换结束后由低变为高。
- I/O CLOCK：I/O同步时钟。它有如下4种功能：

（1）在它的前8个上升沿将命令字输入到TLC2543的数据输入寄存器。其中前4个用来选择输入通道地址。

（2）在第4个I/O时钟的下降沿，选中的模拟通道的模拟信号对系统中的电容阵列进行充电，直到最后一个I/O时钟结束。

（3）I/O时钟将上次转换结果输出。在最后一个数据输出完后，系统开始下一次转换。

（4）在最后一个I/O时钟的下降沿，EOC将变为低电平。

- REF＋：正基准电压端。基准电压的正端（通常为VCC）被加到REF＋，最大的输入电压为加在本引脚与REF－引脚的电压差。
- REF－：负基准电压端。基准电压低端（通常为地）加此端。

· VCC：电源。

· GND：地。

2. TLC2543 的工作过程

工作过程分为两个周期：I/O 周期和转换周期。

1）I/O 周期

I/O 周期由外部提供的 I/O CLOCK 定义，延续 8、12 或 16 个时钟周期，取决于选定的输出数据长度。器件进入 I/O 周期后同时进行两种操作。

（1）TLC2543 的工作时序如图 8-7 所示。在 I/O CLOCK 的前 8 个脉冲的上升沿，以 MSB 前导方式从 DATA INPUT 端输入 8 位数据到输入寄存器。其中前 4 位为模拟通道地址，控制 14 通道模拟多路器从 11 个模拟输入和 3 个内部自测电压中选通 1 路到采样保持器，该电路从第 4 个 I/O CLOCK 脉冲下降沿开始，对所选的信号进行采样，直到最后一个 I/O CLOCK 脉冲下降沿。I/O 脉冲时钟个数与输出数据长度（位数）有关，输出数据的长度由输入数据的 D3、D2 可选择为 8 位、12 位或 16 位。当工作于 12 位或 16 位时，在前 8 个脉冲之后，DATA INPUT 无效。

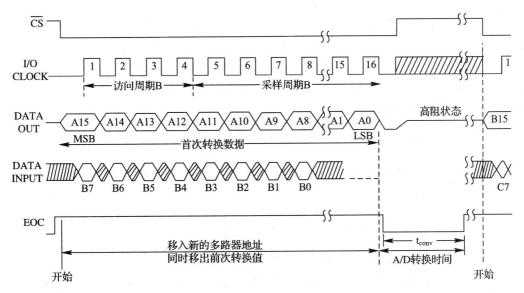

图 8-7 TLC2543 的工作时序

（2）在 DATA OUT 端串行输出 8 位、12 位或 16 位数据。当 $\overline{CS}$ 保持为低时，第 1 个数据出现在 EOC 的上升沿，若转换由 $\overline{CS}$ 控制，则第 1 个输出数据发生在 $\overline{CS}$ 的下降沿。这个数据是前 1 次转换的结果，在第 1 个输出数据位之后的每个后续位均由后续的 I/O CLOCK 脉冲下降沿输出。

选通 1 路到采样保持器，该电路从第 4 个 I/O CLOCK 脉冲下降沿开始，对所选的信号进行采样，直到最后一个 I/O CLOCK 脉冲下降沿。I/O 脉冲时钟个数与输出数据长度（位数）有关，输出数据的长度由输入数据的 D3、D2 可选择为 8 位、12 位或 16 位。当工作于 12 位或 16 位时，在前 8 个脉冲之后，DATA INPUT 无效。

2）转换周期

在 I/O 周期最后一 I/O CLOCK 脉冲下降沿后，EOC 变低，采样值保持不变，转换周期开始，片内转换器对采样值进行逐次逼近式 A/D 转换，其工作由与 I/O CLOCK 同步的内部时钟控制。转换结束后 EOC 变高，转换结果锁存在输出数据寄存器中，待下一 I/O 周期输出。I/O 周期和转换周期交替进行，从而可减小外部的数字噪声对转换精度的影响。

3. TLC2543 命令字

每次转换都必须向 TLC2543 写入命令字，以便确定被转换信号来自哪个通道，转换结果用多少位输出，输出的顺序是高位在前还是低位在前，输出结果是有符号数还是无符号数。命令字写入顺序是高位在前。命令字格式如图 8-8 所示。

通道地址选择(D7～D4)	数据的长度(D3～D2)	数据的顺序(D1)	数据的极性(D0)

图 8-8 命令字格式

（1）通道地址选择位(D7～D4)用来选择输入通道。0000～1010 分别是 11 路模拟量 AIN0～AIN10 的地址；地址 1011、1100 和 1101 所选择的自测试电压分别是((REF＋)－(REF－))/2、REF－、REF＋。1110 是掉电地址，选掉电后，TLC2543 处于休眠状态，此时电流小于 20 μA。

（2）数据的长度(D3～D2)位用来选择输出数据的长度。转换器的分辨率为 12 位，内部转换结果也总是 12 位长。D3D2 为 x0 时，12 位输出，此时所有的位都被输出；D3D2 为 01 时，8 位输出，此时低 4 位被截去，转换精度降低，用以实现与 8 位串行接口的快速通信；D3D2 为 11 时，16 位输出，在转换结果的低位端增加了 4 个被置为 0 的填充位，可方便地与 16 位串行接口通信。

（3）数据的顺序位(D1)用来选择数据输出的顺序。当 D1＝0 时，高位在前；当 D1＝1 时，低位在前。

（4）数据的极性位(D0)用来选择数据的极性。当 D0＝0 时，数据是无符号数；当 D0＝1 时，数据是有符号数。

8.2.2 案例：单片机扩展 TLC2543 的接口设计

下面的案例介绍单片机与 TLC2543 的接口设计及软件编程。

【例 8-4】 单片机与 TLC2543 的接口电路见图 8-9，编写程序对 AIN2 模拟通道进行数据采集，结果在数码管上显示，输入电压调节通过改变 RV1 来实现。

TLC2543 与单片机的接口采用 SPI 串行接口。由于 AT89S51 不带 SPI 接口，因此必须采用软件与 I/O 口线相结合，模拟 SPI 接口时序。TLC2543 三个控制输入端分别为 I/O CLOCK(18 脚，输入/输出时钟)、DATAINPUT(17 脚，4 位串行地址输入端)以及$\overline{CS}$(15 脚，片选)，分别由单片机的 P1.3、P1.1 和 P1.2 控制。转换结果(16 脚)由单片机 P1.0 脚串行接收，AT89S51 将命令字通过 P1.1 引脚串行写入到 TLC2543 的输入寄存器中。

片内 14 通道选择开关可选择 11 个模拟输入中的任一路或 3 个内部自测电压中的一个并且自动完成采样保持。转换结束后，"EOC"输出变高，转换结果由三态输出端"DATA OUT"输出。

采集的数据为 12 位无符号数，采用高位在前的输出数据。写入 TLC2543 的命令字为 0xa0。由 TLC2543 的工作时序可看出，命令字写入和转换结果输出是同时进行的，即在读出转换结果的同时也写入下一次的命令字，采集 11 个数据要进行 12 次转换。第 1 次写入的命令字是有实际意义的操作，读出的转换结果是无意义的操作，应丢弃；而第 11 次写入的命令字是无意义的操作，读出的转换结果是有意义的操作。

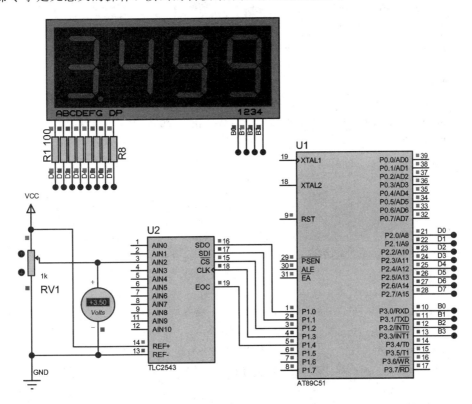

图 8-9　AT89S51 单片机与 TLC2543 的接口电路

参考程序如下：

```
# include <reg51.h>
# include <intrins.h>                //包含_nop_()函数的头文件
# define uchar unsigned char
# define unit unsigned int
unsigned char code table[]={0xc0, 0xf9, 0xa4, 0xb0, 0x99, 0x92, 0x82, 0xf8, 0x80, 0x90};
unit    ADresult[11];                //11 个通道的转换结果单元
sbit  DATOUT=P1^0;                    //定义 P1.0 与 SDO 相连
sbit  DATIN=P1^1;                     //定义 P1.1 与 SDI 相连
sbit  CS=P1^2;                        //定义 P1.2 与/CS 相连
sbit  IOCLK=P1^3;                     //定义 P1.3 与 CLK 相连
sbit  EOC=P1^4;                       //定义 P1.4 与 EOC 引脚相连
sbit  wei1=P3^0;
sbit  wei2=P3^1;
sbit  wei3=P3^2;
sbit  wei4=P3^3;
void delay_ms(unit i)
```

```
{
    int j;
    for(; i>0; i——)
        for(j=0; j<100; j++);
}
unit getdata(uchar channel)        // getdata()为获取转换结果函数
{
    uchar i, temp;
    unit read_ad_data=0;           //分别存放采集的数据，先清 0
    channel=channel<<4;            //结果为 12 位数据格式，高位在前，单极性
    IOCLK=0;
    CS=0;                          //下跳沿，并保持低电平
    temp=channel;                  // 输入要转换的通道
    for(i=0;i<12;i++)
    {
        if(DATOUT)  read_ad_data=read_ad_data|0x01;    //读入转换结果
        DATIN=(bit)(temp&0x80);      //写入方式/通道命令字
        IOCLK=1;                     //IOCLK 上跳沿
        _nop_();_nop_();_nop_();     //空操作延时
        IOCLK=0;                     //IOCLK 下跳沿
        _nop_();_nop_();_nop_();
        temp=temp<<1;                //左移 1 位，准备发送方式/通道控制字的下一位
        read_ad_data<<=1;            //转换结果左移 1 位
    }
    CS=1;                          // CS 上跳沿
    read_ad_data>>=1;              //抵消第 12 次左移，得到 12 位转换结果
    return(read_ad_data);
}
void dispaly(void)                 //显示函数
{
    uchar qian, bai, shi, ge;      //定义千、百、十、个位
    unit value;
    value=ADresult[2] * 1.221;
    qian=value%10000/1000;
    bai=value%1000/100;
    shi=value%100/10;
    ge=value%10;
    wei1=1;
    P2=table[qian]-128;
    delay_ms(1);
    wei1=0;
    wei2=1;
    P2=table[bai];
```

```
        delay_ms(1);
        wei2=0;
        wei3=1;
        P2=table[shi];
        delay_ms(1);
        wei3=0;
        wei4=1;
        P2=table[ge];
        delay_ms(1);
        wei4=0;
}
main(void)
{
        ADresult[2]=getdata(2);        //启动 2 通道转换，第 1 次转换结果无意义
        while(1)
        {
          _nop_();  _nop_();  _nop_();
          ADresult[2]=getdata(2);      //读取本次转换结果，同时启动下次转换
          while(! EOC);                //判断是否转换完毕，未转换则循环等待
          dispaly();
        }
}
```

由本案例可见，AT89S51 单片机与 TLC2543 的接口电路十分简单，只需用软件控制 4 条 I/O 引脚，按规定时序对 TLC2543 进行访问即可。

8.3 AT89S51 单片机扩展 DAC0832

数/模转换器简称 D/A 转换器(DAC)，是能够把输入数字量转换成模拟量的器件。在控制系统中，根据被控装置的特点，一般要求应用系统输出模拟量，例如电动执行机构、直流电动机等。但是在单片机内部对检查数据进行处理后输出的还是数字量，这就需要将数字量通过 DAC 转换成相应的模拟量。本节介绍单片机如何通过 DAC 输出模拟量。

目前集成化 DAC 芯片种类繁多，只需要合理选用芯片，了解其功能、引脚外特性以及与单片机接口的设计方法即可。

8.3.1 D/A 转换器概述

1. 概述

购买和使用 D/A 转换器时，要注意以下问题：

1) D/A 转换器的输出形式

DAC 有两种输出形式：电压输出和电流输出。对于电流输出 D/A 转换器，如需模拟电压输出，要在其输出端加一个由运算放大器构成的 I-V 转换电路，将电流输出转换为电压输出。

2）D/A 转换器与单片机的接口形式

早期多采用 8 位并行传输接口，现在除并口外，带有串口的 D/A 转换器的品种也在不断增多。除通用 UART 串口外，目前较为流行的还有 I²C、SPI 以及单总线串口等。选择单片 D/A 转换器时，要根据系统结构考虑单片机与 D/A 转换器的接口形式。

2. 主要技术指标

D/A 转换器的指标很多，设计者最关心如下指标：

1）分辨率

分辨率是当输入数字量发生单位数码变化（即 1LSB）时所对应的输出模拟量的变化量，即分辨率＝模拟输出满量程值/2^N，其中 N 是数字量位数。

分辨率也可用相对值表示：相对分辨率＝$1/2^N$。

D/A 转换的位数越多，分辨率越高，即 D/A 转换器的输出对输入数字量变化的敏感程度越高。例如，8 位的 D/A 转换器，若满量程输出为 5 V，则根据分辨率的定义，分辨率为 5 V/2^n＝19.6 mV，即输入的二进制数最低位数字量的变化可引起输出的模拟电压变化 19.6 mV，该值占满量程的 0.196％，常用符号 1 LSB 表示。

2）建立时间

建立时间指当 D/A 转换器的输入数据发生变化后，输出模拟量达到稳定数值（即进入规定的精度范围）所需要的时间。该指标表明了 D/A 转换器转换速度的快慢。

3）转换精度

转换精度以最大静态转换误差的形式给出。这个转换误差包含非线性误差、比例系数误差以及漂移误差等综合误差。

注意，转换精度与分辨率是两个不同的概念。转换精度是指转换后所得的实际值对于理想值的接近程度；而分辨率是指能够对转换结果发生影响的最小输入量。分辨率很高的 D/A 转换器并不一定具有很高的精度。例如，某种型号 8 位 DAC 的精度为±0.19％，而另一种型号 8 位 DAC 的精度为±0.05％。

8.3.2　8 位并行 DAC0832 简介

1. DAC0832 的特性

美国国家半导体公司的 DAC0832 芯片是具有两级输入数据寄存器的 8 位 DAC，能直接与 AT89S51 连接，采用二次缓冲方式，可以在输出的同时采集下一个数据，从而提高转换速度，能够在多个转换工作同时进行时实现多通道 D/A 的同步转换输出。

DAC0832 的主要特性参数如下：

（1）分辨率为 8 位。

（2）电流输出，建立时间为 1 μs。

（3）可采用双缓冲输入、单缓冲输入或直通输入。

（4）单一电源供电（＋5 V～＋15 V），功耗低（为 20 mW）。

（5）只需在满量程的条件下调整其线性度。

2. DAC0832 的引脚及逻辑结构

DAC0832 的引脚如图 8-10 所示。DAC0832 的逻辑结构如图 8-11 所示，它由 8 位输入寄存器、8 位 DAC 寄存器和 8 位 D/A 转换器构成。

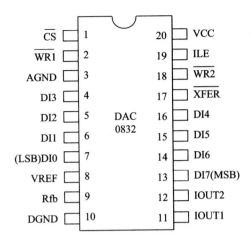

图 8-10 DAC0832 的引脚

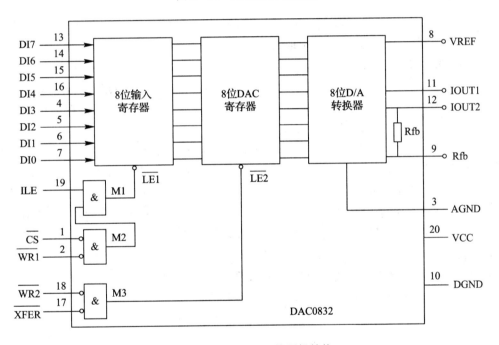

图 8-11 DAC0832 的逻辑结构

各引脚的功能如下：

- DI7~DI0：8 位数字量输入端，接收发来的数字量。

- ILE：数据锁存允许信号，高电平有效。

- $\overline{CS}$：输入寄存器选择信号，低电平有效。

- $\overline{WR1}$：输入寄存器的"写"选通信号，低电平有效。

- $\overline{WR2}$：DAC 寄存器的"写"选通信号，低电平有效。

- $\overline{XFER}$：数据传送信号，低电平有效。

- VREF：基准电压输入线。

- Rfb：反馈信号输入线，芯片内已有反馈电阻。

• IOUT1：D/A 转换电流输出 1 端。输入数字量全为"1"时，IOUT1 最大；输入数字量全为"0"时，IOUT1 最小。

• IOUT2：D/A 转换电流输出 2 端。IOUT2＋IOUT1＝常数。一般在单极性输出时，IOUT2 接地。

• VCC：工作电源。

• DGND：数字地。

• AGND：模拟信号地。

当 ILE＝1、$\overline{CS}$＝0、$\overline{WR1}$＝0 时，第一级 8 位输入寄存器被选中，待转换的数字信号被锁存到第一级 8 位输入寄存器中。

当 $\overline{XFER}$＝0、$\overline{WR2}$＝0 时，第一级 8 位输入寄存器中待转换数字进入第二级 8 位 DAC 寄存器中。

D/A 转换芯片的输入是数字量，输出是模拟量，模拟信号很容易受到电源和数字信号等的干扰而引起波动。为提高输出的稳定性和减小误差，模拟信号部分必须采用高精度基准电压 VREF 和独立的地线，一般把数字地和模拟地分开。模拟地是模拟信号及基准电源的参考地，其余信号的参考地（包括工作电源地、数据、地址、控制等数字逻辑地）都是数字地。

3. DAC0832 输出方式

（1）单缓冲方式。若应用系统中只有一路 D/A 转换或虽然是多路转换，但并不要求同步输出，则采用单缓冲方式。单缓冲方式是 DAC0832 片内的两级数据寄存器中有一个处于直通方式，另一个受 AT89S51 控制的锁存方式。

（2）双缓冲方式。多路 D/A 转换后的模拟量要求同步输出时，必须采用双缓冲同步方式。双缓冲方式是指 DAC0832 片内的两级数据寄存器都处于锁存方式。DAC0832 采用双缓冲方式时，数字量的输入锁存和 D/A 转换输出是分两步完成的，即 CPU 的数据总线分时地向各路 D/A 转换器输入要转换的数字量并锁存在各自的输入寄存器中，然后 CPU 对所有的 D/A 转换器发出控制信号，使各个 D/A 转换器中的数据同时打入 DAC 寄存器，实现同步转换输出。

4. DAC 0832 输出电压与输入数字量的关系

DAC 0832 输出电压 Vo 与输入数字量 B 的关系为

$$Vo = -B\frac{VREF}{256}$$

由上式可见，输出模拟电压 Vo 与输入数字量 B 以及基准电压 VREF 成正比，且 B 为 0 时，Vo 也为 0，B 为 255 时，Vo 为最大的绝对值输出，且不会大于 VREF。

8.3.3　DAC0832 应用举例

AT89S51 单片机控制 DAC0832 可实现数字调压，单片机只要送给 DAC0832 不同的数字量，即可实现不同的模拟电压输出。DAC0832 的典型应用是制作波形发生器。单片机控制 DAC0832 产生各种波形，实质就是单片机把波形的采样点数据送至 DAC0832，经 D/A 转换后输出模拟信号。改变送出的函数波形采样点后的延时时间，就可改变函数波形的频率。下面以三角波为例介绍单片机控制 DAC0832 产生波形。

【例 8 - 5】　单片机控制 DAC0832 产生三角波。

　　三角波产生原理：单片机把初始数字量 0 送 DAC0832 后，不断增 1，增至 0xff 后，再把送给 DAC0832 的数字量不断减 1，减至 0 后，再重复上述过程。图 8-12 所示为控制 DAC0832 产生三角波。

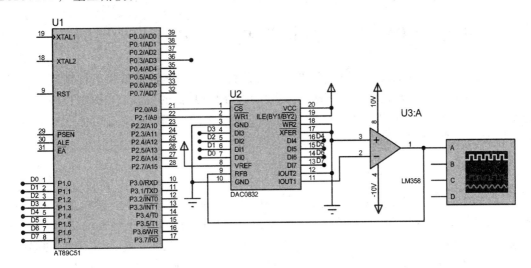

图 8-12　控制 DAC0832 产生三角波

　参考程序如下：

```
#include<reg51.h>
sbit cs=P2^0;
sbit wr=P2^1;
void main()              // 主函数
{
    cs=0;
    wr=0;
    while(1)
    {
      P1=0x00;
      do
      {
        P1=P1+1;
      }while(P1<0xff);
      P1=0xff;
      do
      {
        P1=P1-1;
      }while(P1>0x00);
      P1=0x00;
    }
}
```

　　本案例在仿真运行时，可看到弹出的虚拟示波器，从虚拟示波器屏幕上可观察到三角波形输出。

如果在仿真时关闭该虚拟示波器后要启用虚拟示波器观察波形，可点击鼠标右键，在出现的菜单中点击"oscilloscope"，仿真界面又会出现在虚拟示波器屏幕中。

8.4 AT89S51 单片机扩展串行 DAC TLC5615

目前数/模转换器从接口上可分为两大类：并行接口数/模转换器和串行接口数/模转换器。并行接口数/模转换器的引脚多，体积大，占用单片机的口线多；而串行接口数/模转换器的体积小，占用单片机的口线少。为减小线路板的面积，减少占用单片机的口线，人们越来越多地采用串行数/模转换器。

8.4.1 串行 DAC TLC5615 简介

TLC5615 是美国 TI 公司的串行接口 DAC 产品，是具有 3 线串行接口的数/模转换器。其输出为电压输出型，最大输出电压是基准电压值的两倍。带上电复位功能，即上电时把 DAC 寄存器复位至全零。单片机只需用 3 根串行总线就可完成 10 位数据的串行输入，易于和工业标准的微处理器或单片机接口，非常适于电池供电的测试仪表、移动电话，也适用于数字失调与增益调整以及工业控制等场合。

1. TLC5615 的引脚排列及功能

TLC5615 的引脚见图 8-13。

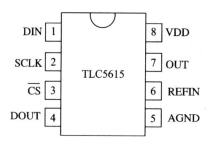

图 8-13 TLC5615 的引脚

8 只引脚的功能如下：
- DIN：串行数据输入端；
- SCLK：串行时钟输入端；
- $\overline{CS}$：片选端，低电平有效；
- DOUT：用于级联时的串行数据输出端；
- AGND：模拟地；
- REFIN：基准电压输入端，2 V～（VDD-2）；
- OUT：DAC 模拟电压输出端；
- VDD：正电源端，4.5～5.5 V，通常取 5 V。

2. TLC5615 的组成和内部功能

TLC5615 的内部功能框图见图 8-14。

TCL5615 主要由以下几部分组成：

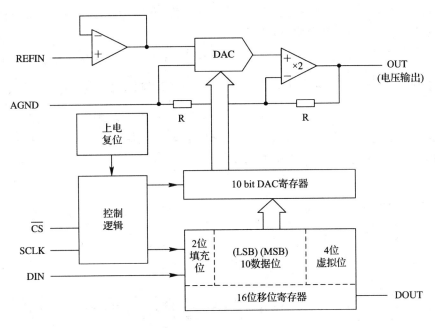

图 8 - 14　TLC5615 的内部功能框图

· 10 位 DAC 寄存器,主要完成 D/A 转换;

· 一个 16 位移位寄存器,接收串行移入的二进制数,且有一个级联的数据输出端 DOUT ;

· 并行输入/输出的 10 bit DAC 寄存器,为 10 位 DAC 电路提供待转换的二进制数据;

· 电压跟随器,为参考电压端 REFIN 提供高输入阻抗,大约为 10 MΩ;

· ×2 电路,提供最大值为 REFIN 的 2 倍的输出;

· 上电复位电路和控制逻辑电路。

3. TLC5615 的输入/输出关系

TLC5615 输出电压 Vo 与输入数字量 B 关系为

$$Vo = \frac{VREF}{1024} \times B$$

由上式见,输出模拟电压 Vo 与输入数字量 B 以及基准电压 VREF 成正比,B 为 0 时,Vo 也为 0,B 为 1023 时,Vo 为最大值输出,且不会大于 2VREF。

4. TLC5615 的两种工作方式

(1) 12 位数据序列。从图 8 - 14 可看出,16 位移位寄存器分为高 4 位虚拟位、低 2 位填充位以及 10 位有效数据位。在 TLC5615 工作时,只需要向 16 位移位寄存器先后输入 10 位有效位和低 2 位任意填充位。串行传送的方向是先送出高位 MSB,后送出低位 LSB。

(2) 级联方式,即 16 位数列,可将本片的 DOUT 接到下一片的 DIN,需向 16 位移位寄存器先后输入高 4 位虚拟位、10 位有效位和低 2 位填充位。由于增加了高 4 位虚拟位,所以需要 16 个时钟脉冲。

当 TLC5615 的片选端 $\overline{\text{CS}}$ 为低时,串行输入数据才能被移入 16 位移位寄存器。当 $\overline{\text{CS}}$ 为低时,在每一个 SCLK 时钟的上升沿将 DIN 的一位数据移入 16 位移位寄存器。注意,二进制最高有效位被最先移入。接着，$\overline{CS}$的上升沿将 16 位移位寄存器的 10 位有效数据锁存于 10 位 DAC 寄存器，供 DAC 电路进行转换。

当片选端$\overline{CS}$为高时，串行输入数据不能被移入 16 位移位寄存器。

8.4.2 案例：单片机与串行 DAC TLC5615 的接口设计

【例 8 - 6】 单片机控制串行 DAC TLC5615 进行 D/A 转换，原理电路及仿真见图 8 - 15。调节可变电位计 RV1 的值，使 TLC5615 的输出电压可在 0～5 V 内调节，从虚拟直流电压表可观察到 DAC 转换输出的电压值。

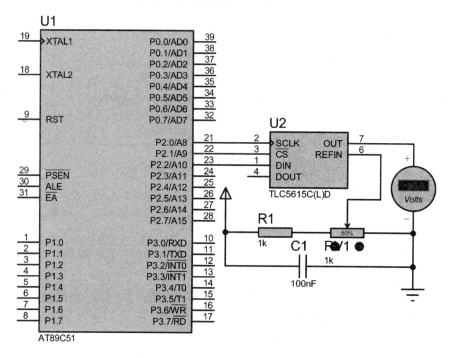

图 8 - 15　单片机与 DAC TLC5615 的接口电路

参考程序如下：

```c
#include<reg51.h>
#define uchar unsigned char
#define uint unsigned int
sbit   SCL=P2^0;
sbit   CS=P2^1;
sbit   DIN=P2^2;
uchar bdata dat_h;
uchar bdata dat_l;
sbit h_7 = dat_h^7;
sbit l_7 = dat_l^7;
void delayms(uint j)
{
    uchar i=250;
```

```
        for(;j>0;j——)
        {
                while(——i);
                i=249;
                while(——i);
                i=250;
        }
}
void Write_12Bits(void)                    //一次向 TLC5615 中写入 12 bit 数据函数
{
        uchar i;
        SCL=0;                             //置零 SCL，为写 bit 作准备
        CS=0;                              //片选端 ＝0
        for(i=0;i<2;i++)                   //循环 2 次，发送高两位；
        {
            if(h_7==1)                     //高位先发
            {
                DIN = 1;                   //将数据送出
            }
            else
            {
                DIN= 0;
            }
            SCL = 1;                       //提升时钟，写操作在时钟上升沿触发
            SCL = 0;                       //结束该位传送，为下次写作准备
        dat_h <<= 1;
        }
        for(i=0;i<8;i++)                   //循环 8 次，发送低 8 位
        {
            if(l_7==1)
            {
                DIN =1;                    //将数据送出
            }
            else
            {
                DIN=0;
            }
            SCL = 1;                       //提升时钟，写操作在时钟上升沿触发
            SCL = 0;                       //结束该位传送，为下次写作准备
            dat_l <<= 1;
        }
        for(i=0;i<2;i++)                   //循环 2 次，发送两个填充位
        {
```

```
        DIN= 0；
        SCL = 1；
        SCL = 0；
    }
    CS = 1；
    SCL = 0；
}
void TLC5615_Start(uint dat_in)          //启动 D/A 转换函数
{
    dat_in ％= 1024；
    dat_h＝dat_in/256；
    dat_l＝dat_in％256；
    dat_h ＜＜= 6；
    Write_12Bits()；
}
void main( )                             //主函数
{
    while(1)
    {
        TLC5615_Start(0xffff)；
        delayms(1)；
    }
}
```

习　题

1. 判断 A/D 转换是否结束，一般可采用几种方式？每种方式有何特点？

2. 使用 ADC0809 进行转换的主要步骤有哪些？

3. 试说明 TLC2543 的特点和与 AT89S51 单片机的接口方式？

4. DAC0832 与 AT89S51 单片机连接时有哪些控制信号？其作用是什么？

5. 使用 DAC0832 时，单缓冲方式如何工作？双缓冲方式如何工作？

6. TLC5615 输出电压与基准电压的关系如何？

7. 使用 DAC0832，试编程产生以下波形：

（1）周期为 25 ms 的锯齿波；

（2）周期为 50 ms 的三角波；

（3）周期为 50 ms 的矩形波。

第 9 章

AT89S51 单片机的串行口

在很多场合中，要求单片机不仅能独立完成单片机的控制任务，还要能与其他数据控制设计进行数据交换。AT89S51 集成了一个全双工通用异步收发（UART）串行口，它既可以作为 UART（通用异步接收和发送器）使用，也可以作为扩展同步移位寄存器使用。应用串行接口可以实现单片机之间点对点的通信和单片机与 PC 的双机或多机通信。

9.1 串行通信基础知识

9.1.1 数据通信

单片机与外界的信息交换称为通信。基本的通信方式有并行通信和串行通信两种。

1. 并行通信

并行通信是指数据的各位同时发送或同时接收，8 位数据并行传输，至少需要 8 条数据线和 1 条公共线，有时还需要状态、应答等控制线，长距离传送时，价格较贵且不方便，其优点是传输速度快。并行通信示意图如图 9-1 所示。

2. 串行通信

串行通信是指数据的各位依次逐位发送或接收。串行通信只需要一到两条数据线，长距离传输时比较经济，但由于每次只能传输一位，因此传送速度较慢，随着通信信号频率的提高，传送速度较慢的矛盾已逐渐缓解。串行通信示意图如图 9-2 所示。

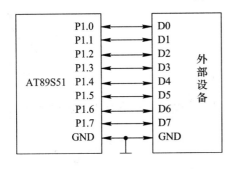

图 9-1　并行通信示意图

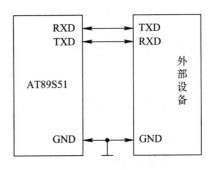

图 9-2　串行通信示意图

9.1.2 异步通信和同步通信

串行通信有两种基本通信方式：异步通信和同步通信。

1. 异步通信

异步通信中，传送的数据可以是一个字符代码或一个字节数据，数据以帧的形式一帧一帧传送。一帧数据由四个部分组成：起始位、数据位、奇偶校验位和停止位。异步通信起始位用"0"表示数据传送的开始，然后从数据低位到高位逐位传送数据，接下来是奇偶校验位，最后为停止位，用"1"表示一帧数据的结束，如图9-3所示。

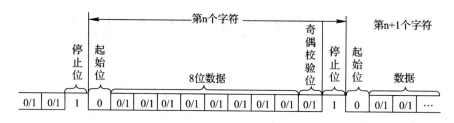

图9-3 异步通信的一帧数据格式

2. 同步通信

在同步通信中，每一数据块发送开始时，先发送一个或两个同步字符，使发送与接收取得同步，然后再顺序发送数据。数据块的各个字符间取消起始位和停止位，所以通信速度得以提高。同步通信时，如果发送的数据块之间有时间间隔，则发送同步字符，如图9-4所示。

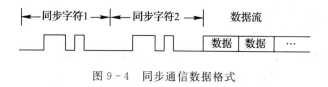

图9-4 同步通信数据格式

9.1.3 波特率

波特率是异步通信中对数据传送速率的定义，其意义是每秒钟传送多少位二进制数，单位为比特每秒(b/s)。

假如数据传送的速率为每秒120个字符，每个字符由1个起始位、8个数据位和1个停止位组成，则其传送波特率为

$$10 \times 120 = 1200 \text{ b/s}$$

每一位的传送时间即为波特率的倒数：

$$T_d = \frac{1}{1200} = 0.833 \text{ ms}$$

异步通信的传送速率一般在50～19 200 b/s之间，常用于单片机双机和多机之间的通信等。

9.1.4 通信方向

通信方向即信息的传送方向。串行通信的通信方向有三种：单工、半双工和全双工。

如果用一对传输线只允许单方向传送数据,这种传送方式称为单工传送方式。如果用一对传输线允许向两个方向中的任一方向传送数据,但两个方向上的数据不能同时进行,这种传送方式称为半双工传送方式。如果用两对传输线连接在发送器和接收器上,每对传输线只负担一个方向的数据传送,发送和接收能同时进行,这种传送方式称为全双工传送方式。全双工传送方式要求两端的通信设备都具有完整、独立的发送和接收能力。

9.1.5　串行通信接口种类

为提高串行通信的可靠性,增大串行通信距离和提高传输速率,在实际设计中都采用标准串行接口,如 RS - 232C、RS - 422A、RS - 485 等。

1. RS - 232C 双机通信接口

RS - 232C 通信接口又称 RS - 232C 总线标准,如双机通信距离在 1.5～15 m 时,可用 RS - 232C 标准接口实现点对点的双机通信,接口电路见图 9 - 5。

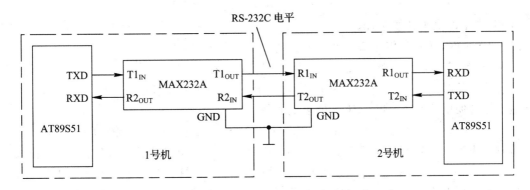

图 9 - 5　RS - 232C 双机通信接口电路

图 9 - 5 中的芯片 MAX232A 是美国 MAXIM 公司生产的 RS - 232C 全双工发送器/接收器电路芯片,用来实现 RS - 232C 与 TTL/CMOS 电平的转换。

RS - 232C 虽应用广泛,但推出较早,有明显的缺点:传输速率低,通信距离短,接口处信号易产生串扰等。在 RS - 232C 之后,国际上又推出了 RS - 422A 标准。

2. RS - 422A 双机通信接口

RS - 422A 将逻辑电平变换成电位差,完成发送端的信息传递;通过传输线接收器,把电位差变换成逻辑电平,完成接收端的信息接收。RS - 422A 比 RS - 232C 传输距离长、速度快,传输速率最大可达 10 Mb/s,在此速率下,电缆的允许长度为 12 m,如果采用低速率传输,最大距离可达 1200 m。

RS - 422A 和 TTL 进行电平转换最常用的芯片是传输线驱动器 SN75174 和传输线接收器 SN75175,这两种芯片的设计都符合 EIA 标准 RS - 422A,均采用＋5 V 电源供电。

为增加通信距离,可在通信线路上采用光电隔离。利用 RS - 422A 标准进行双机通信的接口电路见图 9 - 6。

图 9 - 6 中,每通道接收端都接有 3 个电阻 R1、R2 和 R3,其中 R1 为传输线的匹配电阻,取值范围在 50 Ω～1 kΩ,其他两个电阻是为了解决第 1 个数据误码而设置的匹配电阻。为起到隔离、抗干扰的作用,图 9 - 6 中必须使用两组独立的电源。

图 9 - 6 所示的 SN75174、SN75175 是 TTL 电平到 RS - 422A 电平与 RS - 422A 电平

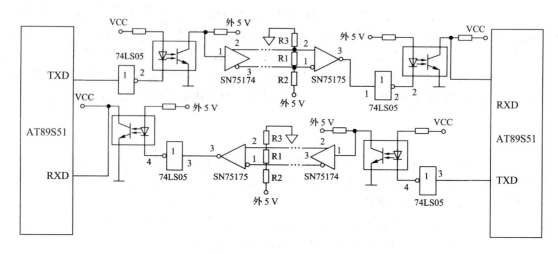

图 9 - 6   RS - 422A 双机通信接口电路

到 TTL 电平的电平转换芯片。

3. RS - 485 双机通信接口

RS - 485 是 RS - 422A 的变型，与 RS - 422A 的区别是：RS - 422A 为全双工，采用两对平衡差分信号线；而 RS - 485 为半双工，采用一对平衡差分信号线。RS - 485 与多站互连是十分方便的，容易实现 1 对 N 的多机通信。

RS - 485 标准允许最多并联 32 台驱动器和 32 台接收器，最大传输距离约 1219 m，最大传输速率为 10 Mb/s。通信线路要采用平衡双绞线。平衡双绞线长度与传输速率成反比，在 100 kb/s 速率以下，才可能使用规定的最长电缆。只有在很短距离下才能获得最大传输速率。一般 100 m 长双绞线的最大传输速率仅为 1 Mb/s。

图 9 - 7 中，RS - 485 以双向、半双工方式实现双机通信。在 AT89S51 系统发送或接收数据前，应先将 SN75176 的发送门或接收门打开。当 P1.0＝1 时，发送门打开，接收门关闭；当 P1.0＝0 时，接收门打开，发送门关闭。

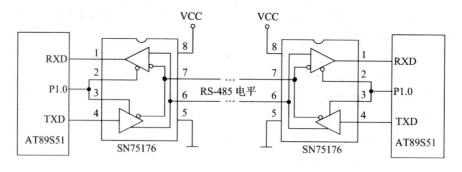

图 9 - 7   RS - 485 双机通信接口电路

9.1.6   串行通信的校验

在串行通信中，往往要考虑在通信过程中对数据差错进行校验，因为差错校验是保证准确无误通信的关键。常用差错校验方法有奇偶校验、累加和校验、循环冗余码校验等。

1. 奇偶校验

在发送数据时，数据位尾随的 1 位数据为奇偶校验位(0 或 1)，当设置为奇校验时，数据中 1 的个数与校验位 1 的个数之和应为奇数；当设置为偶校验时，数据中 1 的个数与校验位 1 的个数之和应为偶数。接收时，接收方应具有与发送方一致的差错校验设置，当接收一帧字符时，对 1 的个数进行校验，若二者不一致，则说明数据传输过程中出现了差错。奇偶校验的特点是按字符校验，数据传输速度将受到影响。奇偶校验一般只用于异步串行通信中。

2. 累加和校验

累加和校验是指发送方将所发送的数据块求和，并将"校验和"附加到数据块的末尾。接收方接收数据也是先对数据块求和，将所得结果与发送方的"校验和"进行比较，相符则无差错，否则即出现了差错。"校验和"的加运算可用逻辑加，也可用算术加。累加和校验的缺点是无法校验出字节位序(或 1、0 位序不同)的错误。

3. 循环冗余码校验

循环冗余码校验的基本原理是将一个数据块看成一个位数很长的二进制数，然后用一个特定的数去除它，将余数作为校验码附在数据块后一起发送。接收端收到该数据块和校验码后，进行同样的运算来校验传送是否出错。目前，循环冗余码校验已广泛用于数据存储和数据通信中，并在国际上形成规范，已有不少现成的循环冗余码校验软件算法。

9.2 AT89S51 串行口

AT89S51 集成了一个全双工通用异步收发(UART)串行口。

全双工是指两个单片机之间串行数据可同时双向传输。

异步通信是指收、发双方使用各自的时钟控制发送和接收，省去收、发双方的 1 条同步时钟信号线，使异步串行通信连接更简单且易于实现。

9.2.1 AT89S51 串行口的结构

AT89S51 串行口的内部结构见图 9-8。图中，有两个物理上独立的接收、发送缓冲器

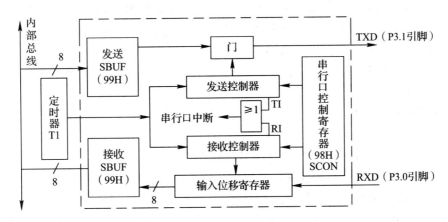

图 9-8 串行口的内部结构

SBUF(特殊功能寄存器)，可同时收发数据。发送缓冲器只写不读，接收缓冲器只读不写，两个缓冲器共用一个特殊功能寄存器字节地址(99H)。

9.2.2　与串行口有关的特殊功能寄存器

串行口控制寄存器共有 2 个：串行口控制寄存器 SCON 和电源控制寄存器 PCON。

1. 串行口控制寄存器 SCON

串行口控制寄存器 SCON 的字节地址为 98H，可位寻址，位地址为 98H～9FH，即 SCON 的所有位都可用软件来进行位操作清"0"或置"1"。SCON 的格式见图 9-9。

	D7	D6	D5	D4	D3	D2	D1	D0
SCON	SM0	SM1	SM2	REN	TB8	RB8	TI	RI
位地址	9FH	9EH	9DH	9CH	9BH	9AH	99H	98H

图 9-9　串口控制寄存器 SCON 的格式

SCON 各位的功能如下：

· SM0、SM1：用于选择串口的 4 种工作方式。

SM0、SM1 2 位编码对应 4 种工作方式，见表 9-1。

表 9-1　串口的 4 种工作方式

SM0	SM1	方　式	功　能　说　明
0	0	0	同步移位寄存方式(用于扩展 I/O 口)
0	1	1	8 位异步收发，波特率可变(由定时器控制)
1	0	2	9 位异步收发，波特率为 $f_{osc}/64$ 或 $f_{osc}/32$
1	1	3	9 位异步收发，波特率可变(由定时器控制)

· SM2：多机通信控制位。

多机通信是在方式 2 和方式 3 下进行的。当 SM2＝1 时，允许多机通信。多机通信协议规定，若接收到的第 9 位数据(RB8)为"1"，说明本帧数据为地址帧，才使 RI 置"1"，产生中断请求，并将收到的前 8 位数据送入 SBUF；若收到的第 9 位数据(RB8)为"0"，则本帧为数据帧，将收到的前 8 位数据丢弃。

当 SM2＝0 时，不论第 9 位数据是"1"还是"0"，都将接收的前 8 位数据送入 SBUF 中，并使 RI 置"1"，产生中断请求。

在方式 1 时，如果 SM2＝1，则只有收到有效的停止位才会激活 RI。

在方式 0 时，SM2 必须为 0。

· REN：允许串行接收位，由软件置"1"或清"0"。

REN＝1，允许串行口接收数据。

REN＝0，禁止串行口接收数据。

在串行通信接收控制过程中，如果满足 RI＝0 和 REN＝1 的条件，就允许接收，一帧数据就装载入接收 SBUF 中。

• TB8：发送的第 9 位数据。

在方式 2 和方式 3 时，TB8 是要发送的第 9 位数据，其值由软件置"1"或清"0"。

在双机串行通信时，TB8 一般作为奇偶校验位使用，也可在多机串行通信中表示主机发送的是地址帧还是数据帧，TB8＝1 说明该帧数据为地址字节，TB8＝0 说明该帧数据为数据字节。在方式 0 或方式 1 中，该位未用。

• RB8：接收的第 9 位数据。

在方式 2 和方式 3 时，RB8 存放接收到的第 9 位数据。在方式 1 时，如果 SM2＝0，则 RB8 是接收到的停止位。在方式 0 时，该位未用。

• TI：发送中断标志位。

在方式 0 时，若串行发送的第 8 位数据结束，则 TI 由硬件置"1"；在其他工作方式下，若串行口发送停止位的开始，则置 TI 为"1"，TI 位状态可供软件查询，也可申请中断。CPU 响应中断后，在中断服务程序向 SBUF 写入要发送的下一帧数据。TI 必须由软件清"0"。

• RI：接收中断标志位。

串口在方式 0 下，接收完第 8 位数据时，RI 由硬件置"1"；在其他工作方式下，串行口接收到停止位时，该位置"1"。RI＝1，表示一帧数据接收完毕，并申请中断，要求 CPU 从接收 SBUF 取走数据。该位状态也可供软件查询。RI 必须由软件清"0"。

2. 电源控制寄存器 PCON

电源控制寄存器 PCON 中仅最高位 SMOD 与串行口有关，字节地址为 87H，不能位寻址。PCON 的格式见图 9-10。

	D7	D6	D5	D4	D3	D2	D1	D0
PCON	SMOD	—	—	—	GF1	GF0	PD	IDL

图 9-10   PCON 的格式

SMOD 位为波特率倍增位。当串行口工作于方式 1、方式 2 和方式 3 时，波特率和 2^{SMOD} 成正比，即当 SMOD＝1 时，串行口波特率加倍。

9.2.3   串行口工作方式

AT89S51 串行口有 4 种工作方式，通过 SCON 中的 SM1、SM0 位定义，编码见表 9-1。

1. 方式 0

方式 0 为同步移位寄存器输入/输出方式。该方式并不用于两个 AT89S51 单片机间的异步串行通信，而用于外接移位寄存器，用来扩展并行 I/O 口。

方式 0 以 8 位数据为 1 帧，没有起始位和停止位，先发送或接收最低位。波特率是固定的，为 $f_{osc}/12$。方式 0 的帧格式见图 9-11。

...	D0	D1	D2	D3	D4	D5	D6	D7	...

图 9-11   方式 0 的帧格式

1）方式 0 发送

当单片机执行将数据写入发送缓冲器 SBUF 指令时，产生一个正脉冲，串口把 8 位数据以 $f_{osc}/12$ 的固定波特率从 RXD 引脚串行输出，先低位，TXD 引脚输出同步移位脉冲，当 8 位数据发送完时，中断标志位 TI 置"1"。再次发送数据之前，必须由软件将 TI 清零。方式 0 的发送时序见图 9－12。

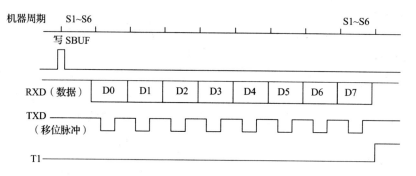

图 9－12　方式 0 的发送时序

2）方式 0 接收

当允许接收位 REN＝1 和 RI＝0 时，允许接收。此时，RXD 为数据输入端，TXD 为同步信号输出端。接收器以 $f_{osc}/12$ 的固定波特率采样 RXD 引脚的数据信息，当接收器接收完 8 位数据时，中断标志 RI 置"1"，表示一帧接收完毕，可进行下一帧接收。方式 0 的接收时序见图 9－13。

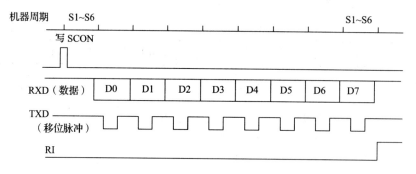

图 9－13　方式 0 的接收时序

2. 方式 1

方式 1 为双机串行通信方式，如图 9－14 所示。

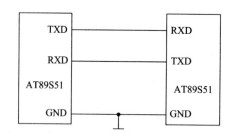

图 9－14　方式 1 双机串行通信的连接电路

当 SM0SM1＝01 时，串行口工作于方式 1。方式 1 为波特率可变的 8 位异步通信方式，TXD 引脚和 RXD 引脚分别用于发送和接收数据。

方式 1 收发一帧数据为 10 位，即 1 个起始位(0)、8 个数据位、1 个停止位(1)，先发送或接收最低位。方式 1 的帧格式见图 9－15。

图 9－15　方式 1 的帧格式

方式 1 为波特率可变的 8 位异步通信接口。波特率由下式确定：

$$方式 1 波特率 = \frac{2^{\text{SMOD}}}{32} \times 定时器 1 的溢出率$$

式中，SMOD 为 PCON 寄存器最高位的值(0 或 1)。

1) 方式 1 发送

当 CPU 执行写数据到发送缓冲器 SBUF 的命令后，就启动发送。发送开始时，内部逻辑将起始位向 TXD 引脚(P3.1)输出，此后每经 1 个 TX 时钟周期，便产生 1 个移位脉冲，并由 TXD 引脚输出 1 个数据位。8 位全发送完后，中断标志位 TI 置"1"。方式 1 的发送时序如图 9－16 所示。

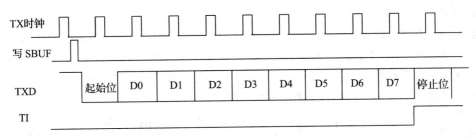

图 9－16　方式 1 的发送时序

2) 方式 1 接收

当 REN＝1 时允许接收，接收器开始检测 RXD 引脚的信号，采样频率为波特率的 16 倍。当检测到 RXD 引脚上有从 1 到 0 的跳变时，开始接收。先接收起始位，然后接收一帧的其余信息。方式 1 的接收时序如图 9－17 所示。

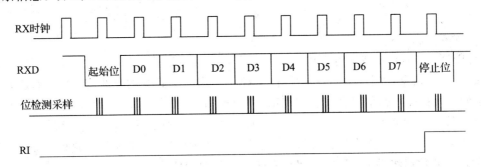

图 9－17　方式 1 的接收时序

为了保证接收数据的正确无误，对每一位接收的数据 3 次连续采样(第 7、8、9 个脉冲时采样），取其中两次相同的值作为测量值。此检测方法是在每位数据的中间位置采样，这样即使接收端波特率有些差别，也不致出现错码或漏码。

若采用方式 1 接收，则必须同时满足以下两个条件：一是 RI＝0，即没有中断请求或上一帧数据接收完成时发出的中断请求信号已被响应，SBUF 中存放的上一帧数据已被取走；二是 SM2＝0 或收到的停止位为 1，则接收数据有效。将 8 位数据装入 SBUF，停止位送 RB8，且中断标志 RI 置"1"。若不同时满足这两个条件，则收到的数据不能装入 SBUF，这意味着该帧数据将丢失。

3. 方式 2 和方式 3

当 SCON 寄存器 SM0SM1＝10 时，串行口工作于方式 2；当 SM0SM1＝11 时，串行口工作于方式 3。这两种方式都是 9 位异步通信方式，适用于多机通信，它们的区别仅在于波特率不同。在方式 2 或方式 3 下，数据由 TXD 发送，由 RXD 接收。每帧数据均为 11 位，即 1 位起始位、8 位数据位（先低位）、1 位可编程的数据位及 1 位停止位。方式 2、方式 3 的帧格式见图 9-18。

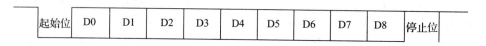

图 9-18　方式 2、方式 3 的帧格式

1）方式 2 或方式 3 发送

发送前，先由通信协议通过软件设置 TB8（如奇偶校验位或多机通信的地址/数据的标志位），然后将要发送的数据写入 SBUF，即可启动发送过程。串行口能自动把 TB8 取出，并装入到第 9 位数据位的位置，再逐一发送出去。发送完毕，使 TI 置"1"。

方式 2 或方式 3 的发送时序如图 9-19 所示。

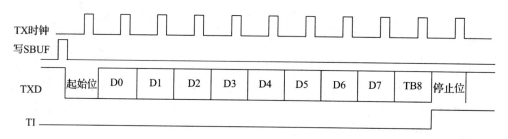

图 9-19　方式 2 或方式 3 的发送时序

2）方式 2 或方式 3 接收

当 REN＝1 时，允许串行口以方式 2 或方式 3 接收数据。接收时，数据由 RXD 端输入，接收 11 位信息。当位检测逻辑采样到 RXD 引脚从 1 到 0 的负跳变，并判断起始位有效后，便开始接收一帧信息。在接收完第 9 位数据后，需满足以下两个条件才将接收到的数据送入接收缓冲器 SBUF——RI＝0 和接收到的第 9 位数据为 1，则接收数据有效，8 位数据装入 SBUF，第 9 位数据装入 RB8，并由硬件将 RI 置位。若不满足这两个条件，则接收到的这一帧数据将丢失，接收器将重新开始检测起始位。

串行口方式 2 或方式 3 的接收时序如图 9-20 所示。

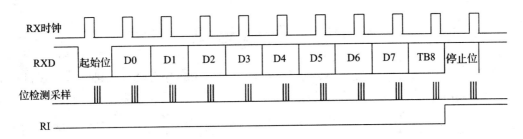

图 9 - 20   方式 2 或方式 3 的接收时序

4. 串行口的波特率

在串行通信中，收发双方对传送的数据速率（即波特率）要有一定的约定。AT89S51 单片机的串行口通过编程可以有四种工作方式，其中方式 0 和方式 2 的波特率是固定的；方式 1 和方式 3 的波特率是可变的，由定时器 T1 的溢出率（T1 每秒溢出的次数）来确定。

1）方式 0 和方式 2

在方式 0 中，波特率为时钟频率的 1/12，即 $f_{osc}/12$，固定不变。若 $f_{osc}=12\,MHz$，则波特率为 $f_{osc}/12$，即 1 Mb/s。

在方式 2 中，波特率取决于 PCON 中的 SMOD 值，即当 SMOD=0 时，波特率为 $f_{osc}/64$，当 SMOD=1 时，波特率为 $f_{osc}/32$，波特率 $=\dfrac{2^{SMOD}}{64}\times f_{osc}$。

2）方式 1 和方式 3

在方式 1 和方式 3 下，波特率由定时器 T1 的溢出率和 SMOD 共同决定，即

$$波特率 = \frac{2^{SMOD}}{32} \times 定器 T1 的溢出率$$

其中，T1 的溢出率取决于 T1 的计数速率和 T1 的预置值，其计算式为

$$定时器 T1 的溢出率 = \frac{计数速率}{256-X} = \frac{f_{osc}/12}{256-X}$$

于是，可以得出 T1 方式 2 的初值 X：

$$X = 256 - \frac{f_{osc} \times (SMOD+1)}{384 \times 波特率}$$

在实际使用时，常根据已知波特率和时钟频率 f_{osc} 来计算 T1 的初值 X。为避免繁杂的初值计算，常用波特率和初值 X 间关系可列成表 9 - 2 的形式，以供查用。

表 9 - 2   常用波特率与其他参数选取关系

波特率/(kb/s)	f_{osc}/MHz	SMOD	定时器 T1		
			C/$\overline{T}$	方式	初值
62.5	12	1	0	2	FFH
19.2	11.0592	1	0	2	FDH
9.6	11.0592	0	0	2	FDH
4.8	11.0592	0	0	2	FAH
2.4	11.0592	0	0	2	F4H
1.2	11.0592	0	0	2	E8H

9.3 多 机 通 信

双机通信时，两台单片机是平等的，而在多机通信中，有主机和从机之分。多机通信是指一台主机和多台从机之间的通信。

多机通信时，主机发送的信息可传送到各个从机，而从机发送的信息只能被主机接收，其中的主要问题是如何辨识地址和如何维持主机与指定从机之间的通信。

在串行方式 2 或方式 3 条件下，可实现一台主机和多台从机之间的通信，其连接电路如图 9 - 21 所示。

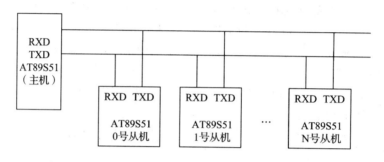

图 9 - 21 多机通信连接电路

1. 多机通信原理

多机通信时，主机向从机发送的信息分为地址帧和数据帧两类，以第 9 位可编程 TB8 作为区分标志，TB8＝0 表示数据，TB8＝1 表示地址。多机通信充分利用了 AT89S51 串行控制寄存器 SCON 中多机通信控制位 SM2 的特性。当 SM2＝1 时，CPU 接收的前 8 位数据是否送入 SBUF 取决于接收的第 9 位 RB8：RB8＝1，将接收到的前 8 位数据送入 SBUF，并置位 RI 产生中断请求；RB8＝0，将接收到的前 8 位数据丢弃。也就是说，当从机 SM2＝1 时，从机只能接收主机发送的地址帧(RB8＝1)，对数据帧(RB8＝0)不予理睬。当从机 SM2＝0 时，可以接收主机发送的所有信息。通信开始时，主机首先发送地址帧。由于各从机 SM2＝1 和 RB8＝1，所以各从机均分别发出串行接收中断请求，通过串行中断服务程序来判断主机发送的地址与本从机地址是否相符。若相符，则把自身的 SM2 清 0，以准备接收其后传送来的数据帧。其余从机由于地址不符，仍然保持 SM2＝1 状态，因而不能接收主机传送来的数据帧。这就是多机通信中主从机一对一的通信情况。通信只能在主从机之间进行，若需要进行两个从机之间的通信，要通过主机来作中介才能实现。

2. 多机通信过程

（1）各从机在初始化时设置 SM2＝1，使从机只处于多机通信且接收地址帧(RB8＝1)的状态。

（2）主机发送地址帧(TB8＝1)，指出接收从机的地址。

（3）各从机接收到主机发送的地址帧后，与自身地址比较，相同则置 SM2＝0，相异则保持 SM2＝1 不变。

（4）主机发送数据帧(TB8＝0)，由于指定的从机已使 SM2＝0，因此能接收主机发送的数据帧，而其他从机仍然置 SM2＝1，对主机发送的数据帧不予理睬。

（5）被寻址的从机与主机通信完毕，重置 SM2＝1，恢复初始状态。

3. 多机通信协议

多机通信是一个较为复杂的通信过程，必须有通信协议来保证多机通信的可操作性和操作秩序。这些通信协议，除设定相同的波特率及帧格式外，至少应包括从机地址、主机控制命令、从机状态字格式和数据通信格式的约定。

9.4　串行口应用设计案例

设计单片机串行通信接口时需考虑如下问题：

（1）确定串行通信双方的数传速率和通信距离。

（2）由串行通信的数传速率和通信距离确定采用的串行通信接口标准。

（3）注意串行通信的通信线选择，一般选用双绞线较好，并根据传输的距离选择纤芯的直径。如空间干扰较多，还要选择带有屏蔽层的双绞线。

9.4.1　方式 0 的应用设计

在方式 0 下，串行口为 8 位同步移位寄存器输入/输出方式，常用于扩展 I/O 口。其主要操作有两以下种。

1. 串行口扩展并行输出口（发送操作）

使用 74LS164 串行输入并行输出移位寄存器可将 AT89S51 单片机的串行口扩展为并行输出口。

74LS164 为串行输入并行输出移位寄存器，其引脚图如图 9 - 22 所示。

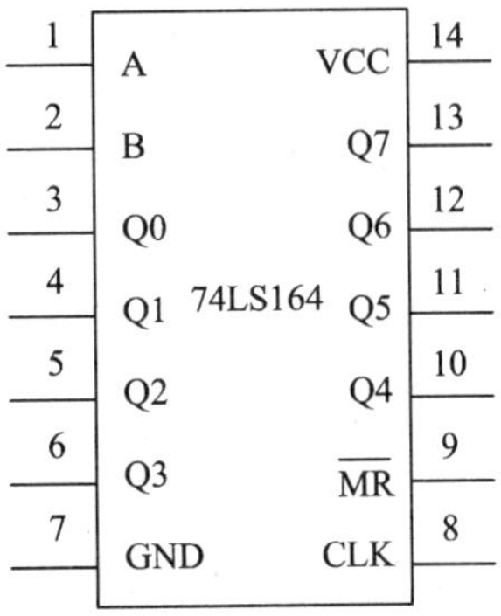

其引脚功能如下：

图 9 - 22　74LS164 引脚图

・A、B：串行数据输入端。

・Q0～Q7：并行数据输出端。

・$\overline{MR}$：复位控制端，低电平将使其他所有输入端都无效，非同步地清除寄存器，强制所有的输出为低电平。

・CLK：时钟脉冲输入端，上升沿有效。

・GND：接地端。

・VCC：电源端，接＋5 V 电源。

【例 9 - 1】　单片机串行口工作于方式 0 发送，利用 74LS164 芯片扩展串行口，实现对 8 位信号灯的流水控制。原理图见图 9 - 23。

参考程序如下：

```
#include<reg51.h>
unsigned char dat;
void delay(unsigned int i)
{
    unsigned char k;
```

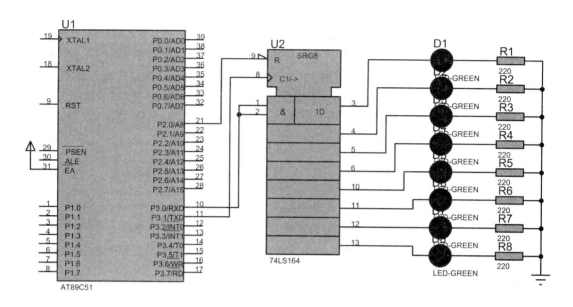

图 9-23   串行口控制 8 位信号灯的原理图

```
        unsigned int j;
        for(j=0;j<i;j++)
        for(k=0;k<255;k++);
}
main( )
{
        unsigned char i;
        P2=0xff;
        SCON=0x00;
        while(1)
        {
          dat=0x01;
          for(i=0;i<8;i++)
          {
            SBUF=dat;
            while(TI==0);
            TI=0;
            dat<<=1;
            delay(10000);
          }
        }
}
```

2. 串行口扩展并行输入口(接收操作)

使用 74LS165 并行输入串行输出移位寄存器可将 AT89S51 单片机的串行口扩展为并行输入口。

74LS165 为并行输入串行输出移位寄存器，其引脚
图如图 9-24 所示。

其引脚功能如下：

· SH/$\overline{\text{LD}}$：移位/置数端，低电平有效。

· D0～D7：并行数据输入端。

· QH、$\overline{\text{QH}}$：串行数据输出端。

· CP、$\overline{\text{CE}}$：时钟脉冲输入端。

· GND：接地端。

· VCC：电源端，接+5 V 电源。

单片机串行口与 74LS165 的连接电路如图 9-25
所示。

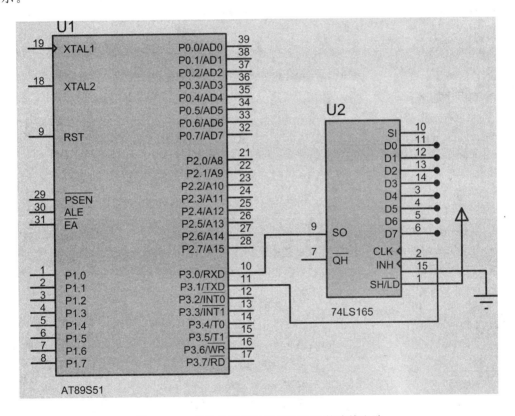

图 9-24　74LS165 引脚图

图 9-25　单片机串行口与 74LS165 的连接电路

9.4.2　方式 1 的应用设计

【例 9-2】　图 9-26 为单片机甲、乙双机串行通信，双机 RXD 和 TXD 相互交叉相
连，甲机 P1 口接 8 个开关，乙机 P1 口接 8 个发光二极管。要求甲机读入 P1 口的 8 个开
关的状态后，通过串行口发送到乙机，乙机将接收到的甲机的 8 个开关的状态数据送入 P1
口，由 P1 口的 8 个发光二极管来显示 8 个开关的状态。双方晶振均采用 11.0592 MHz，传
输波特率为 4800 b/s。

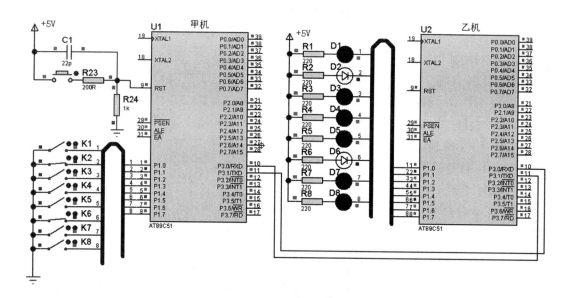

图 9 - 26   单片机方式 1 双机通信的连接

参考程序如下：

//甲机串行发送

```c
# include <reg51.h>
# define uchar unsigned char
# define uint unsigned int
void main()
{
    uchar temp=0;
    TMOD=0x20;              //设置定时器 T1 为方式 2
    TH1=0xfa;              //波特率为 4800 b/s
    TL1=0xfa;
    SCON=0x40;             //串口初始化方式 1 发送，不接收
    PCON=0x00;             // SMOD=0
    TR1=1;                 //启动 T1
    P1=0xff;               //设置 P1 口为输入
    while(1)
    { temp=P1;             //读入 P1 口开关的状态数据
      SBUF=temp;
      while(TI==0);        //如果 TI=0，表示未发送完，会循环等待
      TI=0;                //已发送完，把 TI 清 0
    }
}                          //数据送串行口发送
```

//乙机串行接收

```c
# include <reg51.h>
# define uchar unsigned char
# define uint unsigned int
```

```
void main( )
{   uchar temp=0;
    TMOD=0x20;          //设置定时器 T1 为方式 2
    TH1=0xfa;           //波特率为 4800 b/s
    TL1=0xfa;
    SCON=0x50;          //设置串口为方式 1 接收，REN=1
    PCON=0x00;          //SMOD=0
    TR1=1;              //启动 T1
    while(1)
    { while(RI==0);     //若 RI 为 0，表示未接收到数据
      RI=0;             //接收到数据，则把 RI 清 0
      temp=SBUF;        //读取数据存入 temp 中
      P1=temp;          //接收的数据送 P1 口控制 8 个 LED 的亮与灭
    }
}
```

【例 9-3】 如图 9-27 所示，甲、乙两机以方式 1 进行串行通信，双方的晶振频率均为 11.0592 MHz，波特率为 2400 b/s。当串行通信开始时，甲机首先发送数据 AAH，乙机收到后应答 BBH，表示同意接收。甲机收到 BBH 后，即可发送数据。如果乙机发现数据出错，就向甲机发送 FFH，甲机收到 FFH 后，重新发送数据给乙机。

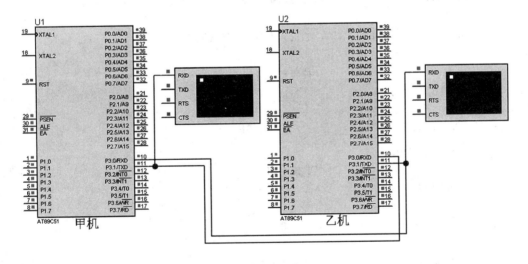

图 9-27 方式 1 双机通信的连接

设发送字节块长度为 10 字节，数据缓冲区为 buf，数据发送完毕要立即发送校验和，进行数据发送准确性验证。乙机接收到的数据存储到数据缓冲区 buf，收到一个数据块后，再接收甲机发来的校验和，并将其与乙机求得的校验和比较(若相等，说明接收正确，乙机回答 00H；若不等，说明接收不正确，乙机回答 FFH)，请求甲机重新发送。

选择定时器 T1 为方式 2 定时，波特率不倍增，即 SMOD=0。查表 9-2，可得写入 T1 的初值应为 F4H。

参考程序如下：

//甲机串口通信程序

```
#include <reg51.h>
#define uchar unsigned char
uchar buf[10]={0x01，0x02，0x03，0x04，0x05，0x06，0x07，0x08，0x09，0x0a};
uchar sum;
void delay(unsigned int i);
void main(void)
{
        TMOD=0x20;                    //设置 T1 工作于方式 2，定时模式
        TH1=0xf4;                     //波特率为 2400 b/s
        TL1=0xf4;
        PCON=0x00;                    //SMOD=0
        SCON=0x50;                    //串行口方式 1，REN=1 允许接收
        TR1=1;                        //启动 T1
        uchar i
        do
        {  delay(1000);
           SBUF=0xaa;                 //发送联络信号
           while(TI==0);              //等待数据发送完毕
           TI=0;
           while(RI==0);              //等待乙机应答
           RI=0;
        }while(SBUF! =0xbb);          //乙机未准备好，继续联络
        do
        { sum=0;                      //校验和变量清 0
          for(i=0；i<10；i++)
          {
              delay(1000);
              SBUF = buf[i];
              sum+= buf[i];           //求校验和
              while(TI==0);
              TI=0;
          }
          delay(1000);
          SBUF=sum;                   //发送校验和
          while(TI==0);
          TI=0;
          while(RI==0);
          RI=0;
        }while(SBUF! =0x00);          //出错，重新发送
        while(1);
}
void delay(unsigned int i)           //延时程序
{
```

```
        unsigned char j;
        for(;i>0;i——)
        for(j=0;j<125;j++);
}
//乙机串行通信程序
#include <reg51.h>
#define uchar unsigned char
uchar idata buf[10];
uchar sum;                          // 校验和
void delay(unsigned int i)
{
        unsigned char j;
        for(;i>0;i——)
        for(j=0;j<125;j++);
}
void main(void)
{
        TMOD=0x20;              //设置 T1 工作于方式 2，定时模式
        TH1=0xf4;              //波特率为 2400 b/s
        TL1=0xf4;
        PCON=0x00;             //SMOD=0
        SCON=0x50;            //串行口方式 1，REN=1 允许接收
        TR1=1;               //启动 T1
        uchar i;
        RI=0;
        while(RI==0);
        RI=0;
        while(SBUF!=0xaa)
        {
          SBUF=0xff;
          while(TI==0);
          TI=0;
          delay(1000);
        }                        //判断甲机是否发出请求
        SBUF=0xBB;               //发送应答信号 0xBB
        while (TI==0);          //等待发送结束
        TI=0;
        sum=0;
        for(i=0; i<10; i++)
        {
          while(RI==0);
          RI=0;                  //接收校验和
          buf[i]= SBUF;          //接收一个数据
```

```
        sum+=buf[i];                //求校验和
    }
    while(RI==0);
    RI=0;                           //接收甲机的校验和
    if(SBUF==sum)                   //比较校验和
    SBUF=0x00;                      //校验和相等，则发00H
    else
    SBUF=0xFF;                      //出错发FFH，重新接收
    while(TI==0);
    TI=0;
}
```

9.4.3 方式 2 和方式 3 的应用设计

方式 2 和方式 3 相比，除了波特率的差别外，其他都相同，所以下面介绍的方式 3 的应用编程也适用于方式 2。

【例 9-4】 如图 9-28 所示，甲、乙单片机进行方式 3(或方式 2)串行通信。甲机把控制 8 个流水灯点亮的数据发送给乙机并点亮其 P1 口的 8 个 LED。方式 3 比方式 1 多了 1 个可编程位 TB8，该位一般作奇偶校验位。乙机接收到的 8 位二进制数据有可能出错，需进行奇偶校验，其方法是将乙机的 RB8 和 PSW 的奇偶校验位 P 进行比较，如果相同，接收数据，否则拒绝接收。

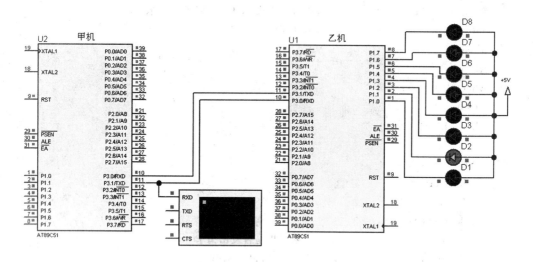

图 9-28 甲、乙两个单片机进行方式 3(或方式 2)串行通信

本例使用了一个虚拟终端来观察甲机串口发出的数据。

参考程序如下：

```
//甲机发送程序
#include <reg51.h>
void delay(void);
sbit p=PSW^0;               //p位定义为 PSW 寄存器的第 0 位，即奇偶校验位
unsigned char Tab[8]= {0xfe, 0xfd, 0xfb, 0xf7, 0xef, 0xdf, 0xbf, 0x7f};
```

```
void main(void)              //主函数
{
    unsigned char i;
    TMOD=0x20;               //设置定时器 T1 为方式 2
    SCON=0xc0;               //设置串口为方式 3
    PCON=0x00;               //SMOD=0
    TH1=0xfd;                //给定时器 T1 赋初值，波特率设置为 9600 b/s
    TL1=0xfd;
    TR1=1;                   //启动定时器 T1
    while(1)
    {
        for(i=0;i<8;i++)
        {
            TB8=P;           //将奇偶校验位作为第 9 位数据发送，采用偶校验
            SBUF=dat;
            while(TI==0);    //检测发送标志位 TI，TI=0，表示未发送完
            TI=0;            // 1 字节发送完，TI 清 0
            Send(Tab[i]);
            delay( );        //大约 200 ms 发送一次数据
        }
    }
}
void delay (void)           // 延时约 200 ms 的函数
{
    unsigned char m，n;
    for(m=0;m<250;m++)
    for(n=0;n<250;n++);
}
//乙机接收程序
#include <reg51.h>
sbit p= PSW^0;              // p 位为 PSW 寄存器的第 0 位，即奇偶校验位
void main(void)             //主函数
{
    TMOD=0x20;              //设置定时器 T1 为方式 2
    SCON=0xd0;              //设置串口为方式 3，允许接收 REN=1
    PCON=0x00;              // SMOD=0
    TH1=0xfd;               //给定时器 T1 赋初值，波特率为 9600 b/s
    TL1=0xfd;
    TR1=1;                  //接通定时器 T1
    REN=1;                  //允许接收
    while(1)
    {
        while(RI==0);       //检测接收中断标志 RI，RI=0，则循环等待
```

```
        RI＝0；              //已接收一帧数据，将 RI 清 0
        ACC＝SBUF；          //将接收缓冲器的数据存于 ACC
        if(RB8＝＝P)         //只有奇偶校验成功才能往下执行，接收数据
        P1＝ ACC；           //将接收到的数据送 P1 口显示
    }
}
```

9.4.4 单片机与 PC 串行通信的设计

工业现场测控系统中，常用单片机进行监测点的数据采集，然后单片机通过串口与 PC 通信，把采集的数据串行传送到 PC 上，再在 PC 上进行数据处理。利用 PC 配置的异步通信适配器可以很方便地完成 PC 与单片机的数据通信。由于单片机输入、输出电平为 TTL 电平，而 PC 配置的是 RS-232C 标准串行接口，二者的电气规范不一致，因此要完成 PC 与单片机的数据通信，必须进行电平转换。目前常采用 MAX232 芯片实现 AT89S51 单片机与 PC 的 RS-232C 标准接口通信电路。

1. MAX232 芯片简介

MAX232 芯片是 MAXIM 公司生产的具有两路接收器和驱动器的 IC 芯片，其内部有一个电源电压变换器，可以将输入＋5 V 的电压变换成 RS-232C 输出所需要的±12 V 电压。所以采用这种芯片实现接口电路特别方便，只需单一的＋5 V 电源即可。

MAX232 芯片的引脚结构如图 9-29 所示。其中引脚 1～6(C1＋、VDD、C1－、C2＋、C2－、VEE)用于电源电压转换，只要在外部接入相应的电解电容即可；引脚 7～10 和引脚 11～14 可直接与单片机串行口的 TTL 电平引脚和计算机的 RS-232C 电平引脚相连，分别构成 TTL 信号电平转换电路和 RS-232C 信号电平转换电路。

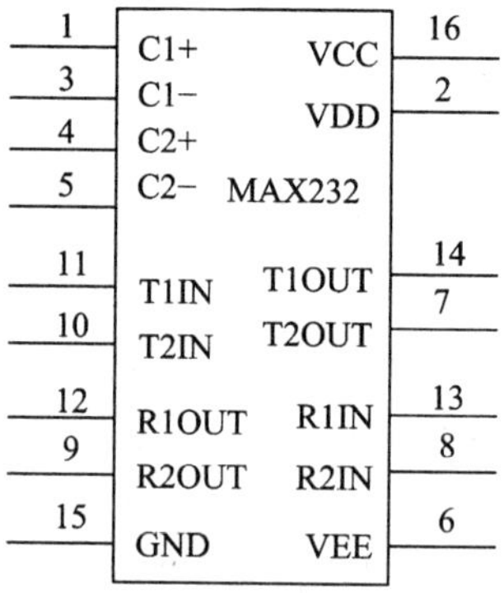

图 9-29 MAX232 芯片的引脚结构

2. 利用 MAX232 实现计算机与 AT89S51 单片机的串行通信电路

PC 配置的都是 RS-232C 标准串口，为"D"型 9 针插座，输入/输出为 RS-232C 电平。"D"型 9 针插头引脚见图 9-30。

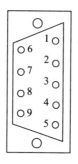

图 9-30 "D"型 9 针插头引脚

表 9-3 为 RS-232C "D"型 9 针插头引脚的定义。

表 9-3　RS-232C"D"型 9 针插头引脚的定义

引脚号	功能	符号	方向
1	数据载体检测	DCD	输入
2	接收数据	TXD	输出
3	发送数据	RXD	输入
4	数据终端就绪	DTR	输出
5	信号地	GND	
6	数据通信设备准备好	DSR	输入
7	请求发送	RTS	输出
8	清除发送	CTS	输入
9	振铃指示	RI	输入

　　单片机与 PC 接口方案如图 9-31 所示。图中，外接电解电容 C1、C2、C3 和 C4 用于电源电压变换，可提高抗干扰能力，它们可取相同容量的电容，一般取 1.0 μF/16 V；电容 C5 的作用是对 +5 V 电源的噪声干扰进行滤波，一般取 0.1 μF。选用两组中的任意一组电平转换电路实现串行通信，如图 9-31 中选 T1IN、R1OUT 分别与单片机的 TXD、RXD 相连，T1OUT、R1IN 分别与计算机中 RS-232C 接口的 RXD、TXD 相连。这种发送与接收的对应关系不能接错，否则将不能正常工作。

　　实际应用中，单片机向计算机和单片机向单片机发送数据的方法是完全一样的。

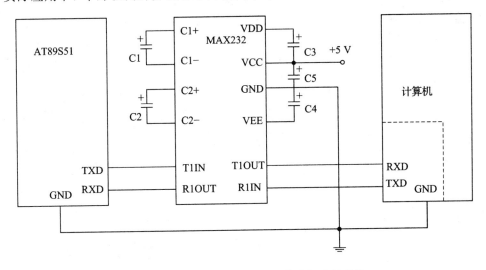

图 9-31　计算机与 AT89S51 单片机串行通信

习　题

1. 在异步串行通信中，接收方是如何知道发送方开始发送数据的？

2. AT89S51 单片机串行口由哪些功能部件组成？各有什么作用？

3. 比较 RS-232C、RS-422A 和 RS-485 标准串行接口各自的优缺点。

4. AT89S51 单片机 SCON 中的 SM2、TB8、RB8 有何作用？

5. 简述串行口工作在方式 0、方式 1、方式 2 和方式 3 的数据传输格式和各自的通信波特率。

6. 若晶体振荡器频率为 11.0592 MHz，串行口工作于方式 1，波特率为 9600 b/s，写出用 T1 作为波特率发生器的方式控制字和计数初值。

7. 采用奇偶校验方式，编制串行口方式 3 的全双工通信程序，要求甲机发送 0～9 共10 个数据到乙机，乙机接收正确后放入数组 buf[ ]中。

第 10 章

AT89S51 单片机系统的串行扩展

　　单片机的系统扩展中，除并行扩展外，串行扩展技术也得到了广泛的应用。与并行扩展相比，串行接口器件与单片机相连需要的 I/O 口线很少（仅需 1～4 条），极大简化了器件间的连接，进而提高了可靠性；串行接口器件体积小，占用电路板的空间小，减少了电路板空间和成本。除上述优点外，还有工作电压宽、抗干扰能力强、功耗低、数据不易丢失等特点。

　　常用的串行扩展接口电路有 I^2C（Inter Interface Circuit）串行总线接口、单总线（1-Wirebus）接口以及 SPI 串行外设接口。本章介绍上述几种串行扩展接口总线的工作原理和特点，以及串行扩展的典型设计案例。

10.1　单总线串行扩展

　　单总线（也称 1-Wire bus）是由美国 DALLAS 公司推出的外围串行扩展总线。它只有一条数据输入/输出线 DQ，总线上的所有器件都挂在 DQ 上，电源也通过这条信号线供给，这种只使用一条线的串行扩展技术称为单总线技术。

　　单总线系统中配置的各种器件由 DALLAS 公司提供的专用芯片实现。每个芯片都有 64 位 ROM，厂家对每一芯片都用激光烧写编码，其中存有 16 位十进制编码序列号，它是器件的地址编号，确保它挂在总线上后可以唯一被确定。除了器件的地址编码外，芯片内还包含收发控制和电源存储电路，如图 10-1 所示。这些芯片的耗电量都很小（空闲时几微瓦，工作时几毫瓦），工作时从总线上馈送电能到大电容中就可以工作，故一般不需另加电源。

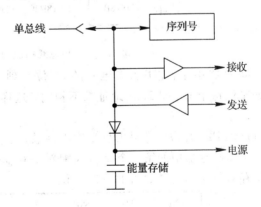

图 10-1　单总线芯片的内部结构示意图

10.1.1　单总线器件温度传感器 DS18B20 简介

单总线应用典型案例是采用单总线温度传感器 DS18B20 的温度测量系统。

DS18B20 是美国 DALLAS 公司生产的数字温度传感器，具有体积小、功耗低、抗干扰能力强等优点。DS18B20 可直接将温度转化成数字信号传送给单片机处理，因而可省去传统的信号放大、A/D 转换等外围电路。

1. DS18B20 的特性

DS18B20 测量温度范围为 $-55\,℃\sim+128\,℃$，在 $-10\,℃\sim+85\,℃$ 范围内，测量精度可达 $\pm0.5\,℃$，非常适合于恶劣环境的现场温度测量，也可用于各种狭小空间内设备的测温，如环境控制、过程监测、测温类消费电子产品以及多点温度测控系统。

图 10-2 所示为单片机与多个带有单总线接口的数字温度传感器 DS18B20 芯片构成的分布式温度监测系统。图 10-2 中，多个 DS18B20 都挂在单片机的 1 根 I/O 口线（即 DQ 线）上。单片机对每个 DS18B20 通过总线 DQ 寻址。DQ 为漏极开路，必须加上拉电阻。DS18B20 的一种封装形式如图 10-2 所示。除 DS18B20 外，在该数字温度传感器系列中还有 DS1820、DS18S20、DS1822 等其他型号，其工作原理和特性与 DS18B20 基本相同。

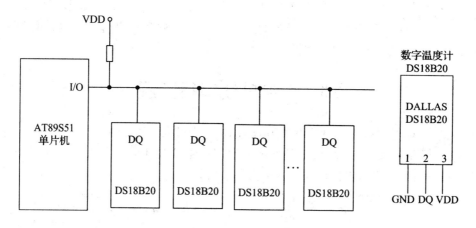

图 10-2　单总线构成的分布式温度监测系统

DS18B20 每个芯片都有唯一的 64 位光刻 ROM 编码，它是 DS18B20 的地址序列码，目的是使每个 DS18B20 的地址都不相同，这样就可实现在一根总线上挂接多个 DS18B20 的目的。

DS18B20 片内的非易失性温度报警触发器 TH 和 TL 可由软件写入用户报警的上下限值。高速暂存器中的第 5 个字节为配置寄存器，可对其更改 DS18B20 的测温分辨率。配置寄存器各位的定义如图 10-3 所示。

TM	R1	R0	1	1	1	1	1

图 10-3　配置寄存器各位的定义

图 10-3 中，TM 位出厂时已被写入 0，用户不能改变；低 5 位都为 1；R1 和 R0 用来设置分辨率。表 10-1 列出了 R1、R0 与分辨率和转换时间的关系。用户可通过修改 R1、R0 位的编码，获得合适的分辨率。

表 10-1　R1、R0 与分辨率和转换时间的关系

R1	R0	分辨率/位	最大转换时间/ms
0	0	9	93.75
0	1	10	187.5
1	0	11	375
1	1	12	750

由表 10-1 可看出，DS18B20 的转换时间与分辨率有关。当设定为 9 位时，转换时间为 93.75 ms；当设定为 10 位时，转换时间为 187.5 ms；当设定为 11 位时，转换时间为 375 ms；当设定为 12 位时，转换时间为 750 ms。

非易失性温度报警触发器 TH、TL 以及配置寄存器由 9 字节的 E^2PROM 高速暂存器组成。高速暂存器各字节分配如图 10-4 所示。

温度低位	温度高位	TH	TL	配置	—	—	—	8 位 CRC

第 1 字节　　第 2 字节　　　　　　　　　　　　　　　　　　第 9 字节

图 10-4　高速暂存器各字节分配

当单片机发给 DS18B20 温度转换命令后，经转换所得的温度值以两字节补码形式存放在高速暂存器的第 1 字节和第 2 字节。单片机通过单总线接口读得该数据，读取时低位在前，高位在后，第 3、4、5 字节分别是 TH、TL 以及配置寄存器的临时副本，每一次上电复位时被刷新。第 6、7、8 字节未用，为全 1。读出的第 9 字节是前面所有 8 个字节的 CRC 码，用来保证正确通信。一般情况下，用户只使用第 1 字节和第 2 字节。

表 10-2 列出了 DS18B20 温度转换后所得到的 16 位转换结果的典型值，存储在 DS18B20 的两个 8 位 RAM 单元中。下面介绍温度转换的计算方法。

表 10-2　DS18B20 温度数据

温度/℃	16 位二进制温度值																十六进制温度值
	符号位(5 位)					数据位(11)位											
+125	0	0	0	0	0	1	1	1	1	1	0	1	0	0	0	0	0x07d0
+25.0625	0	0	0	0	0	0	0	1	1	0	0	1	0	0	0	1	0x0191
−25.0625	1	1	1	1	1	1	1	0	0	1	1	0	1	1	1	1	0xfe6f
−55	1	1	1	1	1	1	1	0	0	1	1	0	0	1	0	0	0xfc90

当 DS18B20 采集的温度为 +125℃时，输出为 0x07d0，则

$$实际温度 = \frac{(0x07d0)℃}{16} = \frac{0 \times 16^3 + 7 \times 16^2 + 13 \times 16^1 + 0 \times 16^0}{16} = 125℃$$

当 DS18B20 采集的温度为 −55℃时，输出为 0xfc90，由于是补码，因此先将 11 位数据取反加 1 得 0x0370，注意符号位不变，也不参加运算，则

$$实际温度 = \frac{(0x0370)℃}{6} = \frac{0 \times 16^3 + 3 \times 16^2 + 7 \times 16^1 + 0 \times 16^0}{16} = 55℃$$

注意：对采集的温度的结果进行判断后，负号才予以显示。

2. DS18B20 的工作时序

DS18B20 对工作时序要求严格，延时时间需准确，否则容易出错。DS18B20 的工作时序包括初始化时序、写时序和读时序。

（1）初始化时序。单片机将数据线电平拉低 480～960 μs 后释放，等待 15～60 μs，单总线器件可输出一持续 60～240 μs 的低电平，单片机收到此应答后即可进行操作。

（2）写时序。当单片机将数据线电平从高拉到低时，产生写时序，有写"0"和写"1"两种时序。写时序开始后，DS18B20 在 15～60 μs 期间从数据线上采样。如果采样到低电平，则向 DS18B20 写的是"0"；如果采样到高电平，则向 DS18B20 写的是"1"。这两个独立的时序间至少需要拉高总线电平 1 μs 的时间。

（3）读时序。当单片机从 DS18B20 读取数据时，产生读时序。此时单片机将数据线的电平从高拉到低使读时序被初始化。如果在此后的 15 μs 内，单片机在数据线上采样到低电平，则从 DS18B20 读的是"0"；如果在此后的 15 μs 内，单片机在数据线上采样到高电平，则从 DS18B20 读的是"1"。

3. DS18B20 的命令

DS18B20 的所有命令均为 8 位长，常用的命令代码见表 10-3。

表 10-3　DS18B20 的命令

命令的功能	命令代码
启动温度转换	0x44
读取暂存器内容	0xbe
读 DS18B20 的序列号（总线上仅有 1 个 DS18B20 时使用）	0x33
跳过读序列号的操作（总线上仅有 1 个 DS18B20 时使用）	0xcc
将数据写入暂存器的第 2、3 字节中	0x4e
匹配 ROM（总线上有多个 DS18B20 时使用）	0x55
搜索 ROM（单片机识别所有 DS18B20 的 64 位编码）	0xf0
报警搜索（仅在温度测量报警时使用）	0xec
读电源供给方式，0 为寄生电源，1 为外部电源	0xb4

10.1.2　案例：单总线 DS18B20 温度测量系统

【例 10-1】　利用 DS18B20 和 LED 数码管实现单总线温度测量系统，原理电路及仿真如图 10-5 所示。DS18B20 的测量范围是 -55℃～128℃。本例只显示 00～99。通过本例读者应掌握 DS18B20 的特性以及单片机 I/O 实现单总线协议的方法。

在 Proteus 平台进行仿真时，手动调整 DS18B20 的温度值，即用鼠标单击 DS18B20 图标上的"↑"或"↓"来改变温度。注意：手动调节温度的同时 LED 数码管上会显示出与 DS18B20 窗口相同的 2 位温度数值。

电路中 74LS47 是 BCD 7 段译码器/驱动器，用于将单片机 P0 口输出欲显示的 BCD 码转化成相应的数字显示的段码，并直接驱动 LED 数码管显示。

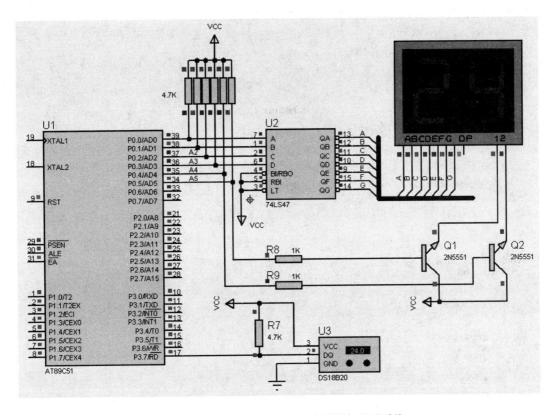

图 10 - 5　单总线 DS18B20 温度测量与显示系统

参考程序如下：

```
#include "reg51.h"
#include "intrins.h"
#define uchar unsigned char
#define uint unsigned int
#define out P0
sbit smg1＝out^4;
sbit smg2＝out^5;
sbit DQ＝P3^7;
void delay5(uchar);
void init_ds18b20(void);
uchar readbyte(void);
void writebyte(uchar);
uchar retemp(void);
void main(void)              //主函数
{   uchar i,temp;
    delay5(1000);
    while(1)
    {
        temp＝retemp();
```

```
        for(i=0;i<10;i++)              //连续扫描数码管10次
        {
          out=(temp/10)&0x0f;
          smg1=0;
          smg2=1;
          delay5(1000);                //延时5ms
          out=(temp%10)&0x0f;
          smg1=1;
          smg2=0;
          delay5(1000);                //延时5ms
        }
    }
}
void delay5(uchar n)                   //函数功能：延时5μs
{
    do
    {
      _nop_();
      _nop_();
      _nop_();
      n--;
    }
    while(n);
}


void init_ds18b20(void)                //函数功能：18B20初始化
{
    uchar x=0;
    DQ =0;
    delay5(120);
    DQ =1;
    delay5(16);
    delay5(80);
}
uchar readbyte(void)                   //函数功能：读取1字节数据
{
    uchar i=0;
    uchar date=0;
    for (i=8;i>0;i--)
    {
      DQ =0;
      delay5(1);
      DQ =1;                           //15 μs内释放总线
```

```
            date>>=1;
            if(DQ)
            date|=0x80;
            delay5(11);
        }
        return(date);
}
void writebyte(uchar dat)              //函数功能：写 1 字节
{
    uchar i=0;
    for(i=8;i>0;i--)
    {
        DQ=0;
        DQ=dat&0x01;                   //写"1"在 15 μs 内拉低
        delay5(12);                    //写"0"拉低 60 μs
        DQ=1;
        dat>>=1;
        delay5(5);
    }
}
uchar retemp(void)                     //函数功能：读取温度
{
    uchar a,b,tt;
    uint t;
    init_ds18b20();
    writebyte(0xCC);
    writebyte(0x44);
    init_ds18b20();
    writebyte(0xCC);
    writebyte(0xBE);
    a=readbyte();
    b=readbyte();
    t=b;
    t<<=8;
    t=t|a;
    tt=t*0.0625;
    return(tt);
}
```

　　DS18B20 体积小，适用电压范围宽，是世界上第一片支持"单总线"接口的温度传感器。现场温度的测量直接以"单总线"的数字方式传输，大大提高了系统的抗干扰性。所以单总线系统特别适用于测控点多、分布面广、环境恶劣以及狭小空间内设备的测温以及现场温度测量，如环境控制、设备或过程控制、测温类消费电子产品等。

10.2 SPI 总线串行扩展

串行外设接口(Serial Peripheral Interface，SPI)是 Motorola 公司推出的一种同步串行外设接口，允许单片机与多个厂家生产的带有标准 SPI 接口的外围设备直接连接，以串行方式交换信息。

10.2.1 SPI 总线的扩展结构

SPI 外围串行扩展结构如图 10-6 所示。SPI 使用 4 条线：串行时钟 SCK，主器件输入/从器件输出数据线 MISO，主器件输出/从器件输入数据线 MOSI 和从器件选择线$\overline{\text{CS}}$。

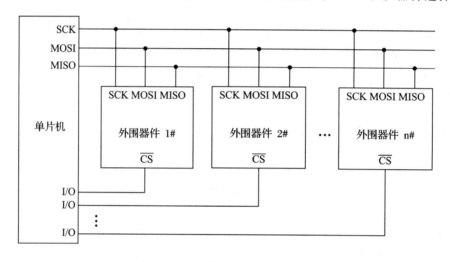

图 10-6 SPI 外围串行扩展结构图

典型的 SPI 系统是单主器件系统，从器件通常是外围接口器件，如存储器、I/O 接口、ADC、DAC、键盘、日历/时钟和显示驱动等。单片机扩展多个外围器件时，SPI 无法通过数据线译码选择，故外围器件都有片选端$\overline{\text{CS}}$。在扩展单个 SPI 器件时，外围器件的片选端$\overline{\text{CS}}$可以接地或通过 I/O 口控制；在扩展多个 SPI 器件时，单片机应分别通过 I/O 口线来分时选通外围器件。在 SPI 串行扩展系统中，如果某一从器件只作输入(如键盘)或只作输出(如显示器)，则可省去一条数据输出(MISO)线或一条数据输入(MOSI)线，从而构成双线系统($\overline{\text{CS}}$接地)。

SPI 系统中单片机对从器件的选通需控制其$\overline{\text{CS}}$端，由于省去了传输时的地址字节，因此数据传送软件十分简单。但在扩展器件较多时，需要控制较多的从器件$\overline{\text{CS}}$端，连线较多。

在 SPI 串行扩展系统中，作为主器件的单片机在启动一次传送时，便产生 8 个时钟，传送给接口芯片作为同步时钟，控制数据的输入和输出。数据的传送格式是高位(MSB)在前，低位(LSB)在后，如图 10-7 所示。数据线上输出数据的变化以及输入数据时的采样都取决于 SCK。但对于不同的外围芯片，有的可能是 SCK 的上升沿起作用，有的可能是 SCK 的下降沿起作用。SPI 有较高的数据传输速度，最高可达 1.05 Mb/s。

目前世界上各芯片公司为广大用户提供了一系列具有 SPI 接口的单片机和外围接口芯

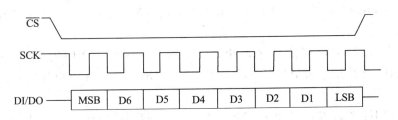

图 10 - 7　SPI 数据传送格式

片，如 Motorola 公司的存储器 MC2814、显示驱动器 MC14499 和 MC14489 等，美国 TI 公司的 8 位串行 A/D 转换器 TLC549、12 位串行 A/D 转换器 TLC2543 等。

　　SPI 外围串行扩展系统的从器件要有 SPI 接口，主器件是单片机。目前已有许多机型的单片机都带有 SPI 接口。AT89S51 单片机不带有 SPI 接口，可采用软件与 I/O 口结合来模拟 SPI 的接口时序。

10.2.2　扩展带有 SPI 接口的 8 位串行 A/D 转换器 TLC549

　　下面介绍 SPI 接口串行扩展的应用案例，AT89S51 利用 A/D 转换器 TLC549 实现数据采集。TLC549 带有 SPI 接口且具有价位低、转换速度快等优点。

　　TLC549 是美国 TI 公司推出的一种低价位、高性能的 8 位 A/D 转换器，它以 8 位开关电容逐次逼近的方法实现 A/D 转换，其转换速度小于 17 μs，最大转换速率为 40 kHz，内部系统时钟的典型值为 4 MHz，电源为 3～6 V。它能方便地采用 SPI 串行接口方式与各种单片机连接，构成廉价的测控应用系统。

1. TLC549 的引脚及功能

　　TLC549 的引脚如图 10 - 8 所示。

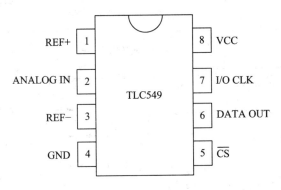

图 10 - 8　TLC549 的引脚

　　各引脚的功能如下：

　　· REF＋：正基准电压输入，2.5 V≤REF＋≤VCC＋0.1 V。

　　· REF－：负基准电压输入端，－0.1 V≤REF－≤2.5 V，且（REF＋）－（REF－）≥1 V。

　　· VCC：电源，3 V≤VCC≤6 V。

　　· GND：地。

　　· $\overline{\text{CS}}$：片选端。

·DATA OUT：转换结果数据串行输出端，与 TTL 电平兼容，输出时高位在前，低位在后。

·ANALOG IN：模拟信号输入端，0≤ANALOG IN≤VCC，当 ANALOG IN≥ REF＋电压时，转换结果为全"1"(0xff)，当 ANALOGIN≤REF－电压时，转换结果为全"0"(0x00)。

·I/O CLK：外接输入/输出时钟输入端，同于同步芯片的输入、输出操作，无需与芯片内部系统时钟同步。

2. TLC549 的工作时序

TLC549 的工作时序如图 10-9 所示。由图 10-9 可知：

(1) 串行数据中高位 A7 先输出，最后输出低位 A0。

(2) 在每一次 I/O CLK 的高电平期间 DATA OUT 线上的数据产生有效输出，每出现一次 I/O CLK，DATA OUT 线就输出 1 位数据。一个周期出现 8 次 I/O CLK 信号并对应 8 位数据输出。

(3) 在 $\overline{CS}$ 变为低电平后，最高有效位(A7)自动置于 DATA OUT 总线。其余 7 位 (A6～A0)在前 7 个 I/O CLK 下降沿由时钟同步输出。B7～B0 以同样方式跟在其后。

(4) t_{su} 是在片选信号 $\overline{CS}$ 变低后，I/O CLK 开始正跳变的最小时间间隔(1.4 μs)。

(5) t_{en} 是从 $\overline{CS}$ 变低到 DATA OUT 线上输出数据的最小时间(1.2 μs)。

(6) 只要 I/O CLK 变高就可以读取 DATA OUT 线上的数据。

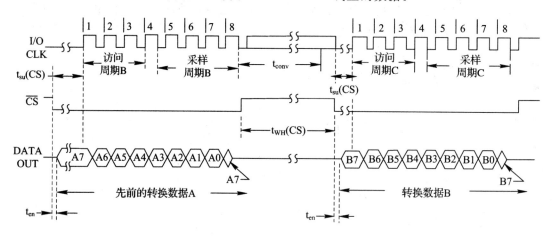

图 10-9 TLC549 工作时序

(7) 只有在 $\overline{CS}$ 端为低电平时 TLC549 才工作。

(8) TLC549 的 A/D 转换电路没有启动控制端，只要读取前一次数据后马上就可以开始新的 A/D 转换。转换完成后就进入保持状态。TLC549 每次转换所需时间是 17 μs，它开始于 $\overline{CS}$ 变为低电平后 I/O CLK 的第 8 个下降沿，没有转换完成标志信号。当 $\overline{CS}$ 变为低电平后，TLC549 芯片被选中，同时前次转换结果的最高有效位 MSB(A7)自 DATA OUT 端输出，接着要求从 I/O CLK 端输入 8 个外部时钟信号。前 7 个 I/O CLK 信号的作用是配合 TLC549 输出前次转换结果的 A6～A0 位，并为本次转换做准备：在第 4 个 I/O CLK 信号由高至低的跳变之后，片内采样/保持电路对输入模拟量采样开始，第 8 个 I/O CLK 信号的下降沿使片内采样/保持电路进入保持状态并启动 A/D 开始转换。转换时间为 36 个系统时钟周期，最大为 17μs。直到 A/D 转换完成前的这段时间内，TLC549 的控制逻辑要求：或者 $\overline{\text{CS}}$ 保持高电平，或者 I/O CLK 时钟端保持 36 个系统时钟周期的低电平。由此可见，在 TLC549 的 I/O CLK 端输入 8 个外部时钟信号期间需要完成以下工作：读入前次 A/D 转换结果；对本次转换的输入模拟信号采样并保持；启动本次 A/D 转换开始。

3. 单片机与 TLC549 的接口电路

【例 10-2】 单片机控制串行的 8 位 A/D 转换器 TLC549 进行 A/D 转换，其原理电路与仿真结果见图 10-10。由电位计 RV1 提供给 TLC549 模拟量输入，通过调节 RV1 上的"+"、"−"端，改变输入电压值。编写程序将模拟电压量转换成二进制数字量，本例用 P0 口输出控制的 8 个发光二极管的亮与灭显示转换结果的二进制码，也可通过 LED 数码管将转换完毕的数字量以十六进制数形式显示出来。

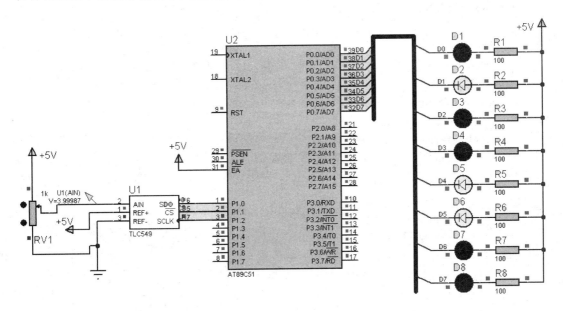

图 10-10 单片机与 TLC549 接口的原理电路

参考程序如下：

```
#include<reg51.h>
#include<intrins.h>                //包含_nop_()函数头文件
#define uchar unsigned char
#define uint unsigned int
#define   led   P0
sbit sdo=P1^0;          //定义 P1^0 与 TLC549 的 SDO 脚（即 5 脚 DATA OUT）连接
sbit cs=P1^1;           //定义 P1^1 与 TLC549 的 CS 脚连接
sbit sclk=P1^2;         //定义 P1^2 与 TLC549 的 SCLK 脚（即 7 脚 I/O CLK）连接
void delayms(uint j)    //延时函数
{
   uchar i=250;
   for(;j>0;j--)
```

```
        {
          while(――i);
          i=249;
          while(――i);
          i=250;
        }
    }
    void delay18us(void)              //延时约 18 μs 函数
    {
    _nop_();_nop_();_nop_();_nop_();_nop_();_nop_();_nop_();_nop_();_nop_();
    _nop_();_nop_();_nop_();_nop_();_nop_();_nop_();_nop_(); nop_();_nop_();
    }
    uchar convert(void)
    {
        uchar i, temp;
        cs=0;
        delay18us();
        for(i=0;i<8;i++)
        {
          if(sdo==1)temp=temp|0x01;
          if(i<7)temp=temp<<1;
          sclk=1;
          _nop_(); _nop_(); _nop_();_nop_();
          sclk=0;
          _nop_(); _nop_();
        }
        cs=1;
        return(temp);
    }
    void main()
    {
        uchar result;
        led=0;
        cs=1;
        sclk=0;
        sdo=1;
        while(1)
        {
          result=convert();
          led=result;                   //转换结果从 P0 口输出驱动 LED
          delayms(1000);
        }
    }
```

由于 TLC549 的转换时间应大于 17 μs，本例采用延时操作的方案，延时时间大约为 18 μs，每次读取转换数据的时间大于 17 μs 即可。

10.3　I²C 总线的串行扩展

I²C(Inter Interface Circuit)全称为芯片间总线，是目前使用广泛的芯片间串行扩展总线。目前世界上采用的 I²C 总线有两个规范，分别是荷兰飞利浦公司和日本索尼公司提出的，现在多采用飞利浦公司的 I²C 总线技术规范，它已成为电子行业认可的总线标准。采用 I²C 技术的单片机以及外围器件种类很多，已广泛用于各类电子产品、家用电器及通信设备中。

10.3.1　I²C 串行总线系统的基本结构

I²C 串行总线只有两条信号线：一条是数据 SDA，另一条是时钟线 SCL。SDA 和 SCL 是双向的，I²C 总线上各器件的数据线都接到 SDA 线上，各器件的时钟线均接到 SCL 线上。I²C 总线系统的基本结构如图 10-11 所示。带有 I²C 总线接口的单片机可直接与 I²C 总线接口的各种扩展器件(如存储器、I/O 芯片、ADC、DAC、键盘、显示器、日历/时钟)连接。由于 I²C 总线采用纯软件的寻址方法，无需片选线的连接，这样就大大简化了总线数量。I²C 串行总线的运行由主器件控制。主器件是指发出起始信号、发出时钟信号、传送结束时发出终止信号的器件，通常由单片机来担当。从器件可以是存储器、LED 或 LCD 驱动器、ADC 或 DAC、时钟/日历器件等，从器件必须带有 I²C 串行总线接口。

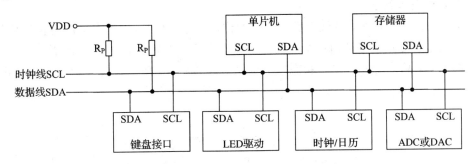

图 10-11　I²C 串行总线系统的基本结构

当 I²C 总线空闲时，SDA 和 SCL 两条线均为高电平。由于连接到总线上器件的输出级必须是漏极或集电极开路的，因此只要有一个器件任意时刻输出低电平，都将使总线上的信号变低，即各器件 SDA 及 SCL 都是"线与"关系。由于各器件输出端为漏极开路，因此必须通过上拉电阻接正电源(见图 10-11 中的两个电阻)，以保证 SDA 和 SCL 在空闲时被上拉为高电平。SCL 线上的时钟信号对 SDA 线上的各器件间的数据传输起同步控制作用。SDA 线上数据起始、终止及数据的有效性均要根据 SCL 线上的时钟信号来判断。

在标准的 I²C 普通模式下，数据的传输速度为 100kb/s，高速模式下可达 400 kb/s。总线上扩展的器件数量不是由电流负载决定的，而是由电容负载确定的。I²C 总线上的每个器件的接口都有一定的等效电容，连接的器件越多，电容值就越大，这会造成信号传输的延迟。总线上允许的器件数以器件的电容量不超过 400 pF(通过驱动扩展可达 4000 pF)

为宜,据此可计算出总线长度及连接器件的数量。每个连到 I^2C 总线上的器件都有一个唯一的地址,扩展器件时也要受器件地址数目的限制。

I^2C 总线应用系统允许多主器件,究竟由哪一个主器件来控制总线要通过总线仲裁来决定。如何进行总线仲裁,读者可查阅 I^2C 总线的仲裁协议。但是在实际应用中,经常遇到的是以单一单片机为主器件,其他外围接口器件为从器件的情况。

10.3.2 I^2C 总线的数据传输规定

1. 数据位的有效性规定

I^2C 总线在进行数据传送时,每一数据位的传送都与时钟脉冲相对应。时钟脉冲为高电平期间,数据线上的数据必须保持稳定,在 I^2C 总线上,只有在时钟线为低电平期间,数据线上的电平状态才允许变化,如图 10-12 所示。

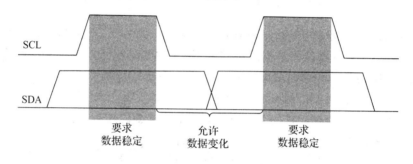

图 10-12　数据位的有效性规定

2. 起始信号和终止信号

由 I^2C 总线协议可知,总线上数据信号的传送由起始信号(S)开始,由终止信号(P)结束。起始信号和终止信号都由主机发出,在起始信号产生后,总线就处于占用状态;在终止信号产生后,总线就处于空闲状态。下面结合图 10-13 介绍有关起始信号和终止信号的规定。

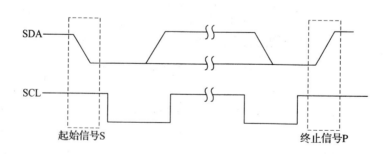

图 10-13　起始信号和终止信号

(1) 起始信号(S)。在 SCL 线为高电平期间,SDA 线由高电平向低电平的变化表示起始信号,只有在起始信号以后,其他命令才有效。

(2) 终止信号(P)。在 SCL 线为高电平期间,SDA 线由低电平向高电平的变化表示终止信号。随着终止信号的出现,所有外部操作都结束。

3. I²C 总线上数据传送的应答

I²C 总线进行数据传送时，传送的字节数没有限制，但是每字节必须为 8 位长。数据传送时，先传送最高位（MSB），每一个被传送的字节后面都必须跟随 1 位应答位（即 1 帧共有 9 位），如图 10-14 所示。I²C 总线在传送每 1 字节数据后都必须有应答信号 A，应答信号在第 9 个时钟位上出现，与应答信号对应的时钟信号由主器件产生。这时发送方必须在这一时钟位上使 SDA 线处于高电平状态，以便接收方在这一位上送出低电平的应答信号 A。

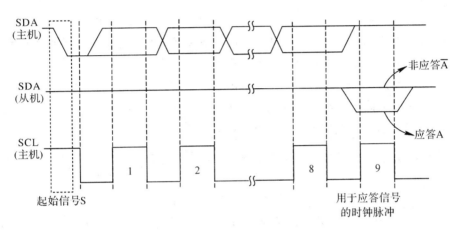

图 10-14　I²C 总线上的应答信号

由于某种原因接收方不对主器件寻址信号应答时，如接收方正在进行其他处理而无法接收总线上的数据时，必须释放总线，将数据线置为高电平，而由主器件产生一个终止信号以结束总线的数据传送。当主器件接收来自从机的数据时，接收到最后一个数据字节后，必须给从器件发送一个非应答信号（Ā），使从机释放数据总线，以便主器件发送一个终止信号，从而结束数据的传送。

4. I²C 总线上的数据帧格式

I²C 总线上传送的数据信号既包括真正的数据信号，也包括地址信号。

I²C 总线规定，在起始信号后必须传送一个从器件的地址（7 位），第 8 位是数据传送的方向位（R/W̄），用"0"表示主器件发送数据（W̄），"1"表示主器件接收数据（R）。每次数据传送总是由主器件产生的终止信号结束。但是，若主器件希望继续占用总线进行新的数据传送，则可以不产生终止信号，马上再次发出起始信号对另一从器件进行寻址。因此，在总线一次数据传送过程中，可以有以下几种组合方式：

（1）主器件向从器件发送 n 字节的数据。数据传送方向在整个传送过程中不变，数据传送的格式如图 10-15 所示。

图 10-15　主器件向从器件发送 n 字节数据的传送格式

图 10-15 中，字节 1～n 为主机写入从器件的 n 字节数据。格式中阴影部分表示主

件向从机发送数据，无阴影部分表示从器件向主器件发送，以下同。图 10-15 所示格式中的"从器件地址"为 7 位，紧接其后的"1"或"0"表示主器件的读/写方向，"1"为读，"0"为写。

（2）主器件读出来自从机的 n 字节。除第 1 个寻址字节由主机发出外，n 字节都由从器件发送，主器件接收，数据传送的格式如图 10-16 所示。

| S | 从机地址 | 1 | A | 字节1 | A | ... | 字节(n-1) | A | 字节n | A̅ | P |

图 10-16　主器件读出来自从机的 n 字节数据的传送格式

图 10-16 中，字节 1~n 为从器件被读出的 n 字节数据。主器件发送终止信号前应发送非应答信号 A̅，向从器件表明读操作要结束。

（3）主器件的读、写操作。在一次数据传送过程中，主器件先发送 1 字节数据，然后再接收 1 字节数据，此时起始信号和从器件地址都被重新产生一次，但两次读写的方向位正好相反。数据传送的格式如图 10-17 所示。

| S | 从器件地址 | 0 | A | 数据 | A/A̅ | Sr | 从器件地址r | 1 | A | 数据 | A̅ | P |

图 10-17　主器件读、写操作时的数据传送格式

图 10-17 中，Sr 表示重新产生的起始信号，从器件地址 r 表示重新产生的从器件地址。

由上可见，无论哪种方式，起始信号、终止信号和从器件地址均由主器件发送，数据字节的传送方向则由主器件发出的寻址字节中的方向位规定，每个字节的传送都必须有应答位（A 或 A̅）相随。

5. 寻址字节

在上面介绍的数据帧格式中均有 7 位从器件地址和紧跟其后的 1 位读/写方向位，即寻址字节。I^2C 总线的寻址采用软件寻址，主器件在发送完起始信号后，立即发送寻址字节来寻址被控的从器件。寻址字节格式如图 10-18 所示。

寻址字节	器 件 地 址				引 脚 地 址			方向位
	DA3	DA2	DA1	DA0	A2	A1	A0	R/W̅

图 10-18　寻址字节格式

7 位从器件地址为 DA3、DA2、DA1、DA0 和 A2、A1、A0。其中，DA3、DA2、DA1、DA0 为器件地址，即器件固有的地址编码，器件出厂时就已经给定；A2、A1、A0 为引脚地址，由器件引脚 A2、A1、A0 在电路中接高电平或接地决定。

数据方向位（R/W̅）规定了总线上的单片机（主器件）与从器件的数据传送方向。R/W̅＝1，表示主器件接收（读）；R/W̅＝0，表示主器件发送（写）。

6. 数据传送格式

I^2C 总线上每传送一位数据都与一个时钟脉冲对应，传送的每一帧数据均为一字节。

但启动 I²C 总线后传送的字节数没有限制，只要求每传送一个字节后，对方回答一个应答位。在时钟线为高电平期间，数据线的状态就是要传送的数据。数据线上数据的改变必须在时钟线为低电平期间完成。在数据传输期间，只要时钟线为高电平，数据线都必须稳定，否则数据线上的任何变化都当作起始或终止信号。

I²C 总线数据传送必须遵循规定的数据传送格式。图 10 - 19 所示为一次完整的数据传送应答时序。根据总线规范，起始信号表明一次数据传送的开始，其后为寻址字节。在寻址字节后是按规定读、写的数据字节与应答位。在数据传送完成后主器件都必须发送终止信号。在起始与终止信号之间传输的数据字节数由主器件（单片机）决定，理论上讲没有字节限制。

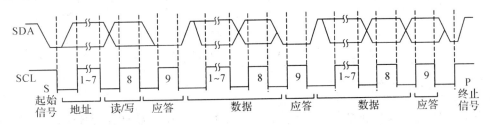

图 10 - 19 I²C 总线一次完整的数据传送应答时序

由上述数据传送格式可以看出：

（1）无论何种数据传送格式，寻址字节都由主器件发出，数据字节的传送方向则由寻址字节中的方向位来规定。

（2）寻址字节只表明了从器件的地址及数据传送方向。对于从器件内部的 n 个数据地址，由器件设计者在该器件的 I²C 总线数据操作格式中，指定第 1 个数据字节作为器件内的单元地址指针，并且设置地址自动加减功能，以减少从器件地址的寻址操作。

（3）每个字节传送都必须有应答信号（A/$\overline{\text{A}}$）相随。

（4）从器件在接收到起始信号后都必须释放数据总线，使其处于高电平，以便主器件发送从机地址。

10.3.3 AT89S51 的 I²C 总线扩展系统

目前，许多公司都推出带有 I²C 总线接口的单片机及各种外围扩展器件，常见的有 ATMEL 公司的 AT24C×× 系列存储器、PHILIPS 公司的 PCF8553（时钟/日历且带有 256×8 RAM）和 PCF8570（256×8 RAM）、MAXIM 公司的 MAX117/118（A/D 转换器）和 MAX517/518/519（D/A 转换器）等。I²C 系统中的主器件通常由带有 I²C 总线接口的单片机来担当。从器件必须带有 I²C 总线接口。AT89S51 单片机没有 I²C 接口，可利用并行 I/O 口线结合软件来模拟 I²C 总线上的时序，这样 AT89S51 就不受没有 I²C 接口的限制了。因此，在许多应用中都将 I²C 总线的模拟传送作为常规的设计方法。

图 10 - 20 所示为 AT89S51 单片机与具有 I²C 总线器件的扩展接口电路。图中，AT24C02 为 E²PROM 芯片，PCF8570 为静态 256×8 RAM，PCF8574 为 8 位 I/O 接口，SAA1064 为 4 位 LED 驱动器。虽然各种器件的原理和功能有很大的差异，但它们与 AT89S51 单片机的连接是相同的。

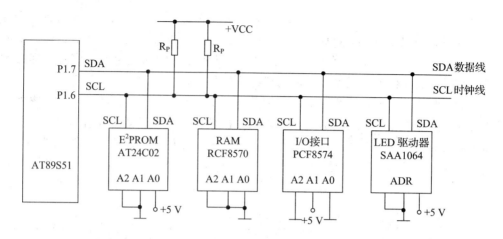

图 10-20 AT89S51 单片机扩展 I²C 总线器件的接口电路

10.3.4 I²C 总线数据传送的模拟

由于 AT89S51 没有 I²C 接口，因此通常用 I/O 口线结合软件来实现 I²C 总线上的信号模拟。AT89S51 的工作方式通常为主从模式，没有其他主器件对总线的竞争与同步，只存在着主器件单片机对 I²C 总线上各从器件的读、写操作。

1. 典型信号模拟

为了保证数据传送的可靠性，标准 I²C 总线的数据传送有严格的时序要求。I²C 总线的起始信号、终止信号、应答位/数据"0"及非应答位/数据"1"的模拟时序如图10-21～图10-24 所示。

对于终止信号，要保证有大于 4.7 μs 的信号建立时间。终止信号结束时，要释放总线，使 SDA、SCL 维持在高电平上，在大于 4.7 μs 后才可以进行第 1 次起始操作。在单主器件系统中，为防止非正常传送，终止信号后 SCL 可以设置在低电平。

对于发送应答位、非应答位来说，与发送数据"0"和"1"的信号定时要求完全相同。只要满足在时钟高电平大于 4.0 μs 期间，SDA 线上有确定的电平状态即可。

2. 典型信号及字节收发的模拟子程序

AT89S51 单片机在模拟 I²C 总线通信时需编写以下 5 个函数：总线初始化、起始信号、终止信号、应答位/数据"0"以及非应答位/数据"1"函数。

（1）总线初始化函数。总线初始化函数的功能是将 SCL 和 SDA 总线拉高以释放总线。参考程序如下：

```
# include <reg51.h>
# include <intrins.h>          //包含函数_nop_()的头文件
sbit  sda=P1^0;               //定义 I²C 模拟数据传送位
sbit  scl=P1^1;               //定义 I²C 模拟时钟控制位
void init()                   //总线初始化函数
{
scl=1;                        //scl 为高电平
_nop_();                      //延时约 1 μs
```

```
    sda=1;                          //sda 为高电平
    delay5us();                     //延时约 5 μs
}
```

（2）起始信号 S 函数。图 10 - 21 所示的起始信号 S 要求一个新的起始信号前总线的空闲时间大于 4.7 μs，而对于一个重复的起始信号，要求建立时间也必须大于 4.7 μs。图 10 - 21 所示中，在 SCL 高电平期间 SDA 发生负跳变。起始信号到第 1 个时钟脉冲负跳沿的时间间隔应大于 4 μs。

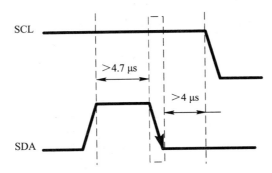

图 10 - 21　起始信号 S 的模拟时序

起始信号 S 函数如下：

```
void start(void)                    //起始信号函数
{   scl=1;
    sda=1;
    delay5us();
    sda=0;
    delay4us();
    scl=0;
}
```

（3）终止信号 P 函数。图 10 - 22 为终止信号 P 的时序波形。在 SCL 高电平期间，SDA 的一个上升沿产生终止信号。

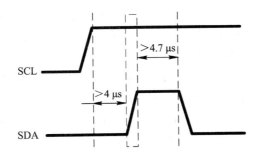

图 10 - 22　终止信号 P 的时序波形

终止信号 P 函数如下：

```
void stop(void)                     //终止信号函数
{   scl=0;
    sda=0;
```

```
        delay4us();
        scl=1;
        delay4us();
        sda=1;
        delay5us();
        sda=0;
}
```

（4）应答位/数据"0"函数。发送应答位与发送数据"0"相同，即在 SDA 低电平期间 SCL 发生一个正脉冲，产生如图 10 - 23 所示的模拟时序。

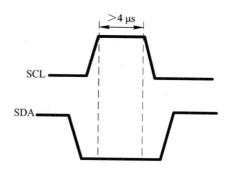

图 10 - 23　应答位/数据"0"的模拟时序

发送应答位函数如下：

```
void Ack(void )
{    uchar i;
     sda=0;
     scl=1;
     delay4us();
     while((sda==1)&&(i<255))i++;
     scl=0;
     delay4us();
}
```

SCL 在高电平期间，SDA 被从器件拉为低电平表示应答。命令行中的 SDA=1 和 i<255 相与，表示若在这一段时间内没有收到从器件的应答，则主器件默认从器件已收到数据而不再等待应答信号，要是不加这个延时退出，一旦从器件没有发应答信号，程序将永远停在这里，在实际中是不允许这种情况发生的。

（5）非应答位/数据"1"函数。发送非应答位与发送数据"1"相同，即在 SDA 高电平期间 SCL 发生一个正脉冲，产生如图 10 - 24 所示的模拟时序。

发送非应答位/数据"1"函数如下：

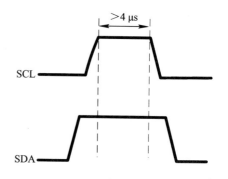

图 10 - 24　非应答位/数据"1"的模拟时序

```
void NoAck(void )
{
    sda=1;
    scl=1;
    delay4us();
    scl=0;
    sda=0;
}
```

3. 字节收发的子程序

除了上述典型信号的模拟外，在 I²C 总线的数据传送中，经常使用单字节数据的发送与接收。

1) 发送 1 字节数据子程序

下面是模拟 I²C 的数据线由 SDA 发送 1 字节的数据（可以是地址，也可以是数据），发送完后等待应答，并对状态位 ack 进行操作，即应答或非应答都使 ack＝0。若发送数据正常，则 ack＝1；若从器件无应答或损坏，则 ack＝0。发送 1 字节数据的参考程序如下：

```
void SendByte(uchar data)
{
    uchar i, temp;
    temp=data;
    for(i=0; i<8; i++)
    {
      temp= temp<<1;        //左移一位
      scl=0;
      delay4us();
      sda=Cy;
      delay4us();
      scl=1;
      delay4us();
    }
    scl=0;
    delay4us();
    sda=1;
    delay4us();
}
```

串行发送 1 字节时，需要把这个字节中的 8 位一位一位地发出去，"temp＝temp<<1;"就是将 temp 中的内容左移 1 位，最高位将移入 Cy 位中，然后将 Cy 赋给 SDA，进而在 SCL 的控制下发送出去。

2) 接收 1 字节数据子程序

下面是模拟从 I²C 的数据线 SDA 接收从器件传来的 1 字节数据的子程序：

```
void rcvbyte()
```

```
    {
        uchar i, temp;
        scl=0;
        delay4us();
        sda=1;
        for(i=0; i<8; i++)
        {
            scl=1;
            delay4us();
            temp=(temp<<1)|sda;
            scl=0;
            delay4us();
        }
        delay4us();
        return temp;
    }
```

串行接收 1 字节时，需将 8 位一位一位地接收，然后再组合成 1 个字节。"temp =
(temp<<1)|sda;"是将变量 temp 左移 1 位后与 SDA 进行逻辑"或"运算，依次把 8 位数
据组合成 1 字节来完成接收。

10.3.5 案例：采用 AT24C02 存储器的 IC 卡设计

通用存储器的 IC 卡是由通用存储器芯片封装而成的，由于其结构和功能简单，成本
低，使用方便，因此在各个领域都得到了广泛的应用。目前用于 IC 卡的通用存储器芯片
多为 E^2PROM，且采用 I^2C 总线接口，典型代表为 Atmel 公司的 I^2C 接口的 AT24Cxx 系
列。该系列具有 AT24C01/02/04/08/16 等型号，它们的封装形式、引脚功能及内部结构
类似，只是容量不同，分别为 128B/256B/512B/1KB/2KB。下面以 AT24C02 为例，介绍
单片机通过 I^2C 总线对 AT24C02 进行读/写，即 IC 卡的制作。

1. 封装与引脚

AT24C02 的封装形式有双列直插(DIP)8 脚式和贴片 8 脚式两种，无论何种封装，其
引脚功能都是一样的。AT24C02 的 DIP 形式引脚如图 10 - 25 所示，引脚功能见表 10 - 4。

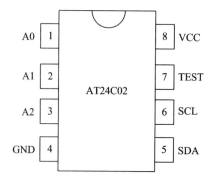

图 10 - 25 AT24C02 的 DIP 引脚

表 10 - 4　AT24C02 的引脚功能

引脚	名称	功　能
1～3	A0、A1、A2	可编程地址输入端
4	GND	电源地
5	SDA	串行数据输入/输出端
6	SCL	串行时钟输入端
7	TEST	硬件写保护控制引脚，当 TEST＝0 时，正常进行读/写操作；当 TEST＝1 时，对部分存储区域只能读，不能写(写保护)
8	VCC	＋5 V 电源

2. 存储结构与寻址

AT24C02 的存储容量为 256B，分为 32 页，每页 8 B。AT24C02 有两种寻址方式：芯片寻址和片内子地址寻址。

(1) 芯片寻址。AT24C02 芯片地址固定为 1010，它是 I^2C 总线器件的特征编码，其地址控制字的格式为 1010 A2A1A0 $R/\overline{W}$。A2A1A0 引脚接高、低电平后得到确定的 3 位编码，与 1010 形成 7 位编码，即为该器件的地址码。由于 A2A1A0 共有 8 种组合，因此系统最多可外接 8 片 AT24C02，$R/\overline{W}$ 是对芯片的读/写控制位。

(2) 片内子地址寻址。在确定了 AT24C02 芯片的 7 位地址码后，片内的存储空间可用 1 字节的地址码进行寻址，寻址范围为 00H～FFH，即可对片内的 256 个单元进行读/写操作。

3. 写操作

AT24C02 有两种写入方式，即字节写入方式与页写入方式。

(1) 字节写入方式。单片机(主器件)先发送启动信号和 1 字节的控制字，从器件发出应答信号后，单片机再发送 1 字节的存储单元子地址(AT24C02 芯片内部单元的地址码)，单片机收到 AT24C02 应答后，再发送 8 位数据和 1 位终止信号。

(2) 页写入方式。单片机先发送启动信号和 1 字节的控制字，再发送 1 字节的存储器起始单元地址，上述几个字节都得到 AT24C02 的应答后，就可以发送最多 1 页的数据，并顺序存放在已指定的起始地址开始的相继单元，最后以终止信号结束。

4. 读操作

AT24C02 的读操作也有两种方式，即指定地址读方式和指定地址连续读方式。

(1) 指定地址读方式。单片机发送启动信号后，先发送含有芯片地址的写操作控制字，AT24C02 应答后，单片机再发送 1 字节的指定单元的地址，AT24C02 应答后再发送 1 个含有芯片地址的读操作控制字，此时如果 AT24C02 做出应答，被访问单元的数据就会按 SCL 信号同步出现在 SDA 线上，供单片机读取。

(2) 指定地址连续读方式。指定地址连续读方式是单片机收到每个字节数据后要做出应答，只要 AT24C02 检测到应答信号后，其内部的地址寄存器就自动加 1 指向下一个单元，并顺序将指向单元的数据送到 SDA 线上。当需要结束读操作时，单片机接收到数据后，在需要应答的时刻发送一个非应答信号，接着再发送一个终止信号即可。

【例 10 - 3】　单片机通过 I^2C 串行总线扩展 1 片 AT24C02，实现单片机对存储器

AT24C02 的读/写。Proteus 元件库中没有 AT24C02，可用 FM24C02 芯片代替，即在 Proteus 中"关键字"对话框元件查找栏中输入"24C02"，就会在左侧的元件列表中显示，然后在元件列表中选择即可。

AT89S51 与 FM24C02F 的接口原理电路如图 10-26 所示。图中，KEY1 作为外部中断 0 的中断源，当按下 KEY1 时，单片机通过 I^2C 总线发送数据 0xaa 给 AT24C02(Proteus 元件库中没有 AT24C02 的仿真模型，采用 FM24C02F 来代替)，等发送数据完毕后，将数据 0xaa 送 P2 口通过 LED 显示出来。KEY2 作为外部中断 1 的中断源，当按下 KEY2 时，单片机通过 I^2C 总线读 FM24C02F，等读数据完毕后，将读出的最后一个数据 0x55 送 P2 口通过 LED 显示出来。

最终显示的仿真效果是：按下 KEY1，标号为 D1～D8 的 8 个 LED 中 D3、D4、D5、D6 灯亮，如图 10-26 所示；按下 KEY2，则 D1、D3、D5、D7 灯亮。

Proteus 提供的 I^2C 调试器是调试 I^2C 系统的得力工具，使用 I^2C 调试器的观测窗口可观察 I^2C 总线上的数据流，查看 I^2C 总线发送的数据，也可作为从器件向 I^2C 总线发送数据。

在原理电路中添加 I^2C 调试器的具体操作是：先单击工具箱中的虚拟仪器图标，此时在预览窗口中显示出各种虚拟仪器选项，单击"I^2C DEBUGGER"项，并在原理图编辑窗口单击鼠标左键，就会出现 I^2C 调试器的符号，如图 10-26 所示。然后把 I^2C 调试器的"SDA"端和"SCL"端分别连接在 I^2C 总线的"SDA"和"SCL"线上。

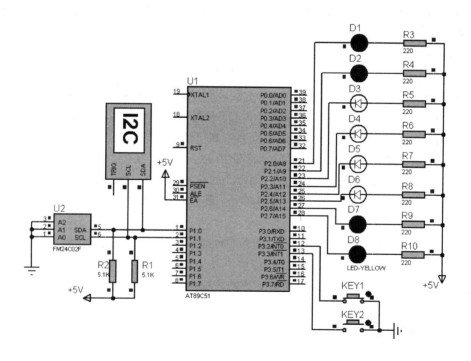

图 10-26 AT89S51 与 FM24C02F 的接口原理电路

在仿真运行时，用鼠标右键单击 I^2C 调试器符号，出现下拉菜单，单击"Terminal"选项，即可出现 I^2C 调试器的观测窗口，如图 10-27 所示。从观测窗口上可看到按一下 KEY1 时，出现在 I^2C 总线上的数据流。

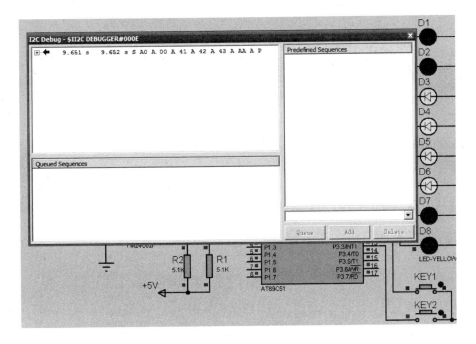

图 10 - 27　I^2C 调试器的观测窗口

本例的参考程序如下：

```
# include "reg51.h"
# include "intrins.h"                        //包含有函数_nop_()的头文件
# define uchar unsigned char
# define uint unsigned int
# define out P2                              //发送缓冲区的首地址
sbit scl=P1^1;
sbit sda=P1^0;
sbit key1=P3^2;
sbit key2=P3^3;
uchar data mem[4] _at_ 0x55;                 //发送缓冲区的首地址
uchar mem[4]={0x41, 0x42, 0x43, 0xaa};       //欲发送的数据数组 0x41, 0x42, 0x43, 0xaa
uchar data rec_mem[4] _at_ 0x60 ;            //接收缓冲区的首地址
void start(void);                            //起始信号函数
void stop(void);                             //终止信号函数
void sack(void);                             //发送应答信号函数
bit rack(void);                              //接收应答信号函数
void ackn(void);                             //发送无应答信号函数
void send_byte(uchar);                       //发送一个字节函数
uchar rec_byte(void);                        //接收一个字节函数
void write(void);                            //写一组数据函数
void read(void);                             //读一组数据函数
void delay4us(void);                         //延时 4 μs
```

```
    void main(void)                              //主函数
    {
        EA=1;EX0=1;EX1=1;                        //总中断开,外中断 0 与外中断 0 允许中断
          read();
        while(1);
    }


    void ext0()interrupt 0                       //外中断 0 中断函数
    {
        write();                                 //调用写数据函数
    }


    void ext1()interrupt 2                       //外中断 1 中断函数
    {
        read();                                  //调用读数据函数
    }


    void read(void)                              //读数据函数
    {
        uchar i;
        bit f;
        start();                                 //起始函数
        send_byte(0xa0);                         //发从机的地址
        f=rack();                                //接收应答
        if(!f)
    {
        start();                                 //起始信号
        send_byte(0xa0);
        f=rack();
        send_byte(0x00);                         //设置要读取从器件的片内地址
        f=rack();
        if(!f)
        {
          start();                               //起始信号
          send_byte(0xa0);
          f=rack();
          if(!f)
          {
            for(i=0;i<3;i++)
            {
              rec_mem[i]=rec_byte();
              sack();
            }
```

```
                rec_mem[3]=rec_byte();ackn();
            }
        }
    }
    stop();out=rec_mem[3];while(! key2);
}


void write(void)                        //写数据函数
{
    uchar i;
    bit f;
    start();
    send_byte(0xa0);
    f=rack();
    if(!f){
    send_byte(0x00);
    f=rack();
    if(!f){
    for(i=0;i<4;i++)
    {
    send_byte(mem[i]);
    f=rack();
    if(f)break;
    }
    }
    }
    stop();out=0xc3;while(!key1);
}


void start(void)                        //起始信号
{
    scl=1;
    sda=1;
    delay4us();
    sda=0;
    delay4us();
    scl=0;
}


void stop(void)                         //终止信号
{
    scl=0;
    sda=0;
```

```
    delay4us();
    scl=1;
    delay4us();
    sda=1;
    delay4us();
    sda=0;
}


bit rack(void)                          //接收一个应答位
{
    bit flag;
    scl=1;
    delay4us();
    flag=sda;
    scl=0;
    return(flag);
}


void sack(void)                         //发送接收应答位
{
    sda=0;
    delay4us();
    scl=1;
    delay4us();
    scl=0;
    delay4us();
    sda=1;
    delay4us();
}


void ackn(void)                         //发送非接收应答位
{
    sda=1;
    delay4us();
    scl=1;
    delay4us();
    scl=0;
    delay4us();
    sda=0;
}


uchar rec_byte(void)                    //接收一个字节
{
```

```
   uchar i, temp;
   for(i=0;i<8;i++)
   {
     temp<<=1;
     scl=1;
     delay4us();
     temp|=sda;
     scl=0;
     delay4us();
   }
   return(temp);
}
```

```
void send_byte(uchar temp)                //发送一个字节
{
     uchar i;
     scl=0;
     for(i=0;i<8;i++)
     {
     sda=(bit)(temp&0x80);
     scl=1;
     delay4us();
     scl=0;
     temp<<=1;
     }
     sda=1;
}
```

```
void delay4us(void)                //延时 4 μs
{
  _nop_();;_nop_();;_nop_();;_nop_();
}
```

习　　题

1. I^2C 总线的优点是什么？

2. I^2C 总线的起始信号和终止信号是如何定义的？

3. 如何控制 I^2C 总线的数据传输方向？

4. 51 单片机如何对 I^2C 总线中的器件进行寻址？

5. I^2C 总线在数据传送时应答是如何进行的？

6. 设计一个温度计，用 DS18B20 测量温度，用 AT24C02 存储测量的温度，用 LCD1602 进行显示，用 Proteus 完成仿真。

第 11 章

AT89S51 单片机系统的并行扩展

AT89S51 单片机片内集成有 4 KB 程序存储器和 128 B 的数据存储器以及 4 个 I/O 端口。但有时根据应用系统的功能需求，片内的存储器和 I/O 资源还不能满足需要，需要外扩存储器芯片和 I/O 接口芯片，这就是通常所说的单片机的系统扩展。

系统扩展分为并行扩展和串行扩展，本章介绍单片机应用系统的并行扩展，在第 12 章介绍单片机应用系统的串行扩展。

本章首先介绍 AT89S51 单片机的片外两个存储器空间的地址分配，然后介绍如何扩展外部数据存储器和外部程序存储器以及扩展 I/O 接口芯片的具体设计。

11.1 系统并行扩展概述

11.1.1 系统并行扩展结构

AT89S51 单片机系统并行扩展结构如图 11－1 所示。

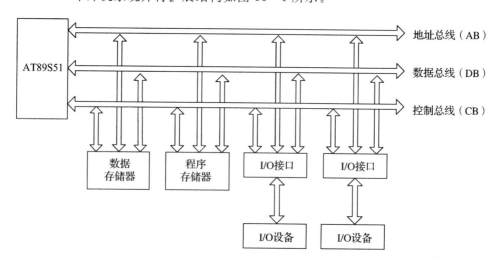

图 11－1 AT89S51 单片机系统并行扩展结构

由图 11－1 可以看出，系统并行扩展主要包括数据存储器扩展、程序存储器扩展和 I/O 接口的扩展。AT89S51 单片机采用程序存储器空间和数据存储器空间分开的哈佛结构,因此形成了两个并行的外部存储器空间。在 AT89S51 系统中,I/O 接口与数据存储器采用统一编码方式,即接口芯片中的每一个端口寄存器相当于一个 RAM 存储单元。

由于 AT89S51 单片机采用并行总线结构,因此各扩展部件只要符合总线规范,就可方便地接入系统。并行扩展通过总线把 AT89S51 单片机与各扩展部件连接起来。因此,要进行并行扩展,首先要构造系统总线。

系统总线按功能通常分为 3 组,如图 11-1 所示。

(1) 地址总线(Address Bus,AB):用于传送单片机单向发出的地址信息,以便进行存储单元和 I/O 接口芯片中寄存器单元的选择。

(2) 数据总线(Data Bus,DB):用于单片机与外部存储器之间或与 I/O 接口之间传送数据,数据总线是双向的。

(3) 控制总线(Control Bus,CB):是单片机发出的各种控制信号线。

下面介绍如何构造系统的三总线。

1. P0 口作为低 8 位地址/数据总线

AT89S51 受引脚数目限制,P0 口既用作低 8 位地址总线,又用作数据总线(分时复用),因此需要增加 1 个 8 位地址锁存器。AT89S51 单片机对外部扩展的存储器单元或 I/O接口存储器进行访问时,先发出低 8 位地址送地址锁存器锁存,锁存器输出作为系统的低 8 位地址(A7~A0)。随后,P0 口又作为数据总线口(D7~D0),如图 11-2 所示。

2. P2 口作为高 8 位地址总线

P2 口用作系统的高 8 位地址总线,再加上地址锁存器输出提供的低 8 位地址总线,便形成了系统的 16 位地址总线(见图 11-2),从而使单片机系统的寻址范围达到 64 KB。

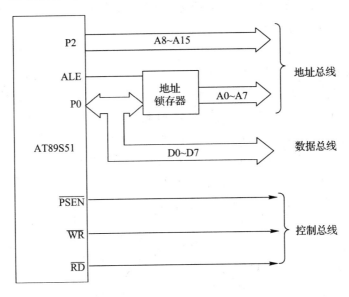

图 11-2   AT89S51 单片机扩展的片外三总线

3. 控制总线

除了地址总线和数据总线之外,还要有系统的控制总线。这些信号有的就是单片机引脚的第一功能信号,有的则是 P3 口的第二功能信号。其中包括:

（1）$\overline{PSEN}$信号为外部扩展的程序存储器的读选通控制信号。

（2）$\overline{RD}$和$\overline{WR}$信号为外部扩展的数据存储器和 I/O 接口寄存器的读、写选通控制信号。

（3）ALE 信号为 P0 口发出的低 8 位地址的锁存控制信号。

（4）$\overline{EA}$信号为片内、片外程序存储器访问允许控制端。

由此看出，尽管 AT89S51 有 4 个并行 I/O 口，共 32 条口线，但由于系统扩展的需要，真正给用户作为通用 I/O 使用的，就剩下 P1 口和 P3 口的部分口线了。

11.1.2　地址空间分配

在扩展存储器芯片和 I/O 接口芯片时，如何把片外两个 64 KB 地址空间分配给各个存储器与 I/O 接口芯片，使一个存储单元只对应一个地址，避免单片机对一个地址单元访问时发生数据冲突，这就是存储器地址空间的分配问题。

AT89S51 发出的地址信号用于选择某个存储器单元，在外扩的多片存储器芯片中，AT89S51 要完成这种功能，必须进行两种选择：一是必须选中该存储器芯片，这称为"片选"，只有被"选中"的存储器芯片才能被单片机访问，未被选中的芯片不能被访问；二是在"片选"的基础上还同时"选中"芯片的某一单元对其进行读/写，这称为"单元选择"。每个扩展的芯片都有"片选"信号引脚，同时每个芯片也都有多条地址引脚，以便对其进行单元选择。需要注意的是，"片选"和"单元选择"都是单片机通过地址线一次发出的地址信号来完成选择的。

常用的存储器地址空间分配方法有两种：线性选择法（简称线选法）和地址译码法（简称译码法），下面分别进行介绍。

1. 线选法

线选法是直接利用单片机的某一高位地址线作为存储器芯片（或 I/O 接口芯片）的"片选"控制信号。为此，只要用某一高位地址线与存储器芯片的"片选"端直接连接即可。

线选法的优点是电路简单，不需另外增加地址译码器硬件电路，体积小，成本低；缺点是可寻址的芯片数目受限制。另外，地址空间不连续，存储单元地址不唯一，这会给程序设计带来一些不便。线选法适用于外扩芯片数目不多的单片机系统的系统扩展。

2. 译码法

译码法就是使用译码器对 AT89S51 单片机的高位地址进行译码，将译码器的译码输出作为存储器芯片的片选信号。这种方法能够有效地利用存储器空间，适于多芯片的存储器扩展。常用的译码器芯片有 74LS138（3 - 8 译码器）、74LS139（双 2 - 4 译码器）与 74LS154（4 - 16 译码器）。下面介绍 74LS138 和 74LS139 译码器芯片。

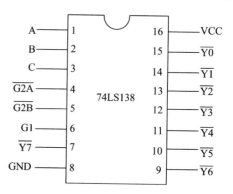

图 11 - 3　74LS138 的引脚图

(1) 74LS138 是 3 - 8 译码器，有 3 个数据输入端，经译码后产生 8 种状态，其引脚见图 11 - 3，真值表如表 11 - 1 所示。

表 11 - 1　74LS138 的真值表

输入端						输出端							
G1	$\overline{G2A}$	$\overline{G2B}$	C	B	A	$\overline{Y7}$	$\overline{Y6}$	$\overline{Y5}$	$\overline{Y4}$	$\overline{Y3}$	$\overline{Y2}$	$\overline{Y1}$	$\overline{Y0}$
1	0	0	0	0	0	1	1	1	1	1	1	1	0
1	0	0	0	0	1	1	1	1	1	1	1	0	1
1	0	0	0	1	0	1	1	1	1	1	0	1	1
1	0	0	0	1	1	1	1	1	1	0	1	1	1
1	0	0	1	0	0	1	1	1	0	1	1	1	1
1	0	0	1	0	1	1	1	0	1	1	1	1	1
1	0	0	1	1	1	1	0	1	1	1	1	1	1
1	0	0	1	1	1	0	1	1	1	1	1	1	1
其他状态			×	×	×	1	1	1	1	1	1	1	1

注：1 表示高电平，0 表示低电平，×表示任意。

由表 11 - 1 可见，当译码器的输入为某一固定编码时，其 8 个输出引脚$\overline{Y0}$～$\overline{Y7}$中仅有 1 个引脚输出为低电平，其余的为高电平，而输出低电平的引脚恰好作为某一存储器或I/O 接口芯片的片选信号。

(2) 74LS139 是双 2 - 4 译码器。这两个译码器完全独立，分别有各自的数据输入端、译码状态输出端以及数据输入允许端，其引脚如图 11 - 4 所示，真值表如表 11 - 2 所示。

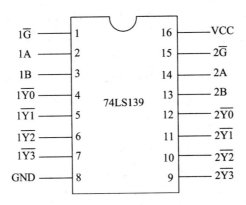

图 11 - 4　74LS139 的引脚图

下面以 74LS138 为例，介绍如何进行空间地址分配。

表 11 - 2　74LS139 的真值表

输入端			输出端			
允许	选择					
$\overline{G}$	B	A	$\overline{Y3}$	$\overline{Y2}$	$\overline{Y1}$	$\overline{Y0}$
0	0	0	1	1	1	0
0	0	1	1	1	0	1
0	1	0	1	0	1	1
0	1	1	0	1	1	1
1	×	×	1	1	1	1

注：1 表示高电平，0 表示低电平，× 表示任意。

　　例如，要扩展 8 片 8 KB 的 RAM6264，如何通过 74LS138 把 64 KB 空间分配给各个芯片？由 74LS138 的真值表可知，将 G1 接到 +5 V，$\overline{G2A}$、$\overline{G2B}$接地，P2.7、P2.6、P2.5(高 3 位地址线)分别接到 74LS138 的 C、B、A 端，由于对高 3 位地址译码，这样译码器有 8 个输出引脚 $\overline{Y0}$～$\overline{Y7}$，分别接到 8 片 6264 的各个"片选"端，实现 8 选 1 片选，而低 13 位地址(P2.4～P2.0，P0.7～P0.0)完成对选中的 6264 芯片中各个存储单元的"单元选择"。这样就把 64 KB 存储器空间分成 8 个 8 KB 空间了。64 KB 地址空间的分配如图 11 - 5 所示。

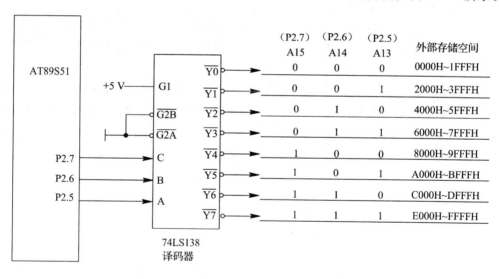

图 11 - 5　64 KB 地址空间划分成 8 个 8 KB 空间

　　当 AT89S51 单片机发出 16 位地址码时，每次只能选中一片芯片以及该芯片的唯一存储单元。

　　采用译码器划分的地址空间块都是相等的，如果将地址空间块划分为不等的块，那么可采用可编程逻辑器件 FPGA 实现非线性译码逻辑来代替译码器。

11.1.3 外部地址锁存器

AT89S51 单片机受引脚数的限制，P0 口兼用作数据线和低 8 位地址线，为了将它们分离出来，需要在单片机外部增加地址锁存器。目前，常用的地址锁存器芯片有 74LS373、74LS573 等。

1. 锁存器 74LS373

74LS373 是一种带有三态门的 8D 锁存器，其引脚如图 11 - 6 所示，内部结构如图 11 - 7 所示。

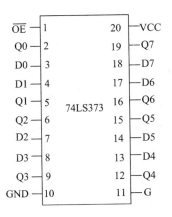

图 11 - 6 锁存器 74LS373 的引脚图

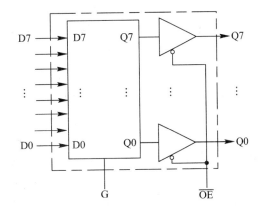

图 11 - 7 74LS373 的内部结构

74LS373 的引脚说明如下：

· D7～D0：8 位数据输入线。

· Q7～Q0：8 位数据输出线。

· G：数据输入锁存选通信号。当加到该引脚的信号为高电平时，外部数据选通到内部锁存器；负跳变时，数据锁存到锁存器中。

· $\overline{OE}$：数据输出允许信号，低电平有效。当该信号为低电平时，三态门打开，锁存器中的数据输出到数据输出线；当该信号为高电平时，输出线为高阻态。

表 11 - 3 74LS373 功能表

$\overline{OE}$	G	D	Q
0	1	1	1
0	1	0	0
0	0	×	不变
1	×	×	高阻态

AT89S51 单片机与 74LS373 锁存器的连接如图 11 - 8 所示。

2. 锁存器 74LS573

74LS573 也是一种带有三态门的 8D 锁存器，功能及内部结构与 74LS373 完全一样，只是引脚排列与 74LS373 不同。图 11 - 9 为 74LS573 的引脚图。

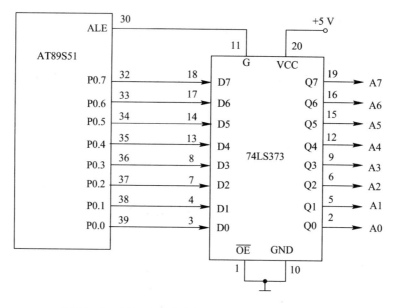

图 11-8 AT89S51 单片机 P0 口与 74LS373 的连接

由图 11-9 可以看出，与 74LS373 相比，74LS573 的输入 D 端和输出 Q 端依次排列在芯片两侧，为绘制印制电路板提供了较大方便。

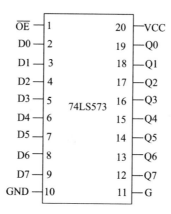

图 11-9 锁存器 74LS573 的引脚图

74LS573 的各引脚说明如下：

· D7～D0：8 位数据输入线。

· Q7～Q0：8 位数据输出线。

· G：数据输入锁存选通信号，该引脚与 74LS373 的 G 端功能相同。

· $\overline{OE}$：数据输出允许信号，低电平有效。当该信号为低电平时，三态门打开，锁存器中的数据输出到数据输出线；当该信号为高电平时，输出线为高阻态。

11.2 外部程序存储器 EPROM 的并行扩展

程序存储器具有非易失性，在电源关断后，存储器仍能保存程序，在系统上电后，

CPU 可取出这些指令重新执行。

程序存储器采用只读存储器(Read Only Memory，ROM)。ROM 中的信息一旦写入，就不能随意更改，特别是不能在程序运行过程中写入新的内容，故称为只读存储器。

目前许多公司生产的 8051 内核单片机在芯片内部大多集成了数量不等的 Flash ROM。例如，美国 Atmel 公司生产的 AT89C2051、AT89C51、AT89S51、AT89C52、AT89S52、AT89C55，片内分别有不同容量的 Flash ROM，作为片内程序存储器使用。选择的单片机在片内 Flash ROM 满足要求的情况下，外部程序存储器的扩展工作就可省去。

向 ROM 中写入信息称为 ROM 编程。根据编程方式不同，ROM 编程可分为以下几种：

(1) 掩模 ROM：在制造过程中编程，编程是以掩模工艺实现的。这种芯片存储结构简单，集成度高，但由于掩模工艺成本较高，因此只适合于大批量生产。

(2) 可编程 PROM(可编程只读存储器)：芯片出厂时并没有任何程序信息，由用户用独立的编程器写入，但只能写入一次，写入内容后，就不能再修改。

(3) 用电信号编程，用紫外线擦除的只读存储器芯片：在芯片外壳的中间位置有一个圆形窗口，通过该窗口照射紫外线就可擦除原有的信息。使用编程器可将调试完毕的程序写入。

(4) E^2 PROM(EEPROM)：用电信号编程，也用电信号擦除的 ROM 芯片。对 E^2PROM的读/写操作与 RAM 存储器几乎没有差别，只是写入的速度慢一些，但断电后仍能保存信息。

(5) Flash ROM：又称闪烁存储器(简称闪存)，是在 EPROM、E^2 PROM 的基础上发展起来的一种电擦除型只读存储器，可快速在线修改其存储单元中的数据，改写次数可达 1 万次，其读/写速度很快，存取时间可达 70 ns，成本却比普通 E^2PROM 低得多。

11.2.1 常用的 EPROM 芯片

扩展并行接口程序存储器使用较多的是 27 系列产品。例如，2764(8 KB)、27128 (16 KB)、27256(32 KB)、27512(64 KB)，型号名称"27"后面的数字表示其位的存储容量。如果换算成字节容量，只需将该数字除以 8 即可。例如，"27128"中的"27"后面的数字为"128"，128 KB÷8＝16 KB。

随着大规模集成电路技术的发展，大容量存储器芯片的产量剧增，售价不断下降。目前，小容量芯片的生产已停止。所以，在扩展程序存储器设计时，应尽量采用大容量芯片。

1. 常用 EPROM 芯片的引脚

27 系列 EPROM 芯片的引脚如图 11－10 所示，各引脚功能如下：

• A0～A15：地址线引脚。它的数目由芯片的存储容量决定，用于进行单元
选择。

• D7～D0：数据线引脚。

• $\overline{CE}$：片选控制端。

• $\overline{OE}$：输出允许控制端。

• $\overline{PGM}$：编程时编程脉冲的输入端。

• VPP：编程时编程电压(＋12 V 或＋25 V)的输入端。

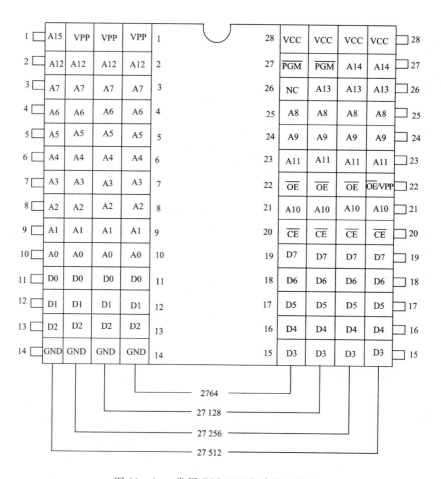

图 11-10 常用 EPROM 芯片的引脚图

- VCC：+5 V，芯片的工作电压。
- GND：数字地。
- NC：无用端。

2. EPROM 芯片的工作方式

EPROM 一般有 5 种工作方式，由 $\overline{CE}$、$\overline{OE}$、$\overline{PGM}$ 各信号的状态组合来确定。5 种工作方式如表 11-4 所示。

表 11-4 EPROM 的 5 种工作方式

方式 \ 引脚	$\overline{CE}/\overline{PGM}$	$\overline{OE}$	VPP	D7～D0
读出	低	低	+5 V	程序读出
未选中	高	×	+5 V	高阻
编程	正脉冲	高	+25 V(或+12 V)	程序写入
编程校验	低	低	+25 V(或+12 V)	程序读出
编程禁止	低	高	+25 V(或+12 V)	高阻

（1）读出方式。片选控制线 $\overline{CE}$ 为低电平，同时让输出允许控制线 $\overline{OE}$ 为低电平，VPP 为 $+5\,V$，就可将 EPROM 中的指定地址单元的内容从数据引脚 D7～D0 上读出。

（2）未选中方式。此时 $\overline{CE}$ 为高电平，数据输出为高阻抗悬浮状态，不占用数据总线，EPROM 处于低功耗的维持状态。

（3）编程方式。在 VPP 端加上规定好的高压，$\overline{CE}$ 和 $\overline{OE}$ 端加上合适的电平（不同的芯片要求不同），就能将数据线上的数据写入到指定的地址单元。此时，编程地址和编程数据分别由单片机的 A15～A0 和 D7～D0 提供。

（4）编程校验方式。在 VPP 端保持相应的编程电压（高压），再按读出方式操作，读出编程固化好的内容，以校验写入内容是否正确。

（5）编程禁止方式。编程禁止方式输出呈高阻状态，不写入程序。

11.2.2 AT89S51 扩展 EPROM 的接口设计

1. 访问程序存储器的控制信号

AT89S51 访问片外程序存储器时，控制信号有以下 3 个。

（1）ALE：用于低 8 位地址锁存控制。

（2）$\overline{PSEN}$：片外程序存储器"读选通"控制信号，接外扩 EPROM 的 $\overline{OE}$ 引脚。

（3）$\overline{EA}$：片内、片外程序存储器访问的控制信号。当 $\overline{EA}=1$ 时，在单片机发出地址小于片内程序存储器最大地址时，访问片内程序存储器；当 $\overline{EA}=0$ 时，只访问片外程序存储器。

如果指令是从片外 EPROM 中读取的，则除了 ALE 用于低 8 位地址锁存信号之外，控制信号还有 $\overline{PSEN}$，$\overline{PSEN}$ 接外扩展 EPROM 的 $\overline{OE}$ 引脚。此外，还要用到 P0 口和 P2 口，P0 口分时用作低 8 位地址总线和数据总线，P2 口用作高 8 位地址总线。

由于目前各种单片机片内都集成了不同容量的 Flash ROM，因此扩展外部程序存储器的工作可省略。但是作为外部程序存储器的并行扩展的基本方法，读者还是需要了解的。

2. AT89S51 单片机与单片 EPROM 的硬件接口电路

由于外扩的 EPROM 在正常使用中只读不写，因此 EPROM 芯片没有写入控制引脚，只有读出控制引脚，记为 $\overline{OE}$，该引脚与 AT89S51 的 $\overline{PSEN}$ 相连，地址线、数据线分别与 AT89S51 的地址线、数据线相连，可采用线选法或译码法对片选端进行控制。

下面仅介绍 27128 芯片与 AT89S51 单片机的接口电路。至于更大容量的 27256、27512 与 AT89S51 单片机的连接，差别只是地址线数目不同。

图 11-11 为 AT89S51 单片机外扩 16 KB 的 EPROM 27128 的电路图，与地址无关的电路部分未画出。由于只扩展一片 EPROM，因此片选端 $\overline{CE}$ 可直接接地，也可接到某一高位地址线（A15 或 A14）上进行线选控制。当然也可采用译码器法，$\overline{CE}$ 接到某一地址译码器的输出端。

3. 扩展多片 EPROM 的接口电路

与单片 EPROM 扩展电路相比，多片 EPROM 的扩展除片选线 $\overline{CE}$ 端需要区分外，其他均与单片扩展电路相同。图 11-12 为单片机扩展 4 片 27128（共 64 KB）程序存储器的方法，片选控制信号由译码器产生。4 片 27128 各自所占的地址空间，请读者自己分析。

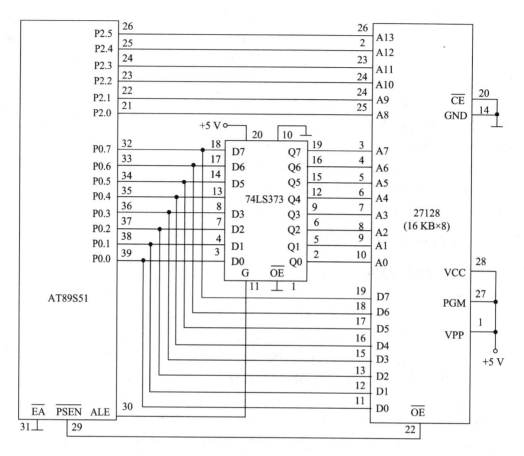

图 11-11 AT89S51 单片机与 27128 的接口电路

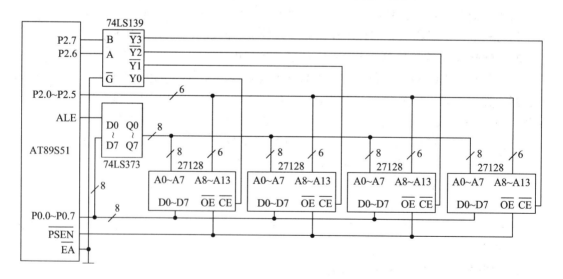

图 11-12 AT89S51 单片机与 4 片 27128 EPROM 的接口电路

11.2.3　AT89S51 的 Flash 存储器编程

下面讨论如何把已经调试完毕的程序代码写入 AT89S51 单片机的片内 Flash 存储器，即如何对 AT89S51 的 Flash 存储器编程。

1. 片内 Flash 存储器的基本特性

AT89S51 单片机片内 4 KB Flash 存储器的基本性能如下：

(1) 可循环写入/擦除 1000 次。

(2) 存储器数据保存时间为 10 年。

(3) 具有 3 级加密保护。

单片机芯片出厂时，Flash 存储器为全空白状态(各单元均为 0xff)，可直接进行编程。若 Flash 不全为空白状态(单元中有不是 0xff 的)，则应该首先将芯片擦除(即各个单元均为 0xff)，之后方可向其写入调试通过的程序代码。

AT89S51 片内 Flash 存储器有 3 个可编程加密位，定义了 3 个加密级别，用户只要对 3 个加密位(LB1、LB2、LB3)进行编程即可实现 3 个不同级别的加密。经上述加密处理后，解密的难度加大，但还是可以解密。现在还有一种非恢复性加密(OTP 加密)方法，就是将 AT89S51 的第 31 脚($\overline{EA}$ 脚)烧断或某些数据线烧断，经上述处理后的芯片仍然正常工作，但不再具有读取、擦除、重复烧写等功能。这是一种较强的加密手段。国内某些厂家生产的编程器直接具有此功能(如 RF-1800 编程器)。

如何将调试好的程序写入到片内的 Flash 存储器中呢？这就是 AT89S51 片内 Flash 存储器的编程问题。AT89S51 的片内 Flash 存储器有低电压编程(VPP＝5 V)和高电压编程(VPP＝12 V)两类芯片。低电压编程可用于在线编程，高电压编程与一般常用的 EPROM 编程器兼容。在 AT89S51 芯片的封装面上都标有低电压编程或高电压编程的编程电压标识。

AT89S51 单片机的程序代码(.hex 目标文件)在 PC 中与在线仿真器以及用户目标板一起调试通过后，必须写入到 AT89S51 片内的闪烁存储器中。

2. Flash 存储器的编程

目前常用的编程方法主要有两种：一种是使用通用编程器编程；另一种是 ISP。

1) 通用编程器编程

采用通用编程器编程就是在下载程序时，编程器只是将 AT89S51 看作 1 个待写入程序的外部程序存储器芯片。PC 中的程序代码一般通过串口或 USB 口与 PC 连接，并有相应的服务程序。在编程器与 PC 连接好以后，运行服务程序，在服务程序中先选择所要编程的单片机型号，再调入程序代码文件，编程器就将调试通过的程序代码烧录到单片机片内的 Flash 存储器中。开发者只需在市场上购买现成的编程器即可完成上述工作。下面以常见的烧录 Atmel 公司的单片机芯片的 A51 编程器为例介绍编程器的基本功能。

(1) A51 编程器支持烧录的芯片型号。

A51 编程器可以烧录 Atmel 公司系列单片机芯片，具有性能稳定、烧录速度快等优点。可以烧录的芯片型号有：

① Atmel 的(40 Pin) 89C51、89C52、89C55、89S51、89S52、87F51(OTP)、89LV52；

② Atmel 的(20 Pin) 89C1051、89C2051、89C4051；

③ 华邦的 51 芯片 W78E51、W78E52。

（2）A51 编程器的特性。

A51 编程器的特性如下：

① 编程器通过串口与 PC 通信，芯片型号自动判别，编程过程中的擦除、烧写、校验等各种操作完全由编程器上的监控芯片 89C51 控制，不受 PC 影响，烧写速度很快且与 PC 的档次无关，烧写成功率高。

② 编程器与 PC 采用 57 600 b/s 高速波特率进行串行数据传送，烧写速度很快且稳定，编程速度可以和一般并行编程器相媲美。经测试，烧写一片 4 KB 的 Flash ROM 的 AT89C51 仅需要 9.5 s，而读取和校验仅需要 3.5 s。

③ A51 编程器体积小巧，省去了笨重的外接电源适配器，供电部分采用 USB 线直接与 PC 相连，使用 USB 端口 5 V 电源，并加入 USB 接口保护电路，即自恢复保险丝，不怕操作短路。

④ 软件界面友好，菜单、工具栏、快捷键齐全，全中文操作，且提供加密功能。

⑤ 功能完善，具有编程、读取、校验、空检查、擦除、加密等系列功能。

⑥ A51 编程器的外形如图 11-13 所示，采用 40 脚和 20 脚锁存插座，可烧写 40 脚和 20 脚单片机芯片，所有器件全部以第 1 脚对齐，可自动搜索并识别插座上的器件型号。采用优质的万用锁锁紧插座，克服了接触不良等问题。

图 11-13　A51 编程器的外形

⑦ 内部有自升压电路，可产生精确的 12 V 编程电压；改进的烧写深度确保每一片单片机芯片的反复烧写达到 1000 次以上，内部数据至少可保存 10 年。

（3）A51 编程器的使用。

① 安装软件。直接把相关的软件拷贝到硬盘中。

使用串口通信电缆（见图 11-14(a)）将 PC 与编程器的串口通信插座连接好，使用 USB 电源线（见图 11-14(b)）把 PC 的 USB 口与编程器的 USB 口连接好，编程器直接使用 PC 的 USB 口提供的电源。此时编程器上的 LED 灯亮，表明电源接通。

② 运行软件。软件启动后，会自动检测硬件及其连接，状态框中显示"就绪"字样，表示编程器的连接及设置均正常，否则应检查硬件连接及其端口设置。把单片机芯片正确地插在编程器相应的插座上，芯片的缺口要朝向把手方向。之后就可以进行编程操作了。芯

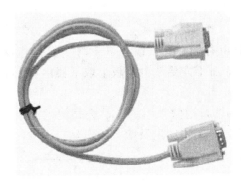

(a) 串口通信电缆   (b) USB电源线

图 11-14 编程器与 PC 连接电缆

片编程操作界面如图 11-15 所示。

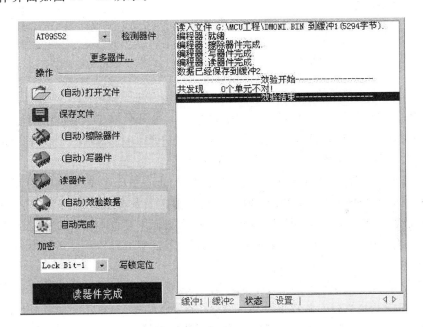

图 11-15 编程操作界面

编程按以下步骤进行：

运行程序，选择器件(点击下选框选择)。

用"打开文件"选择打开要写入的 .hex 文件和 .BIN 文件。

用"保存文件"保存读出来的文件。

用"擦除器件"擦除芯片。

用"写器件"对芯片编程。

用"读器件"读取芯片中的程序，加密的读不出来。

用"效验数据"检查编程正确与否。

用"自动完成"自动执行以上各步骤。

用"加密"选择加密的级别。

2）ISP 编程

AT89S5×系列单片机支持对片内 Flash 存储器在线编程（ISP）。ISP 是指在电路板上被编程的空白器件可以直接写入程序代码，而不需要从电路板上取下器件，已经编程的器件也可以用 ISP 方式擦除或再编程。

ISP 下载型编程器与单片机一端连接的端口通常采用 Atmel 公司提供的接口标准，即 10 引脚的 IDC 端口。图 11－16 为 IDC 端口的实物图以及端口的定义。

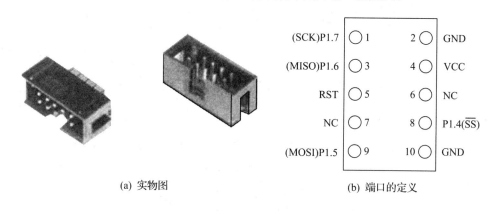

(a) 实物图　　　　　　　　　(b) 端口的定义

图 11－16　IDC 端口的实物图及端口的定义

采用 ISP 下载程序时，用户目标板上必须装有上述 IDC 端口，端口中的信号线必须与目标板上 AT89S51 的对应引脚连接。注意，图中的 8 脚 P1.4($\overline{SS}$)端只对 AT89LP 系列单片机有效，对 AT89S5×系列单片机无效，不用连接。

ISP 下载型编程器可自行制作，只需几个简单的元件及连线即可，也可采用市售的 ISP 下载型编程器 ISPro。购买 ISPro 时，会随机赠送安装光盘。用户将安装光盘插入光驱，运行安装程序 SETUP.exe 即可。安装后，将在桌面上建立一个"ISPro.exe 下载型编程器"图标。双击该图标，即可启动编程软件。ISPro 下载型编程器在使用时参照使用说明书进行操作即可。

上面介绍的两种程序下载方法中，就单片机的发展方向而言，趋向于 ISP，这一方面由于原有不支持 ISP 下载的芯片逐渐被淘汰（大部分已经停产），另一方面 ISP 使用起来十分方便，而不用增加太多成本就可实现程序的下载，所以 ISP 方式已经逐步成为主流。

11.3　外部数据存储器 RAM 的并行扩展

AT89S51 单片机内部有 128B RAM，如果不能满足需要，必须扩展外部数据存储器。在单片机应用系统中，外部扩展的数据存储器都采用静态数据存储器（SRAM）。

AT89S51 访问外部扩展的数据存储器空间时，由 P2 口提供高 8 位地址，P0 口分时提供低 8 位地址和 8 位双向数据总线。片外数据存储器 RAM 的读和写由 AT89S51 单片机的 $\overline{RD}$（P3.7）和 $\overline{WR}$（P3.6）信号控制，而片外程序存储器 EPROM 的输出端允许（$\overline{OE}$）由 AT89S51 单片机的读选通 $\overline{PSEN}$信号控制。尽管外部数据存储器与 EPROM 的地址空间范围相同，但由于是两个不同空间，控制信号不同，因此不会发生数据冲突。

11.3.1　常用的静态 RAM(SRAM)芯片

单片机系统中常用的静态 RAM 芯片有 6116(2 KB)、6264(8 KB)、62128(16 KB)、62256(32 KB)。它们都用单一＋5 V 电源供电，双列直插封装，6116 为 24 引脚封装，6264、62128、62256 为 28 引脚封装。这些 RAM 芯片的引脚见图 11－17。

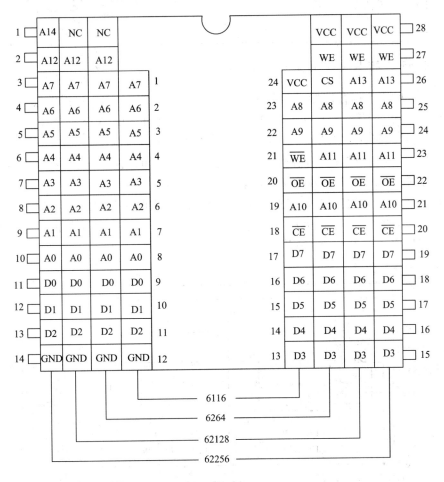

图 11－17　常用 RAM 芯片的引脚图

各引脚的功能如下：

- A0～A14：地址输入线。
- D0～D7：双向三态数据线。
- $\overline{CE}$：片选信号输入线，低电平有效。对于 6264 芯片，当 24 脚(CS)为高电平且 $\overline{CE}$ 为低电平时才选中该片。
- $\overline{OE}$：读选通信号输入线，低电平有效。
- $\overline{WE}$：写允许信号输入线，低电平有效。
- VCC：工作电源＋5 V。
- GND：地。

RAM 存储器有读出、写入、维持三种工作方式，如表 11－5 所示。

表 11-5   6116、6264、62256 芯片的 3 种工作方式

工作方式 \ 信号	$\overline{CE}$	$\overline{OE}$	$\overline{WE}$	D0~D7
读出	0	0	1	数据输出
写入	0	1	0	数据输入
维持	1	×	×	高阻态

11.3.2   并行扩展 RAM 的接口设计

访问外扩展的数据存储器时，要由 P2 口提供高 8 位地址，P0 口提供低 8 位地址和 8 位双向数据总线。AT89S51 单片机对片外 RAM 的读和写由 AT89S51 的 $\overline{RD}$(P3.7)和 $\overline{WR}$(P3.6)信号控制，片选端 $\overline{CE}$ 由地址译码器的译码输出控制。因此，进行接口设计时，主要解决地址分配、数据线和控制信号线的连接问题。如果读/写速度要求较高，还要考虑单片机与 RAM 的读/写速度匹配问题。

图 11-18 为线选法扩展外部数据存储器的电路。数据存储器选用 6264，该芯片地址线为 A0~A12，故 AT89S51 单片机剩余地址线为 3 条。用线选法可扩展 3 片 6264，3 片 6264 的存储器空间如表 11-6 所示。

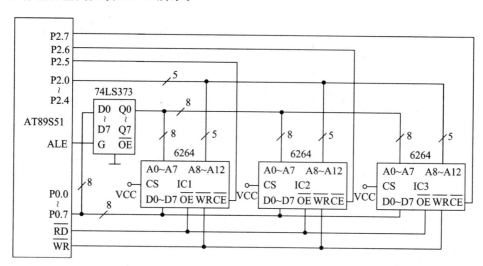

图 11-18   线选法扩展外部数据存储器电路图

表 11-6   3 片 6264 芯片对应的存储空间

P2.7 P2.6 P2.5	选中芯片	地址范围	存储容量
1 1 0	IC1	C000H~DFFFH	8 KB
1 0 1	IC2	A000H~BFFFH	8 KB
0 1 1	IC3	6000H~7FFFH	8 KB

用译码法扩展外部数据存储器的接口电路如图 11-19 所示。图中数据存储器选用 62128，该芯片地址线为 A0~A13，这样 AT89S51 剩余地址线为 2 条，采用 2-4 译码器可

扩展 4 片 62128。各 62128 芯片的地址范围如表 11－7 所示。

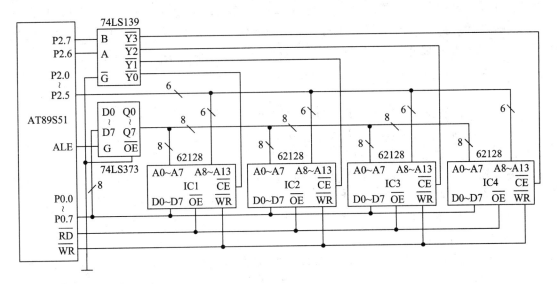

图 11－19　译码法扩展外部数据存储器电路图

表 11－7　各 62128 芯片的地址空间分配

2－4 译码器输入 P2.7　　P2.6		2－4 译码器 有效输出	选中芯片	地址范围	存储容量
0	0	$\overline{Y0}$	IC1	000H～3FFFH	16 KB
0	1	$\overline{Y1}$	IC2	4000H～7FFFH	16 KB
1	0	$\overline{Y2}$	IC3	8000H～BFFFH	16 KB
1	1	$\overline{Y3}$	IC4	C000H～FFFFH	16 KB

【例 11－1】　编写程序将片外数据存储器中 0x5000～0x50FF 的 256 个单元全部清"0"。

参考程序如下：

```
xdata unsigned char databuf[256] _at_0x5000;
void main(void)
{
    unsigned char i;
    for(i=0;i<256;i++)
    {
        databuf[i]=0
    }
}
```

11.4　AT89S51 扩展并行 I/O 芯片 82C55 的设计

AT89S51 本身有 4 个通用的并行 I/O 口，即 P0～P3，但是真正用作通用 I/O 口线的只有 P1 口和 P3 口的某些位线。当 AT89S51 单片机本身的 4 个并行 I/O 口不够用时，需要进行外部 I/O 接口的扩展。本节介绍 AT89S51 单片机扩展可编程并行 I/O 接口芯片 82C55 的设计。此外，还介绍使用廉价的 74LSTTL 芯片扩展并行 I/O 接口以及使用 AT89S51 串行口扩展并行 I/O 口的设计。

11.4.1　I/O 接口扩展概述

由本章前面的介绍可知，扩展 I/O 接口与扩展存储器一样，都属于系统扩展的内容。扩展的 I/O 接口作为单片机与外设交换信息的桥梁，应满足以下功能要求。

（1）实现和不同外设的速度匹配。

大多数外设的速度很慢，无法和微秒量级的单片机速度相比。单片机只有在确认外设已为数据传送做好准备的前提下才能进行数据传送。而要知道外设是否准备好，就需要 I/O 接口电路与外设之间传送状态信息，以实现单片机与外设之间的速度匹配。

（2）输出数据锁存。

与外设相比，单片机工作速度快，送出数据在总线上保留的时间十分短暂，无法满足慢速外设的数据接收。所以在扩展的 I/O 接口电路中应有输出数据锁存器，以保证单片机输出的数据能为慢速的接收设备所接收。

（3）输入数据三态缓冲。

外设向单片机输入数据时，要经过数据总线，但数据总线上可能"挂"有多个数据源。为使传送数据时不发生冲突，只允许当前时刻正在接收数据的 I/O 接口使用数据总线，其余的 I/O 接口应处于隔离状态，为此要求 I/O 接口电路能为输入数据提供三态输入缓冲功能。

1. I/O 端口的编址

在介绍 I/O 端口编址之前，首先要弄清楚 I/O 接口（Interface）和 I/O 端口（Port）的概念。I/O 接口是单片机与外设间连接电路的总称。I/O 端口（简称 I/O 口）是指 I/O 接口电路中具有单元地址的寄存器或缓冲器。一个 I/O 接口芯片可以有多个 I/O 端口，传送数据的端口称为数据口，传送命令的端口称为命令口，传送状态的端口称为状态口。当然，并不是所有的外设都一定需要 3 种端口齐全的 I/O 接口。

每个 I/O 接口中的端口都要有地址，以便 AT89S51 单片机进行端口访问，从而和外设交换信息。常用 I/O 端口编址有两种方式：一种是独立编址方式，另一种是统一编址方式。

1）独立编址

独立编址方式就是 I/O 端口地址空间和存储器地址空间分开编址。其优点是两个地址空间相互独立，界限分明。但是需要设置一套专门的读/写 I/O 端口的指令和控制信号。

2）统一编址

统一编址方式是把 I/O 端口与数据存储器单元同等对待，即每一接口芯片中的一个端口就相当于一个 RAM 存储单元。AT89S51 单片机使用的就是 I/O 端口和外部数据存储器 RAM 统一编址的方式，因此 AT89S51 的外部数据存储器空间也包括 I/O 端口在内。统一编址方式的优点是不需要专门的 I/O 指令，直接使用访问数据存储器的指令进行 I/O 读/写操作，简单、方便；缺点是需要把外部数据存储器空间中的数据存储器所占的单元地址与 I/O 端口所占的地址划分清楚，避免发生数据冲突。

2. I/O 数据的传送方式

为了实现和不同外设的速度匹配，I/O 接口必须根据不同的外设选择恰当的 I/O 数据传送方式。I/O 数据传送的方式有：同步传送、异步传送和中断传送。

1）同步传送

同步传送又称无条件传送。当外设速度和单片机的速度相比拟时，常采用同步传送方式。最典型的同步传送就是单片机和外部数据存储器之间的数据传送。

2）异步传送

异步传送实质就是查询传送。单片机通过查询外设"准备好"后，再进行数据传送。其优点是通用性好，硬件连线和查询程序十分简单，但由于程序在运行中经常查询外设是否"准备好"，因此工作效率不高。

3）中断传送

为了提高单片机对外设的工作效率，常采用中断传送方式，即利用 AT89S51 单片机本身的中断功能和 I/O 接口芯片的中断功能来实现数据的传送。

单片机只有在外设准备好后，才中断主程序的执行，从而执行与外设进行数据传送的中断服务子程序。中断服务完成后又返回主程序断点处继续执行。中断方式可大大提高单片机的工作效率。

常用的通用可编程 I/O 接口芯片有：

(1) 82C55：可编程的通用并行接口电路（3 个 8 位 I/O 口）；

(2) 81C55：可编程 IO/RAM 扩展接口电路（2 个 8 位 I/O 口，1 个 6 位 I/O 口，256 个 RAM 字节单元，1 个 14 位的减法计数器）。

它们都可以和 AT89S51 单片机直接连接，且接口逻辑十分简单。下面仅介绍 AT89S51 与 82C55 的接口设计。

11.4.2 并行 I/O 芯片 82C55 简介

本小节首先简要介绍可编程并行 I/O 接口芯片 82C55 的应用特性，然后介绍 AT89S51 单片机与 82C55 的接口电路设计以及软件设计。

1. 82C55 引脚与内部结构

82C55 是 Intel 公司生产的可编程并行 I/O 接口芯片，它具有 3 个 8 位的并行 I/O 口，3 种工作方式，可通过编程改变其功能，因而使用灵活方便，可作为单片机与多种外围设备连接时的中间接口电路。82C55 的引脚图如图 11-20 所示。

1）引脚说明

由图 11-20 可知，82C55 共有 40 个引脚，采用双列直插式封装，各引脚功能如下：

· D7～D0：三态双向数据线，与单片机的 P0 口连接，用来与单片机之间传送数据信息。

· $\overline{CS}$：片选信号线，低电平有效，表示本芯片被选中。

· $\overline{RD}$：读信号线，低电平有效，用来读出 82C55 端口数据的控制信号。

· $\overline{WR}$：写信号线，低电平有效，用来向 82C55 写入端口数据的控制信号。

· VCC：+5 V 电源。

· PA7～PA0：端口 A 输入/输出线。

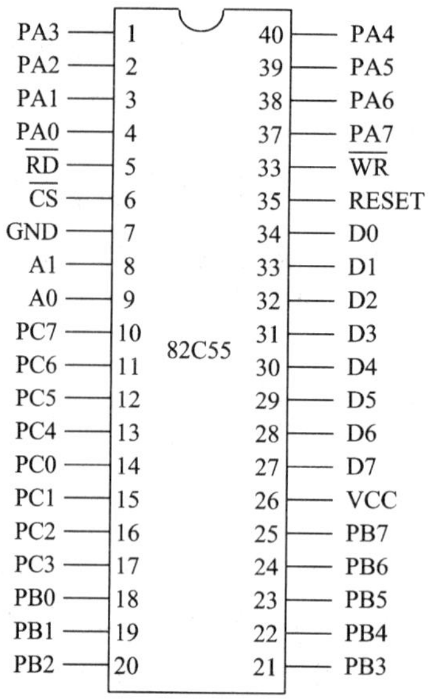

```
              ┌────┐
    PA3 ──│ 1      40 │── PA4
    PA2 ──│ 2      39 │── PA5
    PA1 ──│ 3      38 │── PA6
    PA0 ──│ 4      37 │── PA7
    RD  ──│ 5      33 │── WR
    CS  ──│ 6      35 │── RESET
    GND ──│ 7      34 │── D0
    A1  ──│ 8      33 │── D1
    A0  ──│ 9      32 │── D2
    PC7 ──│ 10     31 │── D3
    PC6 ──│ 11     30 │── D4
    PC5 ──│ 12  82C55  29 │── D5
    PC4 ──│ 13     28 │── D6
    PC0 ──│ 14     27 │── D7
    PC1 ──│ 15     26 │── VCC
    PC2 ──│ 16     25 │── PB7
    PC3 ──│ 17     24 │── PB6
    PB0 ──│ 18     23 │── PB5
    PB1 ──│ 19     22 │── PB4
    PB2 ──│ 20     21 │── PB3
              └────┘
```

图 11-20 82C55 的引脚图

- PB7～PB0：端口 B 输入/输出线。
- PC7～PC0：端口 C 输入/输出线。
- A1、A0：地址线，用来选择 82C55 内部的 4 个端口。
- RESET：复位引脚，高电平有效。

2）内部结构

82C55 的内部结构如图 11-21 所示。左侧的引脚与 AT89C51 单片机连接，右侧的引脚与外设连接。各部件的功能如下：

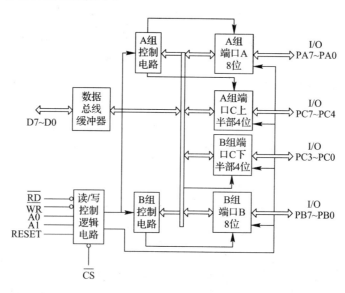

图 11-21 82C55 的内部结构

（1）端口 PA、PB、PC。

82C55 有 3 个 8 位并行口 PA、PB 和 PC，它们都可以选为输入/输出工作模式，但在功能和结构上有些差异。

- PA 口：1 个 8 位数据输出锁存器和缓冲器，1 个 8 位数据输入锁存器。
- PB 口：1 个 8 位数据输出锁存器和缓冲器，1 个 8 位数据输入缓冲器。
- PC 口：1 个 8 位输出锁存器，1 个 8 位数据输入缓冲器。

通常 PA 口、PB 口作为输入/输出口；PC 口既可作为输入/输出口，也可在软件的控制下分为两个 4 位的端口，作为端口 PA、PB 选通方式操作时的状态控制信号。

（2）A 组和 B 组控制电路。

这是两组根据 AT89S51 单片机写入的"命令字"控制 82C55 工作方式的控制电路。A 组控制 PA 口和 PC 口的上半部（PC7～PC4）；B 组控制 PB 口和 PC 口的下半部（PC3～PC0），并可使用"命令字"来对端口 PC 的每一位实现按位置"1"或清"0"。

（3）数据总线缓冲器。

数据总线缓冲器是一个三态双向 8 位缓冲器，作为 82C55 与系统总线之间的接口，用来传送数据、指令、控制命令以及外部状态信息。

（4）读/写控制逻辑电路。

读/写控制逻辑电路接收 AT89S51 单片机发来的控制信号 $\overline{RD}$、$\overline{WR}$、RESET、地址信号 A1 和 A0 等。A1、A0 共有 4 种组合 00、01、10、11，分别是 PA 口、PB 口、PC 口以及控制寄存器的端口地址。根据控制信号的不同组合，端口数据被 AT89S51 单片机读出，或者将 AT89S51 单片机送来的数据写入端口。

各端口的工作状态与地址信号 A1、A0 以及控制信号的关系如表 11-8 所示。

表 11-8　82C55 端口工作状态选择

A1	A0	$\overline{RD}$	$\overline{WR}$	$\overline{CS}$	工作状态
0	0	0	1	0	PA 口数据→数据总线（读端口 A）
0	1	0	1	0	PB 口数据→数据总线（读端口 B）
1	0	0	1	0	PC 口数据→数据总线（读端口 C）
0	0	1	0	0	总线数据→PA 口（写端口 A）
0	1	1	0	0	总线数据→PB 口（写端口 B）
1	0	1	0	0	总线数据→PC 口（写端口 C）
1	1	1	0	0	总线数据→控制寄存器（写控制字）
×	×	×	×	1	数据总线为三态
1	1	0	1	0	非法状态
×	×	1	1	0	数据总线为三态

2. 工作方式选择控制字及端口 PC 置位/复位控制字

AT89S51 单片机可以向 82C55 控制寄存器写入两种不同的控制字：工作方式选择控制字及端口 PC 置位/复位控制字。下面首先介绍工作方式选择控制字。

1）工作方式选择控制字

82C55 有 3 种工作方式：

· 方式 0：基本输入/输出。

· 方式 1：应答输入/输出。

· 方式 2：双向传送(仅 PA 口有此工作方式)。

3 种工作方式由写入控制寄存器的方式控制字决定。方式控制字的格式如图 11 - 22 所示。最高位 D7＝1，为本方式控制字的标志，以便与端口 PC 置位/复位控制字相区别（端口 PC 置位/复位控制字的最高位 D7＝0）。

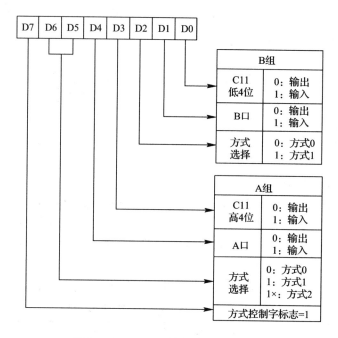

图 11 - 22 82C55 的方式控制字格式

3 个端口中 PC 口被分为两个部分，上半部分随 PA 口称为 A 组，下半部分随 PB 口称为 B 组。其中 PA 口可工作于方式 0、1 和 2，而 PB 口只能工作在方式 0 和 1。

【例 11 - 2】 AT 89S51 单片机向 82C55 的控制寄存器(端口地址为 0xff7f)写入工作方式控制字 0x95，根据图 11 - 22 可将 82C55 编程设置为：PA 口采用方式 0 输入，PB 口采用方式 1 输出，PC 口的上半部分(PC7～PC4)输出，PC 口的下半部分(PC3～PC0)输入。

参考程序如下：

```
# include   <absacc.h>
# define COM8255 XBYTE[0xff7f]      //0xff7f 为 82C55 的控制寄存器地址
# define uchar unsigned char
…
void init8255(void)
{
COM8255＝0x95;                      //方式选择控制字写入 82C55 控制寄存器
    …
}
```

2) PC 口置位/复位控制字

写入 82C55 的另一个控制字为 PC 口置位/复位控制字，即 PC 口 8 位中的任何一位，可用一个写入 82C55 控制口的置位/复位控制字对 PC 口按位置"1"或清"0"。这一功能主要用于位控。PC 口置位/复位控制字的格式如图 11-23 所示。

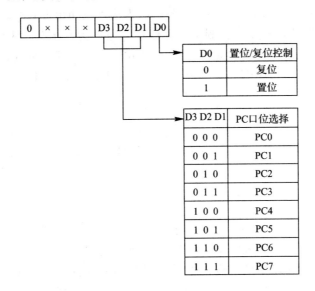

图 11-23　PC 口置位/复位控制字的格式

【例 11-3】　AT89S51 单片机向 82C55 的控制字寄存器写入工作方式控制字 07H，则 PC3 置 1；08H 写入控制口，则 PC4 清 0。假设 82C55 的端口寄存器的地址为 0xff7f。

参考程序如下：

```
# include <absacc.h>
# define COM8255 XBYTE[0xff7f]        //0xff7f 为 82C55 控制端口地址
...
void init8255(void)
{
    COM8255=0x07;                     //置位/复位控制字写入控制端口，PC3=1
    COM8255=0x08;                     //置位/复位控制字写入控制端口，PC4=0
...
}
```

11.4.3　82C55 的 3 种工作方式

本节介绍 82C55 的 3 种工作方式。

1. 方式 0

方式 0 是一种基本输入/输出方式。在方式 0 下，AT89S51 单片机可对 82C55 进行 I/O 数据的无条件传送。例如，AT89S51 单片机从 82C55 的某一输入口读入一组开关状态，由 82C55 输出控制一组指示灯的亮、灭。实现这些操作并不需要任何条件，外设的 I/O 数据可在 82C55 的各端口得到锁存和缓冲。因此，82C55 的方式 0 称为基本输入/输出方式。

方式 0 下，3 个端口都可以由软件设置为输入或输出，不需要应答联络信号。方式 0 的基本功能如下：

(1) 具有两个 8 位端口(PA、PB)和两个 4 位端口(PC 的上半部分和下半部分)。

（2）任何端口都可以设定为输入或输出，各端口的输入、输出共有 16 种组合。

82C55 的 PA 口、PB 口和 PC 口均可设定为方式 0，并可根据需要，向控制寄存器写入工作方式控制字（见图 11 - 22），从而规定各端口为输入或输出方式。

【例 11 - 4】 假设 82C55 的控制字寄存器端口地址为 0xff7f，则令 PA 口和 PC 口的高 4 位工作在方式 0 输出，PB 口和 PC 口的低 4 位工作在方式 0 输入，初始化程序如下：

```
uchar xdata COM8255_at_0xff7f        //0xff7f 为 82C55 控制寄存器地址
…
void init8255(void)
{
    COM8255=0x83;                     //工作方式选择控制字写入控制寄存器
    …
}
```

2. 方式 1

方式 1 是一种采用应答联络的输入/输出工作方式。PA 口和 PB 口皆可独立地设置成这种工作方式。在方式 1 下，82C55 的 PA 口和 PB 口通常用于 I/O 数据的传送，PC 口用作 PA 口和 PB 口的应答联络信号线，以实现采用中断方式来传送 I/O 数据。PC 口中的某些线作为应答联络线是规定好的，其各位分配如图 11 - 24 和图 11 - 25 所示，图中，标有 I/O 的各位仍可用作基本输入/输出，不用于应答联络。

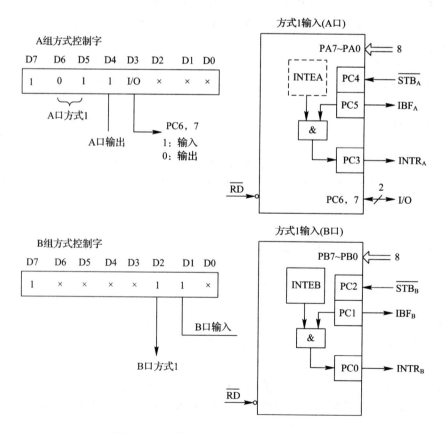

图 11 - 24　方式 1 输入时的应答联络信号

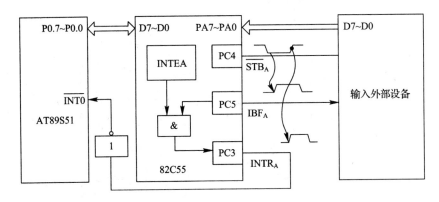

图 11-25　PA 口方式 1 输入工作过程示意图

下面简单介绍方式 1 输入/输出时的应答联络信号与工作原理。

1）方式 1 输入

方式 1 输入时，各应答联络信号如图 11-24 所示。其中 $\overline{STB}$ 与 IBF 为一对应答联络信号。图 11-24 中各应答联络信号的功能如下：

- $\overline{STB}$：输入外设发给 82C55 的选通输入信号。
- IBF：输入缓冲器满应答信号，表示 82C55 通知外设已收到外设发来的数据。
- INTR：82C55 向 AT89S51 单片机发出的中断请求信号。
- INTEA：PA 口是否允许中断的控制信号，由 PC4 的置位/复位来控制。
- INTEB：PB 口是否允许中断的控制信号，由 PC2 的置位/复位来控制。

PA 口方式 1 输入工作过程示意图如图 11-25 所示，工作过程如下：

（1）当外设向 82C55 输入一个数据并送到 PA7～PA0 上时，外设自动在选通输入线 $\overline{STB_A}$ 上向 82C55 发送一个低电平选通信号。

（2）82C55 收到选通信号 $\overline{STB_A}$ 后，首先把 PA7～PA0 上输入的数据存入 PA 口的输入数据缓冲/锁存器，然后使输出应答线 IBF_A 变为高电平，以通知输入外设 82C55 的 PA 口已收到它送来的输入数据。

（3）82C55 检测到 $\overline{STB_A}$ 由低电平变为高电平，IBF_A（PC5）为"1"状态和中断允许 INTEA（PC4）=1 时，使 INTEA（PC3）变为高电平，向 AT89S51 单片机发出中断请求 INTEA。INTEA 状态可由 PC4 的置位/复位来控制。

（4）AT89S51 单片机响应中断后，进入中断服务子程序来读取 PA 口的外设发来的输入数据。当输入数据被 AT89S51 单片机读走后，82C55 撤销 INTEA 上的中断请求，并使 IBF_A 变为低电平，以通知输入外设可以传送下一个输入数据。

2）方式 1 输出

方式 1 输出时的应答联络信号如图 11-26 所示。

- $\overline{OBF}$：端口输出缓冲器满信号，是 82C55 发给外设的联络信号，表示单片机已经把数据输出到 82C55 的指定端口，外设可将数据取走。
- $\overline{ACK}$：外设的应答信号，表示外设已把 82C55 端口的数据取走。
- INTR：中断请求信号，表示该数据已被外设取走，向 AT89S51 单片机发出中断请求。如果 AT89S51 单片机响应该中断，则在中断服务子程序中向 82C55 端口输出下一个数据。

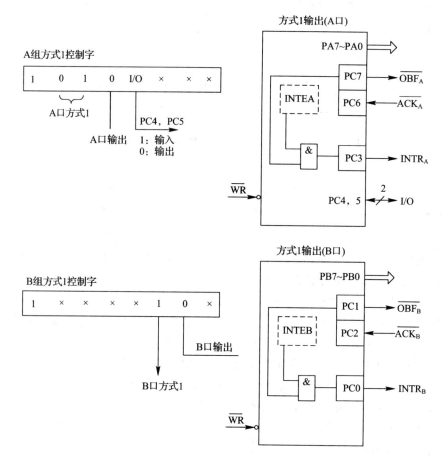

图 11-26 方式 1 输出时的应答联络信号

$\overline{OBF}$ 与 $\overline{ACK}$ 构成了一对应答联络信号。应答联络信号的功能如下：

· INTEA：PA 口是否允许中断的控制信号，由 PC6 的置位/复位来控制。

· INTEB：PB 口是否允许中断的控制信号，由 PC2 的置位/复位来控制。

PB 口方式 1 输出工作过程示意图如图 11-27 所示，工作过程如下：

（1）AT89S51 单片机可以通过传送指令把输出数据送到 B 口的输出数据锁存器，82C55 收到数据后便令 $\overline{OBF}_B$（PC1）变为低电平，以通知输出外设单片机输出的数据已在 PB 口的 PB7～PB0 上。

（2）输出外设收到 $\overline{OBF}_B$ 上的低电平后，先从 PB7～PB0 上取走输出数据，然后使 $\overline{ACK}_B$ 变为低电平，以通知 82C55 输出外设已收到 82C55 输出给外设的数据。

（3）82C55 从应答输入线 $\overline{ACK}_B$ 收到低电平后就对 $\overline{OBF}_B$ 和中断允许控制位 INTEB 状态进行检测。若它们皆为高电平，则 INTRB 变为高电平而向 AT89S51 单片机请求中断。

（4）AT89S51 单片机响应 INTRB 上的中断请求后，在中断服务程序中把下一个输出数据送到 PB 口的输出数据锁存器。

重复上述过程，完成数据的输出。

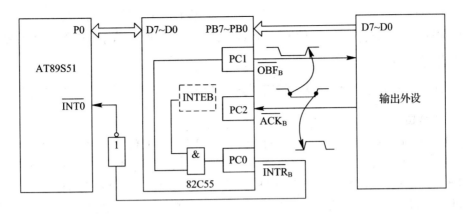

图 11 - 27　PB 口方式 1 输出工作过程示意图

【例 11 - 5】　设置 PA 口为应答方式输入，PB 口为应答方式输出，假设 82C55 的端口寄存器的地址为 0xff7f。

参考程序如下：

```
uchar xdata COM8255 _at_0xff7f          //0xff7f 为 82C55 控制寄存器地址
    …
void init8 255(void)
{
    COM8255＝0xb4;                       //方式控制字写入控制寄存器
    …
}
```

3. 方式 2

只有 PA 口才能设定为方式 2，方式 2 实质上是方式 1 输入和方式 1 输出的组合。方式 2 特别适用于键盘、显示器等外设，因为有时需要把键盘上输入的编码信号通过 PA 口送给单片机，有时又需要把单片机发出的数据通过 PA 口送给显示器显示。

图 11 - 28 所示为 PA 口方式 2 下的工作过程示意图。在方式 2 下，PA7～PA0 为双向

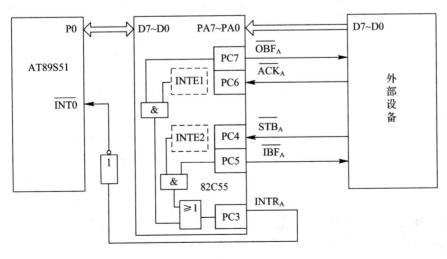

图 11 - 28　PA 口在方式 2 下的工作示意图

I/O 总线。当作为输入端口使用时，PA7～PA0 受$\overline{STB_A}$ 和 $\overline{IBF_A}$ 控制，其工作过程和方式 1 输入时相同；当作为输出端口使用时，PA7～PA0 受 $\overline{OBF_A}$、$\overline{ACK_A}$ 控制，其工作过程和方式 1 输出时相同。

11.4.4   AT89S51 单片机与 82C55 的接口设计

1. 硬件接口电路

图 11-29 所示为 AT89S51 单片机扩展一片 82C55 的电路图。图中，74LS373 是地址锁存器，P0.1、P0.0 经 74LS373 与 82C55 的地址线 A1、A0 连接；P0.7 经 74LS373 与片选端$\overline{CS}$相连，其他地址线悬空；82C55 的控制线$\overline{RD}$、$\overline{WR}$直接与 AT89S51 单片机的$\overline{RD}$和$\overline{WR}$端相连；AT89S51 单片机的数据总线 P0.0～P0.7 与 82C55 的数据线 D0～D7 连接。

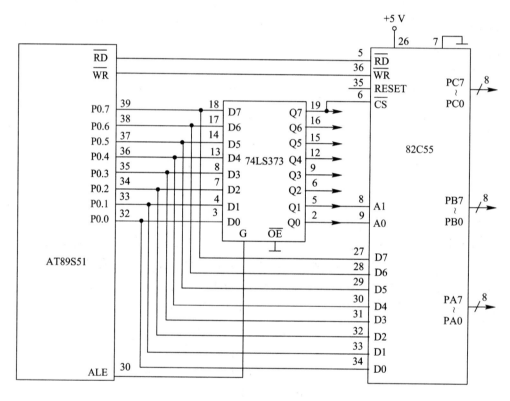

图 11-29   AT89S51 单片机扩展一片 82C55 的接口电路

2. 确定 82C55 端口地址

图 11-29 中，82C55 只有 3 条线与 AT89S51 单片机的地址线相接，片选端$\overline{CS}$与 P0.7 相连，端口地址选择端 A1、A0 分别与 P0.1 和 P0.0 连接，其他地址线未用。显然，只要保证 P0.7 为低电平，即可选中 82C55；若 P0.1、P0.0 再为"00"，则选中 82C55 的 PA 口。同理，若 P0.1、P0.0 为"01"、"10"、"11"，则分别选中 PB 口、PC 口及控制口。

若端口地址用十六位表示，其他未用端全为"1"，则 82C55 的 PA、PB、PC 及控制口地址分别为 0xff7c、0xff7d、0xff7e 以及 0xff7f。

3. 软件编程

在实际应用设计中，必须根据外设的类型选择 82C55 的操作方式，并在初始化程序中把相应控制字写入控制口。下面介绍对 82C55 操作的编程。

【例 11 - 6】 根据图 11 - 29，要求 82C55 的 PC 口工作在方式 0，并从 PC5 脚输出连续的方波信号，频率为 500 Hz。

参考程序如下：

```c
# include   <reg51.h>
# include   <absacc.h>
# define PA8255   XBYTE[0xff7c]      //0xff7c 为 82C55 PA 端口地址
# define PB8255   XBYTE[0xff7d]      //0xff7d 为 82C55 PB 端口地址
# define PC8255   XBYTE[0xff7e]      //0xff7e 为 82C55 PC 端口地址
# define COM8255   XBYTE[0xff7f]     //0xff7f 为 82C55 控制端口地址
# define uchar unsigned char
extern void delay_1000us();
void init8255(void)
{
    COM8255=0x85;                    //工作方式控制字写入控制寄存器
}
void main(void)
{
    init8255();
    for(;;)
    {
        COM8255=0x0b;                //PC5 脚为高电平
        delay_1000us();              //高电平持续 1000 μs
        COM8255=0x0a;                //PC5 脚为低电平
        delay_1000us();              //低电平持续 1000 μs
    }
}
```

11.5　利用 74LSTTL 电路扩展并行 I/O

在 AT89S51 单片机应用系统中，有些场合可采用 TTL 电路、CMOS 电路锁存器或三态门电路构成各种类型的简单输入/输出口。通常这种 I/O 都是通过 P0 口扩展的。由于 P0 口只能分时复用，因此构成输出口时，接口芯片应具有锁存功能，构成输入口时，要求接口芯片应能三态缓冲或锁存选通。

图 11 - 30 所示为利用 74LS244 和 74LS373 芯片扩展了简单的 I/O 口的电路。74LS244 和 74LS373 的工作受单片机的 P2.0、$\overline{RD}$、$\overline{WR}$ 3 条控制线控制。74LS244 是缓冲驱动器，作为扩展的输入口，输入端接 8 个发光二极管 LED7～LED0。74LS373 是 8D 锁存器，作为扩展的输出口，输出端接 8 个发光二极管 LED7～LED0。当某输入口线的开关按下时，该输入口线为低电平，读入单片机后，其相应位为"0"，然后将口线的状态经

74LS373 输出，某位低电平时二极管发光，从而显示出按下的开关的位置。

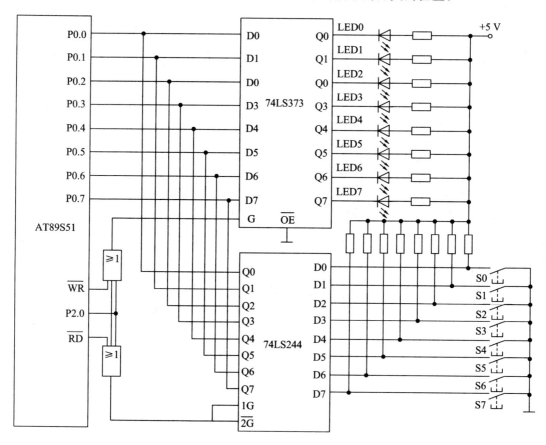

图 11 - 30　利用 74LSTTL 电路扩展 I/O 举例

由图 11 - 30 可以确定扩展的 74LS244 和 74LS373 芯片具有相同的端口地址——0xf7ff，只不过读入时，P2.0 和 $\overline{RD}$ 有效，选中 74LS244，输出时 P2.0 和 $\overline{WR}$ 有效，选中 74LS373。

【例 11 - 7】　电路如图 11 - 30 所示，编写程序把开关 S7～S0 的状态通过 74LS373 输出端的 8 个发光二极管显示出来。

参考程序如下：

```
# include   <absacc.h>
# define uchar unsigned char
...
uchar i
i＝XBYTE[0xf7ff]
XBYTE[0xf7ff]＝i
...
```

由以上程序可以看出，对于所扩展接口的输入/输出如同对外部 RAM 读/写数据一样方便。图 11 - 30 仅扩展了 1 片输出芯片和 1 片输入芯片。如果仍不够用，还可仿照上述思路，根据需要来扩展多片 74LS244、74LS373 之类的芯片，但需要在端口地址上对各芯片加以区分。

11.6 用 AT89S51 单片机的串行口扩展并行输入/输出口

AT89S51 单片机串行口的方式 0 用于并行 I/O 扩展。在方式 0 时，串行口为同步移位寄存器工作方式，其波特率是固定的，为 $f_{osc}/12(f_{osc}$ 为系统的振荡器频率)。数据由 RXD (P3.0)端输入，同步移位时钟由 TXD(P3.1)端输出。发送、接收的数据是 8 位，低位在前。

11.6.1 用 74LS165 扩展并行输入口

图 11-31 所示为串口外接两片 74LS165 扩展两个 8 位并行输入口的接口电路。74LS165 是 8 位并行输入串行输出的寄存器。当74LS165 的 S/$\overline{L}$ 端由高到低跳变时，并行输入端的数据被置入寄存器；当 S/$\overline{L}=1$，且时钟禁止端(15 脚)为低电平时，允许 TXD (P3.1)移位时钟输入，这时在时钟脉冲作用下，数据由右向左移动。

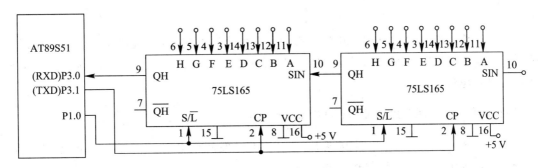

图 11-31 利用 74LS165 扩展并行输入口

在图 11-31 中，TXD(P3.1)作为移位脉冲输出与所有 74LS165 的移位脉冲输入端 CP 相连；RXD(P3.0)作为串行数据输入端与 74LS165 的串行输出端 QH 相连；P1.0 与 S/$\overline{L}$ 相连，用来控制 74LS165 的串行移位或并行输入；74LS165 的时钟禁止端(15 脚)接地，表示允许时钟输入。当扩展多个 8 位输入口时，相邻两芯片的首尾(QH 与 SIN)相连。

【例 11-8】 从 16 位扩展口读入 4 组数据(每组 2B)，并存入到内部 RAM 缓冲区。
参考程序如下：

```c
#include <reg51.h>
typedef unsigned char BYTE;
BYTE rx_data[8];
sbit test_flag;                //定义读入字节的奇偶标志
sbit P1_0=P1^0;                //定义工作状态控制端
BYTE receive(void)             //读入数据函数
{
    BYTE temp;
    while(RI==0); RI=0; temp=SBUF;
    return temp;
}
```

```
void main(void)                          //主程序
{
    BYTE i;
    test_flag=1;                         //奇偶标志初始值为1，表示读的是奇数字节
    for(i=0;i<4;i++)                     //循环读入 10 字节数据
    {
        if(test_flag==1)
        {
            P1_0=0;                      //并行置入 2 字节数据
            P1_0=1;
        }                                //允许串行移位读入
        SCON=0x10;                       //设置串行口工作在方式 0
        rx_data[i]= receive( );          //接收 1 字节数据
        test_flag=~test_flag;            //改写读入字节的奇偶性，以决定是否重新并行置入
    }
}
```

上面程序中串行接收过程采用的是查询等待的控制方式，如有必要，也可改用中断方式。从理论上讲，按图 11-31 所示的方法扩展的输入口几乎是无限的，但扩展口越多，操作速度也就越慢。

11.6.2 用 74LS164 扩展并行输出口

图 11-32 所示为串行口外接两片 74LS164 扩展两个 8 位并行输出口的接口电路。74LS164 是 8 位串入并出移位寄存器。

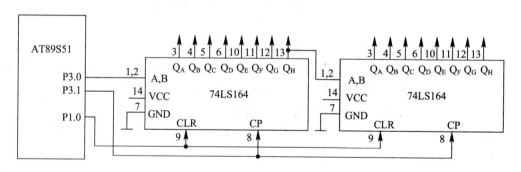

图 11-32 利用 74LS164 扩展并行输出口

当 AT89S51 单片机串行口工作在方式 0 的发送状态时，串行数据由 P3.0(RXD)送出，移位时钟由 P3.1(TXD)送出。在移位时钟的作用下，串行口发送缓冲器的数据一位一位地从 P3.0 移入 74LS164 中。需要指出的是，由于 74LS164 无并行输出控制端，因而在串行输入过程中，其输出端的状态会不断变化，故在某些应用场合，在 74LS164 的输出端应加接输出三态门控制，以便保证串行输入结束后再输出数据。

【例 11-9】 将内部 RAM 缓冲区的 8 字节内容经串行口由 74LS164 并行输出。

参考程序如下：

```
#include <reg51.h>
```

```
typedef unsigned char BYTE;
BYTE i;                          //i 为右边的 74LS164 的输出
BYTE j;                          //j 为左边的 74LS164 的输出
BYTE data[8]={0x01,0x02,0x03,0x04,0x05,0x06,0x07,0x08 }
void main(void)                  //主函数
{
    SCON=0x00;                   //设置串行口工作在方式 0
    {
        for(i=0;i<=8;i++)  //输出 8 字节数据
        {
            for(j=0;j<=8;j++);
            SBUF= data[j]
            while(TI==0);TI=0;
            SBUF= data[i]
            while(TI==0);TI=0;
        }
    }
    while(1);
}
test_flag=1;                     //奇偶标志初始值为 1，表示读的是奇数字节
{ if(test_flag==1)
    {
        P1_0=0;                  //并行置入 2 字节数据
        P1_0=1; }                //允许串行移位读入
        rx_data[i]= receive( );  //接收 1 字节数据
        test_flag=~test_flag;    //改写读入字节的奇偶性，以决定是否重新并行置入
    }
}
```

11.7 用 I/O 口控制的扬声器报警接口

当单片机测控系统发生故障或处于某种紧急状态时，单片机系统应能发出提醒人们警觉的报警声音。使用单片机系统的 I/O 口很容易实现该功能的控制。

常见的扬声器报警电路的设计只需购买市售的扬声器，然后使用 AT89S51 的 1 根I/O口控制驱动扬声器发声，可根据扬声器的功率来决定是否使用驱动器。一个具体案例是采用了 TTL 电路的 74LS06 芯片作为驱动器，如图 11－33 所示。

为使扬声器发出报警信号，可用 P1.7 输出 1

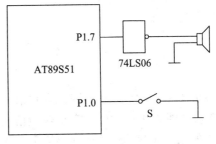

图 11－33 报警接口电路

kHz 和 500 Hz 的音频信号驱动扬声器，作为报警信号，要求 1 kHz 和 500 Hz 的音频信号交替进行。是否发出报警信号，可由P1.0接 1 个开关 S 控制，S 合上启动报警信号，S 断开报警信号停止。

参考程序如下：

```c
#include <reg51.h>
#include <intrins.h>          //包含空操作库函数的头文件
sbit P1_0=P1^0;              //定义位变量
sbit P1_7=P1^7;              //定义位变量
unsigned char i;
void delay()
{
    unsigned char i;
    for(i=300;i>0;i--);
    {
        _nop_();              //空操作函数
    }
}
void main(void)
{
    while(1)
    {
        P1_0=1;              //P1.0 作为输入
        if(P1_0==0)          //读入开关的状态，判断开关 S 是否闭合
        {
            P1_7=0;          //开关 S 闭合，驱动扬声器发声
            delay();
            P1_7=1;
            delay();
            P1_7=0;
            delay();
            delay();
            P1_7=1;
            delay();
            delay();
        }
    }
}
```

由于采用软件延时，因此音频信号中的音频信号频率不是很准确，可对延时参数 i 进行调整，或采用定时器来实现较为精确的定时。

如果想要发出更大的声音，可采用大功率的扬声器作为发声器件，这时要采用相应的功率驱动电路。

上述报警音调比较单调，为使报警声优美悦耳，可购买市售的乐曲发生器，将乐曲发

生器发出的乐曲声作为某种提示信号或报警信号。设计者可根据自己对乐曲的喜好来购买相应的集成电路。

例如，对于采用华尔兹乐曲的电子音乐芯片 7920A，单片机对其的控制非常简单，只需控制加到芯片 7920A 输入端的 I/O 引脚的电平高低，即可控制其停止或发出乐曲信号。

习　　题

1. 以 AT89S51 为主机，用 2 片 27256 扩展 64 KB EPROM，试画出接口电路。

2. 以 AT89S51 为主机，用 1 片 27512 扩展 64 KB EPROM，试画出接口电路。

3. 以 AT89S51 为主机，用 1 片 27256 扩展 32 KB RAM，同时要扩展 8 KB 的 RAM，试画出接口电路。

4. 当单片机应用系统中数据存储器 RAM 的地址和程序存储器 EPROM 的地址重叠时，它们内容的读取是否会发生冲突？为什么？

5. 分别用 74LS164 和 74LS165 设计驱动电路，并编写程序。

6. 叙述 82C55 的各种工作方式，并举例说明 82C55 的应用。

第 12 章

单片机应用举例

本章介绍各种常用的单片机控制与测控的应用设计案例，通过这些案例可使读者拓宽视野，了解单片机系统的各种常见应用设计。

12.1　单片机控制步进电机的设计

步进电机是将脉冲信号转变为角位移或线位移的开环控制元件。在非超载的情况下，电机的转速、停止的位置只取决于脉冲信号的频率和脉冲数，而不受负载变化的影响，给电机加一个脉冲信号，电机则转过一个步距角。因而步进电机只有周期性的误差而无累积误差，在速度、位置等控制领域有较为广泛的应用。

12.1.1　控制步进电机的工作原理

步进电机的驱动是指由单片机通过对每组线圈中电流的顺序切换来使电机作步进式旋转，切换是通过单片机输出脉冲信号来实现的。调节脉冲信号频率就可改变步进电机的转速；而改变各相脉冲的先后顺序，就可以改变电机的旋转方向。

步进电机驱动方式可以采用双四拍（DA→AB→BC→CD→DA）方式，也可采用单四拍（A→B→C→D→A）方式。为使步进电机旋转平稳，还可采用单、双八拍方式（DA→A→AB→B→BC→C→CD→D→DA）。各种工作方式的时序如图 12‑1 所示。

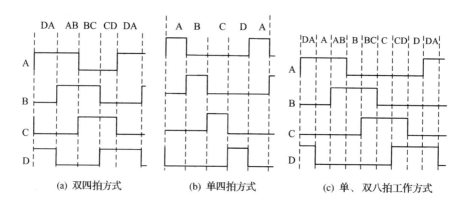

(a) 双四拍方式　　　　(b) 单四拍方式　　　　(c) 单、双八拍工作方式

图 12‑1　各种工作方式的时序图

图 12-1 中示意的脉冲信号是高电平有效，但实际控制时公共端是接在 VCC 上的，所以实际控制脉冲是低电平有效。

12.1.2 电路设计与编程

【例 12-1】 利用单片机实现对步进电机控制的原理电路见图 12-2。编写程序，用四路 I/O 口的输出实现环形脉冲的分配，控制步进电机按固定方向连续转动。同时，通过"正转"和"反转"两个按键来控制电机的正转与反转。要求按下"正转"按键时，控制步进电机正转；按下"反转"按键时，控制步进电机反转；松开按键时，电机停止转动。

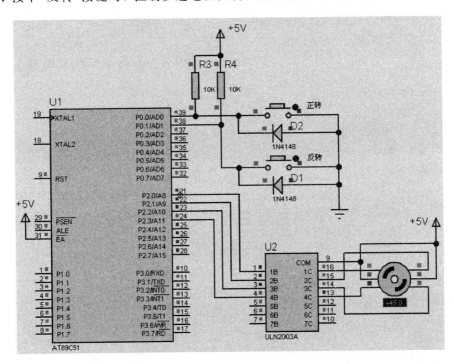

图 12-2 单片机控制步进电机接口电路

ULN2003A 是高耐压、大电流达林顿阵列系列产品，由 7 个 NPN 达林顿管组成；多用于单片机、智能仪表、PLC 等控制电路中；在 5 V 的电压下能与 TTL 和 CMOS 电路直接相连，可直接驱动继电器等负载；具有电流增益高、工作电压高、温度范围宽、带负载能力强等特点；其输入 5 V 的 TTL 电平，输出可达 500 mA/50 V；适于各类高速大功率驱动的系统。

参考程序如下：

```
# include "reg51.h"
# define uchar unsigned char
# define uint unsigned int
# define out P2
sbit pos＝P0^0;          //定义检测正转控制位 P0.0
sbit neg＝P0^1;          //定义检测反转控制位 P0.1
void delayms(uint);
```

```
uchar code turn[]={0x02,0x06,0x04,0x0c,0x08,0x09,0x01,0x03};//步进脉冲数组
void main(void)
{
    uchar i;
    out=0x03;
    while(1)
    {
        if(!pos)                    //如果正转按键按下
        {
            i=i< 8?i+1：0；          //如果 i<8，则 i= i+1；否则 i=0
            out=turn[i];
            delayms(50);
        }
        else if(!neg)
        {
            i = i > 0 ? i-1：7；
            out=turn[i];
            delayms(50);
        }
    }
}
void delayms(uint j)                //函数功能：延时
{
    uchar i;
    for(;j>0;j——)
    {
        i=250;
        while(——i);
        i=249;
        while(——i);
    }
}
```

12.2 单片机控制直流电机

直流电机多用在没有交流电源、方便移动的场合，具有低速、大力矩等特点。下面介绍如何使用单片机来控制直流电机。

12.2.1 控制直流电机的工作原理

对直流电机，可精确地控制其旋转速度或转矩。直流电机是通过两个磁场的相互作用产生旋转的。其结构如图 12-3(a)所示，定子上装设了一对直流励磁的静止的主磁极 N 和 S，在转子上装设有电枢铁芯，定子与转子之间有一气隙。在电枢铁芯上放置了由两根

导体连成的电枢线圈，线圈的首端和末端分别连到两个圆弧形的铜片上，此铜片称为换向片。换向片之间互相绝缘，由换向片构成的整体称为换向器。换向器固定在转轴上，换向片与转轴之间亦互相绝缘。在换向片上放置一对固定不动的电刷 B1 和 B2，当电枢旋转时，电枢线圈通过换向片和电刷与外电路接通。

定子通过永磁体或受激励电磁铁产生一个固定磁场，由于转子由一系列电磁体构成，因此当电流通过其中一个绕组时会产生一个磁场。对有刷直流电机而言，转子上的换向器和定子的电刷在电机旋转时为每个绕组提供电能。通电转子绕组与定子磁体有相反极性，因而相互吸引，使转子转动至与定子磁场对准的位置。当转子到达对准位置时，电刷通过换向器为下一组绕组供电，从而使转子维持旋转运动，如图 12 - 3(b)所示。

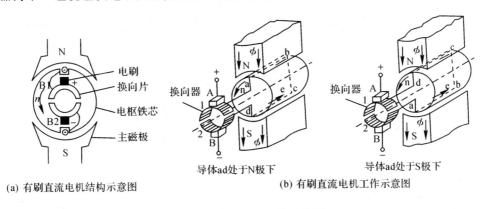

(a) 有刷直流电机结构示意图　　　　　(b) 有刷直流电机工作示意图

图 12 - 3　　直流电机工作示意图

直流电机的旋转速度与施加的电压成正比，输出转矩则与电流成正比。由于必须在工作期间改变直流电机的速度，因此直流电机的控制是一较困难的问题。直流电机高效运行的最常见方法是施加一个 PWM(脉宽调制)脉冲波，其占空比对应于所需速度。电机起到了一个低通滤波器的作用，将 PWM 信号转换为有效直流电平。特别是对于单片机驱动的直流电机，由于 PWM 信号相对容易产生，因此这种驱动方式使用得更为广泛。

12.2.2　电路设计与编程

【例 12 - 2】　原理电路与仿真如图 12 - 4 所示。使用单片机的两个 I/O 脚来控制直流电机的转速和旋转方向。其中，P3.7 脚输出 PWM 信号，用来控制直流电机的转速；P3.6 脚用来控制直流电机的旋转方向。

当 P3.6＝1 时，P3.7 发送 PWM 波，将看到直流电机正转。可以通过"INC"和"DEC"两个按键来增大和减小直流电机的转速。反之，当 P3.6＝0 时，P3.7 发送 PWM 信号，将看到直流电机反转。因此，增大和减小电机的转速，实际上是通过按下"INC"或"DEC"按键来改变输出 PWM 信号的占空比，从而达到控制直流电机的转速的目的。图 12 - 4 中的驱动电路使用了 NPN 低频、低噪声小功率达林顿管 2SC2547。

参考程序如下：

```
#include "reg51.h"
#include "intrins.h"
#define uchar unsignedchar
```

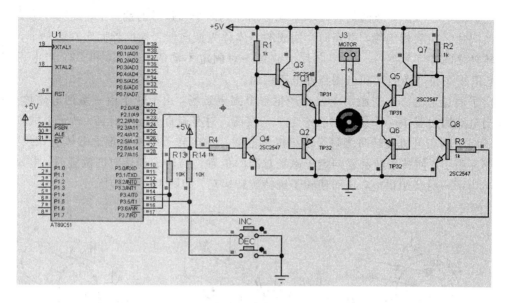

图 12-4　单片机控制直流电机的接口电路

```
#define uint unsigned int
sbit INC＝P3^4；
sbit DEC＝P3^5；
sbit DIR＝P3^6；
sbit PWM＝P3^7；
void delay(uint)；
int PWM＝ 900；
void main(void)
{    DIR＝1；
    while(1)
    {
    if(!INC)
    PWM＝PWM>0 ? PWM-1：0；           //如果 PWM>0，则 PWM＝PWM-1；否则 PWM＝0
    if(!DEC)
      PWM＝PWM<1000?PWM+1：1000；      //如果 PWM<1000，则 PWM＝PWM+1；否则
                                       //PWM＝1000
      PWM＝1；                         //产生 PWM 的信号高电平
      delay(PWM)；                     //延时
      sbit_PWM＝0；                    //产生 PWM 的信号低电平
      delay(1000－PWM)；               //延时
    }  }
void delay(uint j)
{    for(；j>0；j－－)
    {
      _nop_()；
    }  }
```

12.3 电机转速测量

12.3.1 电机转速测量的工作原理

用光电管、单片机及 LED 数码管等器件可测量直流电机的转速并显示。光电对管也称光电开关，内部结构就是一个发光二极管和一个光敏三极管，分为反射式和直射式两种。它们的工作原理都是光电转化，即通过集聚光线来控制光敏三极管的导通与截止。因此，测量电机转速的实质是利用光电对管对直流电机叶片底部的白色小带进行检测，当检测到白色小带时将产生一个脉冲信号。电机转一圈对应一个脉冲，然后对脉冲信号放大并进行计数，计算单位时间内测得的脉冲数，也就测出了电机的转速，并把转速数据送到 LED 数码管显示。

12.3.2 电路设计与编程

【例 12 - 3】 测量电机转速电路见图 12 - 5。图中，Z - OPTOCOUPLER - NPN 为光电管，电机旋转时，使光电管输出脉冲信号，然后对脉冲信号放大并进行计数，计算单位时间内测得的脉冲数，把转速数据送到 LED 数码管显示。

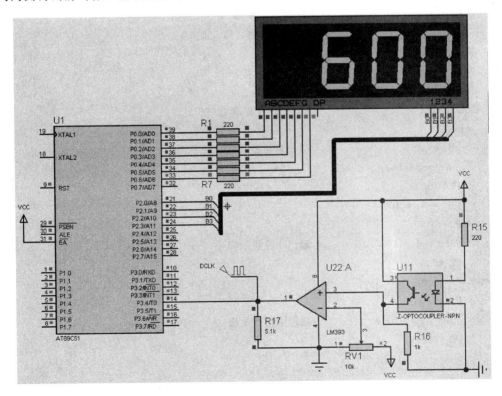

图 12 - 5 测量电机转速的原理电路与仿真

模拟直流电机转速脉冲由数字时钟发生器产生，在电路中添加数字时钟发生器的方法是：点击左侧工具箱中的图标，出现选择菜单，选择"DCLK"项，然后把其放入原理图编辑窗口中进行连线；用鼠标右键单击"DCLK"图标，出现属性设置窗口，选择"数字类型"栏中的"时钟"项，在右侧的"时间"栏中，手动修改输出的数字时钟脉冲的频率，这相当于改变电机转速。

仿真运行后，电机转速（即每秒计得的脉冲数）显示在 LED 数码管上。在手动设置数字时钟频率时，选择"600"，经过单片机测得的转数值（转数/秒）在数码管上显示，与设置的数字脉冲频率相一致。

参考程序如下：

```
# include "reg51.h"
# include "intrins.h"
# define uchar unsigned char
# define uint unsigned int
# define out P0
uchar code seg[]={0xc0,0xf9,0xa4,0xb0,0x99,0x92,0x82,0xf8,0x80,0x90,0x01};
int i=0;
void main(void)
{   int j;
    TMOD=0x15;              //T0 工作于方式 1 计数
                           //T1 工作于方式 1 定时
    TH0=0;                 //T0 计数器清零
    TH1=0x3C;              /12 MHz 晶振，T1 定时 50 ms
    TL1=0xB0;
    TR0=1;                 //启动 T0 计数器
    TR1=1;                 //启动 T1
    IE=0x88;               //允许 T1 中断和总中断允许
    while(1)
    {   P2=0x00;            //输出百位显示值
        out=seg[i/100];
        P2=0x02;
        for(j=0;j<100;j++);
        P2=0x00;
        out=seg[i%100/10];  //输出十位显示值
        P2=0x04;
        for(j=0;j<100;j++);
        P2=0x00;
        out=seg[i%10];      //输出个位显示值
        P2=0x08;
        for(j=0;j<100;j++);
    }
}

void Timer1_ISR() interrupt 3    //定时器 T1 中断程序，用来产生 50 ms 定时
{   static char j = 0;
```

```
    TH1＝0x3C;              //重设定时器值，50 ms 定时，12 MHz 晶振
    TL1＝0xB0;
    if(++j == 20)          //是否中断 20 次，即 50 ms * 20 次 = 1 s
    {  j＝0;
       i＝(TH0 << 8)|TL0;   //1 s 内的计数值即为电机转动速度，单位为转/秒
       TH0＝0;              //T0 清零
       TL0＝0;
    }
}
```

12.4 频率计的制作

12.4.1 频率计的工作原理

利用单片机片内的定时器/计数器可以实现对信号频率的测量。对频率的测量有测频法和测周法两种。测频法是利用外部电平变化引发的外部中断，测算 1 s 内出现的次数，从而实现对频率的测量；测周法是通过测算某两次电平变化引发的中断之间的时间，再求倒数，从而实现对频率的测定。总之，测频法是直接根据定义来测定频率，测周法是通过测定周期间接测定频率。理论上，测频法适用于较高频率的测量，测周法适用于较低频率的测量。

12.4.2 电路设计与编程

【例 12 - 4】 设计一个以单片机为核心的频率测量装置，测量加在 P3.4 脚上的数字时钟信号的频率，并在外部扩展的 6 位 LED 数码管上显示测量的频率值。原理电路与仿真如图 12 - 6 所示。

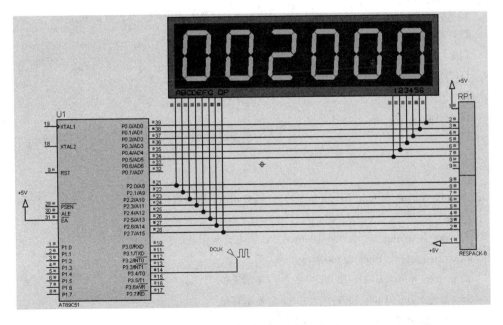

图 12 - 6 频率计原理电路与仿真

　　本频率计测量的信号是由数字时钟源"DCLK"产生的，在电路中添加数字时钟源的具体操作与设置见例 12-3。手动改变被测时钟信号源的频率，观察是否与 LED 数码管上显示的测量结果相同。

　　参考程序如下：

```
#include <reg51.h>
sfr16 DPTR=0x82;                         //定义寄存器 DPTR
unsigned char cnt_t0, cnt_t1, qian, bai, shi, ge, bb, wan, shiwan;
unsigned long freq;                      //定义频率
unsigned char code table[]={0x3f, 0x06, 0x5b, 0x4f, 0x66, 0x6d, 0x7d, 0x07f, 0x6f, 0x77, 0x7c,
0x39, 0x5e, 0x79, 0x71};                 //共阴数码管段码表
void   delay_1ms(unsigned int z)         //函数功能：延时约 1 ms
{
    unsigned char i, j;
    for(i=0;i<z;i++)
    for(j=0;j<110;j++);
}


void   init()                            //函数功能：定时器/计数器及中断系统初始化
{
    freq=0;                              //频率赋初值
    cnt_t1=0;
    cnt_t0=0;
    IE=0x8a;                             //开中断，T0、T1 中断
    TMOD=0x15;                           //T1 为定时器方式 1，T0 为计数器方式 1
    TH1=0x3c;                            //T1 定时 50 ms
    TL1=0xb0;
    TR1=1;                               //开启定时器 T1
    TH0=0;                               //T0 清 0
    TL0=0;
    TR0=1;                               //开启定时器 T0
}


void   display(unsigned long freq_num)   //函数功能：驱动数码管显示
{
    shiwan=freq_num%1000000/100000;
    wan=freq_num%100000/10000;
    qian=freq_num%10000/1000;            //显示千位
    bai=freq_num%1000/100;               //显示百位
    shi=freq_num%100/10;                 //显示十位
    ge=freq_num%10;                      //显示个位
```

```
    P0＝0xdf;                        //P0 口是位选
    P2＝table[shiwan];               //显示十万位
    delay_1ms(5);
    P0＝0xef;
    P2＝table[wan];                  //显示万位
    delay_1ms(3);
    P0＝0xf7;
    P2＝table[qian];                 //显示千位
    delay_1ms(3);
    P0＝0xfb;
    P2＝table[bai];                  //显示百位
    delay_1ms(3);
    P0＝0xfd;
    P2＝table[shi];                  //显示十位
    delay_1ms(3);
    P0＝0xfe;
    P2＝table[ge];                   //显示个位
    delay_1ms(3);
}


voidmain()                          //主函数
{
    P0＝0xff;                        //初始化 P0 口
    init();                         //计数器初始化
    while(1)
    {
      if(cnt_t1＝＝19)                //定时 1 s
      {
        cnt_t1＝0;                   //定时完成后清 0
        TR1＝0;                      //关闭 T1 定时器,定时 1 s 完成
        delay_1ms(141);             //延时较正误差,通过实验获得
        TR0＝0;                      //关闭 T0
        DPL＝TL0;                    //利用 DPTR 读入其值
        DPH＝TH0;
        freq＝cnt_t0 * 65535;
        freq＝freq＋DPTR;            //计数值放入变量
      }

      display(freq);                //调用显示函数
    }
}
```

```
void   t1_func( ) interrupt 3              //定时器 T1 的中断函数
{
    TH1＝0x3c;
    TL1＝0xb0;
    cnt_t1＋＋;
}

void   t0_func( )   interrupt 1            //定时器 T0 的中断函数
{
    cnt_t0＋＋;
}
```

12.5　基于时钟/日历芯片 **DS1302** 的电子钟设计

在单片机应用系统中，有时往往需要一个实时的时钟/日历来确定测控的时间基准。实时时钟/日历的集成电路芯片有多种，设计者只需选择合适的芯片即可。本节介绍最为常见的时钟/日历芯片 DS1302 的功能、特性以及单片机的硬件接口设计及软件编程。

12.5.1　DS1302 的工作原理

1. 基本性能

时钟/日历芯片 DS1302 是美国 DALLAS 公司推出的涓流充电时钟芯片，主要功能特性如下：

（1）能计算 2100 年之前的年、月、日、星期、时、分、秒的信息；每月的天数和闰年的天数可自动调整；时钟可设置为 24 或 12 小时格式。

（2）与单片机之间采用单线的同步串行通信。

（3）31 字节的 8 位静态 RAM。

（4）功耗很低，保持数据和时钟信息时功率小于 1 mW；具有可选的涓流充电能力。

（5）读/写时钟或 RAM 数据有单字节和多字节（时钟突发）两种传送方式。

DS1302 引脚如图 12-7 所示。

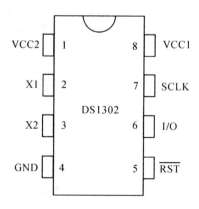

图 12-7　DS1302 的引脚

各引脚功能如下：

· I/O：数据输入/输出。

· SCLK：同步串行时钟输入。

· $\overline{\text{RST}}$：芯片复位，1 表示芯片的读/写使能，0 表示芯片复位并被禁止读/写。

· VCC2：主电源输入，接系统电源。

· VCC1：备份电源输入引脚，通常接 2.7～3.5 V 电源。当 VCC2＞VCC1＋0.2 V 时，芯片由 VCC2 供电；当 VCC2＜VCC1 时，芯片由 VCC1 供电。

· GND：地。

· X1，X2：接 32 kHz、32.768 kHz 晶振引脚。

单片机与 DS1302 间无数据传输时，SCLK 保持低电平，此时如果 $\overline{\text{RST}}$ 从低变为高，即启动数据传输，则 SCLK 的上升沿将数据写入 DS1302，而在 SCLK 的下降沿从 DS1302 读出数据。若 $\overline{\text{RST}}$ 为低，则禁止数据传输，读/写时序如图 12 - 8 所示。数据传输时，低位在前，高位在后。

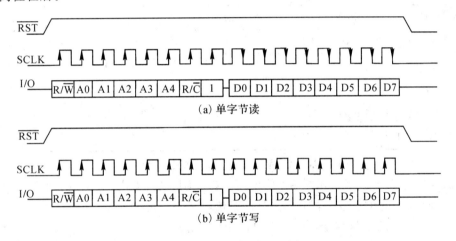

图 12 - 8　DS1302 读/写时序

2. DS1302 的命令字格式

单片机对 DS1302 的读/写都必须由单片机先向 DS1302 写入一个命令字（8 位）发起，命令字的格式见表 12 - 1。

表 12 - 1　DS1302 的命令字格式

D7	D6	D5	D4	D3	D2	D1	D0
1	RAM/$\overline{\text{CK}}$	A4	A3	A2	A1	A0	RD/$\overline{\text{W}}$

命令字中各位的功能如下：

· D7：必须为逻辑 1，如为 0，则禁止写入 DS1302。

· D6：1 表示读/写 RAM 数据，0 表示读/写时钟/日历数据。

· D5～D1：读/写单元的地址。

· D0：1 表示对 DS1302 读操作，0 表示对 DS1302 写操作。

注意：命令字（8 位）总是低位在先，命令字的每 1 位都是在 SCLK 的上升沿送出的。

3. DS1302 的内部寄存器

DS1302 片内各时钟/日历寄存器以及其他功能寄存器见表 12-2。通过向寄存器写入命令字实现对 DS1302 的操作。例如，如果要设置秒寄存器的初始值，需要先写入命令字 80H（见表 12-2），然后向秒寄存器写入初始值；如果要读出某时刻秒的值，需要先写入命令字 81H，然后从秒寄存器读取秒值。表 12-2 中各寄存器"取值范围"列存放的数据均为 BCD 码。

表 12-2　主要寄存器的命令字、取值范围及各位内容

寄存器名（地址）	命令字		取值范围	各位内容				
	写	读		D7	D6	D5	D4	D3～D0
秒寄存器（00H）	80H	81H	00～59	CH	10SEC			SEC
分寄存器（01H）	82H	83H	00～59	0	10MIN			MIN
小时寄存器（02H）	84H	85H	01～12 或 00～23	12/24	0	AP	HR	HR
日寄存器（03H）	86H	87H	01～28, 29, 30, 31	0	0	10DATIE		DATE
月寄存器（04H）	88H	89H	01～12	0	0	0	10M	MONTH
星期寄存器（05H）	8AH	8BH	01～07	0	0	0	0	DAY
年寄存器（06H）	8CH	8DH	01～99	10YEAR				YEAR
写保护寄存器（07H）	8EH	8FH		WP	0	0	0	0
涓流充电寄存器（08H）	90H	91H		TCS	TCS	TCS	TCS	DS DS RS RS
时钟突发寄存器（3EH）	BEH	BFH						

表 12-2 中，前 7 个寄存器的各特殊位符号的意义如下：

- CH：时钟暂停位，1 表示振荡器停止，DS1302 为低功耗方式，0 表示时钟开始工作。
- 10SEC：秒的十位数字，SEC 为秒的个位数字。
- 10MIN：分的十位数字，MIN 为分的个位数字。
- 12/24：12 或 24 小时方式选择位。
- AP：小时格式设置位，0 表示上午模式（AM），1 表示下午模式（PM）。
- 10DATE：日期的十位数字，DATE 为日期的个位数字。
- 10M：月的十位数字，MONTH 为日期的个位数字。
- DAY：星期的个位数字。
- 10YEAR：年的十位数字，YEAR 为年的十位数字。

表 12-2 中，最后 3 个寄存器的功能及特殊位符号的意义说明如下：

- 写保护寄存器：该寄存器的 D7 位 WP 是写保护位，其余 7 位（D0～D6）置为 0。在对时钟/日历单元和 RAM 单元进行写操作前，WP 必须为 0，即允许写入。当 WP 为 1 时，用来防止对其他寄存器进行写操作。
- 涓流充电寄存器：慢充电寄存器，用于管理备用电源的充电。该寄存器各位含义如下：

TCS：当 4 位 TCS=1010 时，才允许使用涓流充电寄存器，其他任何状态都将禁止使用涓流充电寄存器。

DS：两位 DS 位用于选择连接在 VCC2 和 VCC1 之间的二极管数目。1 表示选择 1 个二极管；10 表示选择 2 个二极管；11 或 00 表示涓流充电器被禁止。

RS：两位 RS 位用于选择涓流充电器内部在 VCC2 和 VCC1 之间的连接电阻。当 RS＝01 时，选择 R1(2 kΩ)；当 RS＝10 时，选择 R2(4 kΩ)；当 RS＝11 时，选择 R3(8 kΩ)；当 RS＝00 时，不选择任何电阻。

• 时钟突发寄存器：单片机对 DS1302 除了单字节数据读/写外，还可采用突发方式，即多字节的连续读/写。在多字节连续读/写中，只需要对地址为 3EH 的时钟突发寄存器进行读/写操作，即把对时钟/日历或 RAM 单元的读/写设定为多字节方式。在多字节方式中，读/写都开始于地址 0 的 D0 位。当多字节方式写时钟/日历时，必须按照数据传送的次序写入最先的 8 个寄存器；但是以多字节方式写 RAM 时，没有必要写入所有的 31 个字节，每个被写入的字节都被传输到 RAM，无论 31 个字节是否都被写入。

12.5.2 电路设计与编程

【例 12 - 5】 制作一个使用时钟/日历芯片 DS1302 并采用 LCD1602(即 Proteus 中的 LMO16L)显示的日历/时钟，基本功能如下：

(1) 显示 6 个参量的内容，第一行显示年、月、日，第二行显示时、分、秒。

(2) 闰年自动判别。

(3) 键盘采用动态扫描方式查询，参量应能进行增 1 修改，由"启动日期与时间修改"功能键 k1 和 6 个参量修改键的组合来完成增 1 修改，即先按一下 k1，然后按一下被修改的参量键，即可使该参量增 1，修改完毕，再按一下 k1 表示修改结束确认。

本例时钟/日历原理电路与仿真如图 12 - 9 所示。LCD1602 分两行显示日历与时钟。

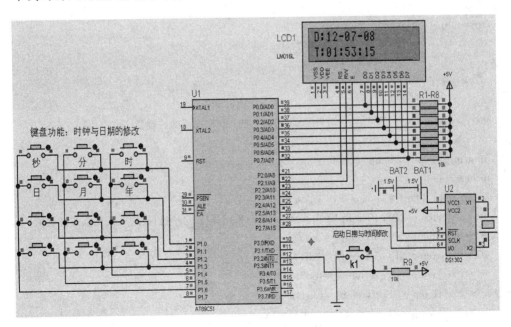

图 12 - 9　LCD 显示的时钟/日历原理电路及仿真

图 12 - 9 中，4×3 矩阵键盘只用到了其中 2 行键共 6 个，余下其他按键没有使用，可

用于将来的键盘功能扩展。

参考程序如下：

```c
#include<reg51.h>
#include "LCD1602.h"          //液晶显示器 LCD1602 头文件
#include "DS1302.h"           //时钟/日历芯片 DS1302 头文件
#define uchar unsigned char
#define uint unsigned int
bit key_flag1=0, key_flag2=0;
SYSTEMTIME adjusted;          //此处为结构体定义
uchar sec_add=0, min_add=0, hou_add=0;
uchar day_add=0, mon_add=0, yea_add=0;
uchar data_alarm[7]={0};
int key_scan()                //函数功能：键盘扫描，判断是否有键按下
{
    int i=0;
    uint temp;
    P1=0xf0;
    temp=P1;
    if(temp!=0xf0)
    {
      i=1;
    }
    else
    {
      i=0;
    }
    return i;
}
uchar key_value()             //函数功能：获取按下的按键值
{
  uint m=0, n=0, temp;
  uchar value;
  uchar v[4][3]={'2','1','0','5','4','3','8','7','6','b','a','9'};
  P1=0xfe;temp=P1;if(temp!=0xfe)m=0;  //采用分行、分列扫描的形式获取按键键值
  P1=0xfd;temp=P1;if(temp!=0xfd)m=1;
  P1=0xfb;temp=P1;if(temp!=0xfb)m=2;
  P1=0xf7;temp=P1;if(temp!=0xf7)m=3;
  P1=0xef;temp=P1;if(temp!=0xef)n=0;
  P1=0xdf;temp=P1;if(temp!=0xdf)n=1;
  P1=0xbf;temp=P1;if(temp!=0xbf)n=2;
  value=v[m][n];
  return value;
```

```
}
void adjust(void)                    //函数功能：修改各参量
{
    if(key_scan()&&key_flag1)
    switch(key_value())
    {
        case '0'：sec_add++;break;
        case '1'：min_add++;break;
        case '2'：hou_add++;break;
        case '3'：day_add++;break;
        case '4'：mon_add++;break;
        case '5'：yea_add++;break;
        default：break;
    }
    adjusted.Second+=sec_add;
    adjusted.Minute+=min_add;
    adjusted.Hour+=hou_add;
    adjusted.Day+=day_add;
    adjusted.Month+=mon_add;
    adjusted.Year+=yea_add;
    if(adjusted.Second>59)
    {
        adjusted.Second=adjusted.Second%60;
        adjusted.Minute++;
    }
    if(adjusted.Minute>59)
    {
        adjusted.Minute=adjusted.Minute%60;
        adjusted.Hour++;
    }
    if(adjusted.Hour>23)
    { adjusted.Hour=adjusted.Hour%24;
        adjusted.Day++;
    }
    if(adjusted.Day>31)
        adjusted.Day=adjusted.Day%31;
    if(adjusted.Month>12)
        adjusted.Month=adjusted.Month%12;
    if(adjusted.Year>100)
        adjusted.Year=adjusted.Year%100;
}
void changing(void) interrupt 0 using 0 //中断处理函数，修改参量，或修改确认
{
```

```
        if(key_flag1)
        key_flag1=0;
        else
        key_flag1=1;
    }
    main()                              //主函数
    {   uint i;
        uchar p1[]="D: ", p2[]="T: ";
        SYSTEMTIME T;
        EA=1;
        EX0=1;
        IT0=1;
        EA=1;
        EX1=1;
        IT1=1;
        init1602();
        Initial_DS1302();
        while(1){
            write_com(0x80);
            write_string(p1, 2);
            write_com(0xc0);
            write_string(p2, 2);
            DS1302_GetTime(&T);
            adjusted.Second=T.Second;
            adjusted.Minute=T.Minute;
            adjusted.Hour=T.Hour;
            adjusted.Week=T.Week;
            adjusted.Day=T.Day;
            adjusted.Month=T.Month;
            adjusted.Year=T.Year;
            for(i=0;i<9;i++)
            { adjusted.DateString[i]=T.DateString[i];
                adjusted.TimeString[i]=T.TimeString[i];
            }
            adjust();
            DateToStr(&adjusted);
            TimeToStr(&adjusted);
            write_com(0x82);
            write_string(adjusted.DateString, 8);
            write_com(0xc2);
            write_string(adjusted.TimeString, 8);
            delay(10);
        }
    }
```

　　程序中使用了自行编写的液晶显示器 LCD1602 的头文件"LCD1602.h"，由于液晶显示器 LCD1602 是单片机应用系统经常用到的器件，因此将其常用到的驱动函数等函数写成一个头文件，如果以后在其他项目中也用到 LCD1602，只需将该头文件包含进来即可，这样为程序的编写提供了方便。同理，对时钟/日历芯片 DS1302 的控制也可自行编写头文件"DS1302.h"，以后在其他项目中将该头文件包含进来即可。

12.6　电话拨号的模拟

12.6.1　模拟电话拨号的设计要求

　　本节的任务是设计模拟电话拨号时的状况，把模拟电话键盘拨出的某一电话号码显示在 LCD 显示屏上。

12.6.2　电路设计与编程

　　【例 12 - 6】　设计一个模拟电话拨号时的电话键盘及显示装置，即把电话键盘拨出的电话号码及其他信息显示在 LCD 显示屏上。电话键盘共有 12 个键，除了 0～9 这 10 个数字键外，还有"＊"键用于删除最后输入的 1 位号码的功能，"♯"键用于清除显示屏上所有的数字显示。此外，求每按下一个键，蜂鸣器要发出声响，以表示按下该键。显示的信息共 2 行，第 1 行为设计者信息，第 2 行显示所拨的电话号码。

　　本例的电话拨号键盘采用 4×3 矩阵键盘，共 12 个键。拨号号码的显示采用 LCD1602 液晶显示模块。因此涉及单片机与 4×3 矩阵式键盘以及与 16×2 液晶显示屏的接口设计，还有各种驱动程序的编制。液晶显示屏采用 LCD1602（即 Proteus 中的 LM016L）。

　　本设计的原理电路及仿真如图 12 - 10 所示。

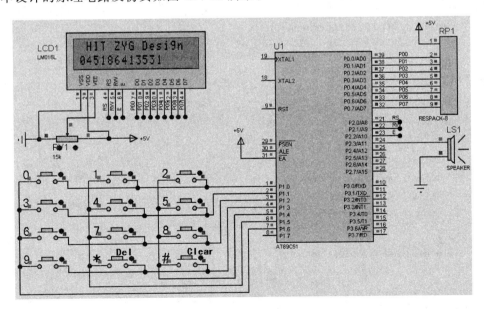

图 12 - 10　电话拨号的模拟

参考程序如下：

```c
#include <reg51.h>
#define uint unsigned int
#define uchar unsigned char
uchar keycode，DDram_value=0xc0;
sbit rs=P2^0;
sbit rw=P2^1;
sbit e =P2^2;
sbit speaker=P2^3;
uchar code table[]={0x30，0x31，0x32，0x33，0x34，0x35，0x36，0x37，0x38，0x39，0x20};
uchar code table_designer[]=" HIT ZYG Design ";    //第1行显示设计者的信息
void lcd_delay();
void delay(uint n);
void lcd_init(void);
void lcd_busy(void);
void lcd_wr_con(uchar c);
void lcd_wr_data(uchar d);
uchar checkkey(void);
uchar keyscan(void);
void main()
{
    uchar num;
    lcd_init();
    lcd_wr_con(0x80);
    for(num=0;num<=14;num++)
    {
        lcd_wr_data(table_designer[num]);
    }
    while(1)
    {
        keycode=keyscan();
        if((keycode>=0)&&(keycode<=9))
        {
            lcd_wr_con(0x06);
            lcd_wr_con(DDram_value);
            lcd_wr_data(table[keycode]);
            DDram_value++;
        }
        else if(keycode==0x0a)
        {
            lcd_wr_con(0x04);
            DDram_value--;
            if(DDram_value<=0xc0)
```

```
            {
                DDram_value=0xc0;
            }
            else if(DDram_value>=0xcf)
            {
                DDram_value=0xcf;
            }
            lcd_wr_con(DDram_value);
            lcd_wr_data(table[10]);
        }
        else if(keycode==0x0b)
        {
            uchar i, j;
            j=0xc0;
            for(i=0;i<=15;i++)
            {
                lcd_wr_con(j);
                lcd_wr_data(table[10]);
                j++;
            }
            DDram_value=0xc0;
        }
    }
}

void lcd_delay()                    //函数功能：液晶显示延时
{
    uchar y;
    for(y=0;y<0xff;y++)
    {
        ;
    }
}

void lcd_init(void)                 //函数功能：液晶初始化
{
    lcd_wr_con(0x01);
    lcd_wr_con(0x38);
    lcd_wr_con(0x0c);
    lcd_wr_con(0x06);
}

void lcd_busy(void)                 //函数功能：判断液晶是否忙
```

```
    {
        P0＝0xff;
        rs＝0;
        rw＝1;
        e＝1;
        e＝0;
        while(P0&0x80)
        {
            e＝0;
            e＝1;
        }
        lcd_delay();
    }

    void lcd_wr_con(uchar c)              //函数功能：向液晶显示器写入命令
    {
        lcd_busy();
        e＝0;
        rs＝0;
        rw＝0;
        e＝1;
        P0＝c;
        e＝0;
        lcd_delay();
    }
    void lcd_wr_data(uchar d)             //函数功能：向液晶写数据
    {   lcd_busy();
        e＝0;
        rs＝1;
        rw＝0;
        e＝1;
        P0＝d;
        e＝0;
        lcd_delay();
    }
    void delay(uint n)                    //函数功能：延时
    {
        uchar i;
        uint j;
        for(i＝50;i＞0;i－－)
        for(j＝n;j＞0;j－－);
```

```
    uchar checkkey(void)              //函数功能：检测键有无按下
  {
      uchar temp;
      P1=0xf0;
      temp=P1;
      temp=temp&0xf0;
      if(temp==0xf0)
      {
        return(0);
      }
      else{
        return(1);
      }
  }
}
    uchar keyscan(void)               //函数功能：键盘扫描并返回所按下的键盘号
  {
      uchar hanghao, liehao, keyvalue, buff;
      if(checkkey()==0)
      {
        return(0xff);                 //无键按下，返回 0xff
      }
      else                            //无键按下，返回 0xff
      {
        uchar sound;
        for(sound=50;sound>0;sound--)
        {
          speaker=0;
          delay(1);
          speaker=1;
          delay(1);
        }
        P1=0x0f;
        buff=P1;
        if(buff==0x0e)
        {
          hanghao=0;
        }
        else if(buff==0x0d)
        {
          hanghao=3;
```

```
        }
        else if(buff==0x0b)
        {
          hanghao=6;
        }
        else if(buff==0x07)
        {
          hanghao=9;
        }
        P1=0xf0;
        buff=P1;
        if(buff==0xe0)
        {
          liehao=2;
        }
        else if(buff==0xd0)
        {
          liehao=1;
          else if(buff==0xb0)
        {
          liehao=0;
        }
        keyvalue=hanghao+liehao;
        while(P1!=0xf0);
        return(keyvalue);
    }
}
```

12.7　简易音符发生器的制作

12.7.1　设计要求与工作原理

设计一个音乐音符发生器，其原理是：分别按下键盘的 1，2，3，4，5，6，7，$\overline{1}$(高音)8 个键，可发出 8 个不同音符的声音，即发出"哆"、"来"、"咪"、"发"、"梭"、"拉"、"西"、"哆"(高音)的音符声音，并且要求按下按键松开后延迟一段时间停止，如果再按其他键，则发出另一音符的声音。

若系统扫描到键盘上有键被按下，则快速检测出是哪一个键被按下，然后单片机的定时器被启动，发出相应音符频率的脉冲，该音符脉冲输入到蜂鸣器后，就会发出相应的音调。如果在前一个按下的键发声的同时有另一个键被按下，则启用中断系统，前面键的发音停止，转到后按下键的发音程序，发出相应的音符声音。

发出不同音符声音的原理就是：不同音符对应不同音符频率的方波，即给定时器 T0 载入不同的定时时间常数，从而产生对应频率的方波，驱动蜂鸣器发出音符声音。

12.7.2　电路设计与编程

音乐音符发生器的原理电路与仿真如图 12-11 所示。在"Clock Frequency"栏中输入晶振频率为 11.0592 MHz。依次按下不同的音符选择按键就可发出不同声音。

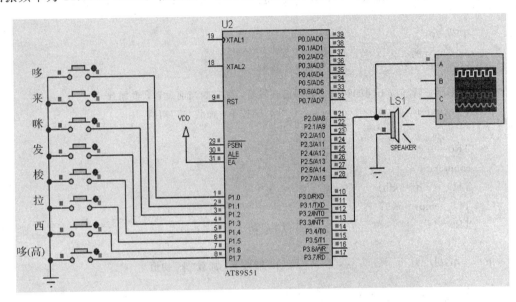

图 12-11　简易音乐音符发生器原理电路与仿真

参考程序如下：

```
//本例晶振频率为 11.0592 MHz,计算各音符频率,可得哆、来、咪、发、梭、拉、西、哆(高音)8个
//音符的频率,应赋给定时器的初值(十进制)为 64409 64604 64705 64751 64837 64914 64982 65032,
//则通过定时器 T0 输出不同频率的方波
#include<reg51.h>
sbit P3_3=P3^3;
unsigned char idata i,TL0_temp=0,TH0_temp=0,counter=0;
void T0_func() interrupt 1
{                                    //定时器 T0 中断服务程序,T0 产生方波
    TH0=TH0_temp;                    //装载时间常数
    TL0=TL0_temp;
    P3_3=~P3_3;                      //P3.3 脚求反,输出方波
}

void main()                         //主函数
{
    P1=0xff;                        //向 P1 口写入全 1,输入口
    TMOD=0x01;                      //设定时器 T0 为方式 1 定时
```

```
        ET0=1;                          //允许 T0 中断
        EA=1;                           //总中断允许
        TH0=0;                          //T0 清 0
        TL0=0;
        TCON=0x10;                      //总中断允许
        while(1){
        i=P1;
        if((i==0xff)||(counter>=100))   //无键按下，或者发音结束，则停止计数
        {
            TR0=0;
            counter=0;
        }
        //对不同音阶加载不同的初值。如果已在发音，则打断当前发音，重加载
        if(i==0xfe)                      //"哆"键按下，加载"哆"初值
        {
            TR0=0;
            counter=0;
            TH0_temp=0xfb;
            TL0_temp=0xe9;
            TR0=1;                       //T0 启动
        }
    if(i==0xfd)                          //"来"键按下，加载"来"初值
    {
        TR0=0;
        counter=0;
        TH0_temp=0xfc;
        TL0_temp=0x5c;
        TR0=1;                           //T0 启动
    }
    if(i==0xfb)                          //"咪"键按下，加载"咪"初值
    {
        TR0=0;                           //停止 T0
        counter=0;
        TH0_temp=0xfc;
        TL0_temp=0xc1;
        TR0=1;                           //T0 启动
    }
    if(i==0xf7)                          //"发"键按下，加载"发"初值
    {
        TR0=0;                           //停止 T0
        counter=0;
        TH0_temp=0xfc;
        TL0_temp=0xef;
```

```
      TR0＝1；                          //T0 启动
   }
   if(i＝＝0xef)                       //"梭"键按下，加载"梭"初值
   {
      TR0＝0；                          //停止 T0
      counter＝0；
      TH0_temp＝0xfd；
      TL0_temp＝0x45；
      TR0＝1；                          //T0 启动
   }
   if(i＝＝0xdf)                       //"拉"键按下，加载"拉"初值
   {
      TR0＝0；                          //停止 T0
      counter＝0；
      TH0_temp＝0xfd；
      TL0_temp＝0x92；
      TR0＝1；
   }
   if(i＝＝0xbf)                       //"西"键按下，加载"西"初值
   {
      TR0＝0；
      counter＝0；
      TH0_temp＝0xfd；
      TL0_temp＝0xd6；
      TR0＝1；
   }
   if(i＝＝0x7f)                       //"哆(高音)"键按下，加载其初值
   {
      TR0＝0；
      counter＝0；
      TH0_temp＝0xfe；
      TL0_temp＝0x08；
      TR0＝1；
   }
}
```

12.8 8 位竞赛抢答器设计

目前，各类竞赛中大多会用到竞赛抢答器，以单片机为核心配上抢答按钮开关以及数码管显示器并结合编写的软件，很容易制作一个竞赛抢答器，且修改方便。

12.8.1 设计要求

设计一个以单片机为核心的 8 位竞赛抢答器，要求如下：

（1）抢答器同时供 8 名选手或 8 个代表队比赛，分别用 8 个按钮 S0～S7 表示。

（2）设置一个系统清除和抢答控制开关 S，该开关由主持人控制。

（3）抢答器具有锁存与显示功能，即选手按动按钮，锁存相应的编号，且优先抢答选手的编号一直保持到主持人将系统清除为止。

（4）抢答器具有定时抢答功能，且一次抢答的时间由主持人设定（如 30 s）。当主持人启动"开始"键后，定时器进行减计时，同时扬声器发出短暂的声响，声响持续的时间为 0.5 s 左右。

（5）参赛选手在设定的时间内进行抢答，抢答有效，定时器停止工作，显示器上显示选手的编号和抢答剩余时间，并保持到主持人将系统清除为止。

（6）如果定时时间已到，无人抢答，本次抢答无效，系统报警并禁止抢答，定时显示器上显示 00。

通过键盘改变可抢答的时间，可把定时时间变量设为全局变量，通过键盘扫描程序使每按下一次按键，时间加 1（超过 30 时置 0）。同时单片机不断进行按键扫描，当参赛选手的按键按下时，用于产生时钟信号的定时计数器停止计数，同时将选手编号（按键号）和抢答时间分别显示在 LED 上。

12.8.2　电路设计与仿真

8 位竞赛抢答器的原理电路与仿真如图 12-12 所示。选择晶振频率为 12 MHz。图 12-12 所示为剩余 18 s 时，7 号选手抢答成功。图 12-12 中使用的 MAX7219 是一串行接收数据的动态扫描显示驱动器。MAX7219 驱动 8 位以下 LED 显示器时，它的 DIN、LOAD、CLK 端分别与单片机 P3 口中的三条口线（P3.0～P3.2）相连。

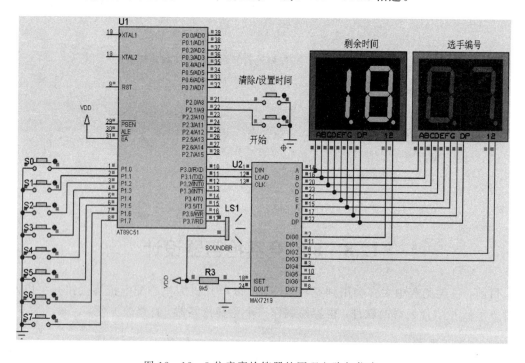

图 12-12　8 位竞赛抢答器的原理电路与仿真

MAX7219 采用 16 位数据串行移位接收方式，即单片机将 16 位二进制数逐位发送到 DIN 端，在 CLK 的每个上升沿将一位数据移入 MAX7219 内的移位寄存器，当 16 位数据移完后，在 LOAD 引脚信号上升沿将 16 位数据装入 MAX7219 内的相应位置，能对送入的数据进行 BCD 译码并显示。本例程序中，对 MAX7219 进行了相应的初始化设置，具体请查阅有关 MAX7219 的技术资料。

参考程序如下：

```c
#include<reg51.h>
sbit DIN=P3^0;                      //与 MAX7219 接口的定义
sbit LOAD=P3^1;
sbit CLK=P3^2;
sbit key0=P1^0;                     //8 路抢答器按键
sbit key1=P1^1;
sbit key2=P1^2;
sbit key3=P1^3;
sbit key4=P1^4;
sbit key5=P1^5;
sbit key6=P1^6;
sbit key7=P1^7;
sbit key_clear=P2^0;                //主持人时间设置、清除
sbit begin=P2^1;                    //主持人开始按键
sbit sounder=P3^7;                  //蜂鸣器
unsigned char second=30;            //秒表计数值
unsigned char counter=0;            //counter 每 100，minute 加 1
unsigned char people=0;             //抢答结果
unsigned char
num_add[]={0x01,0x02,0x03,0x04,0x05,0x06,0x07,0x08};//MAX7219 读写地址、内容
unsigned char num_dat[]={0x80,0x81,0x82,0x83,0x84,0x85,0x86,0x87,0x88,0x89};

unsigned char keyscan()             //键盘扫描函数
{
    unsigned char keyvalue, temp;
    keyvalue=0;
    P1=0xff;
    temp=P1;
    if(~(P1&temp))
    {
        switch(temp)
        {
            case 0xfe:
            keyvalue=1;
            break;
            case 0xfd:
```

```
            keyvalue=2;
            break;
            case 0xfb:
            keyvalue=3;
            break;
            case 0xf7:
            keyvalue=4;
            break;
            case 0xef:
            keyvalue=5;
            break;
            case 0xdf:
            keyvalue=6;
            break;
            case 0xbf:
            keyvalue=7;
                break;
            case 0x7f:
            keyvalue=8;
            break;
            default:
            keyvalue=0;
            break;
        }
    }
    return keyvalue;
}


void max7219_send(unsigned char add, unsigned char dat)// 函数功能：向 MAX7219 写命令
{
    unsigned charADS, i, j;
    LOAD=0;
    i=0;
    while(i<16)
    {
        if(i<8)
        {
            ADS=add;
        }
        else
        {
            ADS=dat;
        }
```

```
    for(j=8;j>=1;j--)
    {
        DIN=ADS&0x80;
        ADS=ADS<<1;
        CLK=1;
        CLK=0;
    }
    i=i+8;
    }
    LOAD=1;
}

void max7219_init()                 //函数功能：MAX7219 初始化
{
    max7219_send(0x0c, 0x01);
    max7219_send(0x0b, 0x07);
    max7219_send(0x0a, 0xf5);
    max7219_send(0x09, 0xff);
}

void time_display(unsigned char x)      //函数功能：时间显示
{
    unsigned char i, j;
    i=x/10;
    j=x%10;
    max7219_send(num_add[1], num_dat[j]);
    max7219_send(num_add[0], num_dat[i]);
}

void scare_display(unsigned char x)     //函数功能：抢答结果显示
{
    unsigned char i, j;
    i=x/10;
    j=x%10;
    max7219_send(num_add[3], num_dat[j]);
    max7219_send(num_add[2], num_dat[i]);
}

void holderscan()                   //函数功能：抢答时间设置，0~60 s
{
    time_display(second);
    scare_display(people);
```

```
    if(~key_clear)                    //如果有键按下，则改变抢答时间
    {
      while(~key_clear);
      if(people)                      //如果抢答结果没有清空，则抢答器重置
      {
        second=30;
        people=0;
      }
      if(second<60)
      {
        second++;
      }
      else
      {
        second=0;
      }
    }
}
void timer_init()                     //定时器 T0 初始化
{
    EA=1;
    ET0=1;
    TMOD=0x01;                        //定时器 T0 采用方式 0 定时
    TH0=0xd8;                         //装入定时器定时常数，设定 10 ms 中断一次
    TL0=0xef;
}
void main()
{
    while(1)
    {
      do
      {
        holderscan();
      }while(begin);                  //开始前进行设置，若未按下开始键
      while(~begin);                  //防抖
      max7219_init();                 //芯片初始化
      timer_init();                   //中断初始化
      TR0=1;                          //开始中断
      do
      {
        time_display(second);
        scare_display(people);
        people=keyscan();
```

```
    }while((! people)&&(second));    //运行直到抢答结束或时间结束
    TR0=0;
    }
}


void timer0() interrupt 1                //定时器 T0 中断函数
{
    if(counter<100)
    {
    counter++;
    if(counter==50)
    {
        sounder=0;
    }
    }
    else
    {
    sounder=1;
    counter=0;
    second=second-1;
    }
        TH0=0xd8;                        //重新装载
        TL0=0xef;
        TR0=1;
}
```

12.9 电梯运行控制的楼层显示

12.9.1 工作原理与设计要求

设计采用单片机控制 8×8 LED 点阵屏来模仿电梯运行的楼层显示装置。

电梯楼层显示器初始显示 0。单片机的 P1 口的 8 只引脚接有 8 只按键开关 k1～k8，这 8 只按键开关分别代表 1 楼～8 楼。如果按下代表某一楼层的按键，单片机控制的点阵屏将从当前位置向上或向下平滑滚动显示到指定楼层的位置。

在上述功能的基础上，还设有 LED 指示灯和蜂鸣器，在到达指定楼层后蜂鸣器发出短暂声音且 LED 闪烁片刻。系统还应同时识别依次按下的多个按键。例如，当前位置在 1 层时，用户依次按下 6、5，则数字分别向上滚动到 5、6 时暂停且 LED 闪烁片刻，同时蜂鸣器发出提示音。如果在待去的楼层的数字中有的为当前运行的反方向，则数字先在当前方向运行完毕后，再依次按顺序前往反方向的楼层位置。

12.9.2 电梯运行控制的楼层显示

本例的原理电路与仿真如图 12-13 所示。电路中采用 P2 口用于 8×8 点阵的行选通控制，P1 口完成对楼层按键的读取及确认。

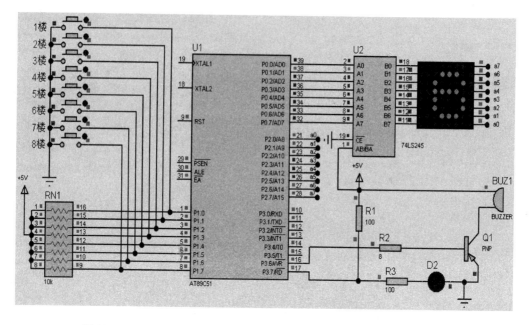

图 12-13　8×8 LED 点阵屏模仿电梯数字滚动显示电路原理图与仿真

参考程序如下：

```
#include"reg51.h"
#include"intrins.h"
#define uchar unsigned char
#define uint unsigned int
sbit p36＝P3^6;
sbit p37＝P3^7;
void delay(uint t);
//定义全局变量
uint terminal;
uint outset＝0;
uint flag＝0;
uint flag1＝0;
uint flag2＝0;

uchar code scan[]＝{0x01, 0x02, 0x04, 0x08, 0x10, 0x20, 0x40, 0x80};//扫描代码
//以下为显示"0, 1, 2, 3, 4, 5, 6, 7, 8"的 8×8 点阵代码
uchar code zm[]＝{
0x00, 0x18, 0x24, 0x24, 0x24, 0x24, 0x18, 0x00, 0x00, 0x10, 0x1c, 0x10, 0x10, 0x10, 0x3c,
0x00, 0x00, 0x38, 0x44, 0x40, 0x20, 0x10, 0x7c, 0x00, 0x00, 0x38, 0x44, 0x30, 0x40, 0x44, 0x38,
0x00, 0x00, 0x20, 0x30, 0x28, 0x24, 0x7e, 0x20, 0x00, 0x00, 0x7c, 0x04, 0x3c, 0x40, 0x40, 0x3c,
0x00, 0x00, 0x38, 0x44, 0x3c, 0x44, 0x44, 0x38, 0x00, 0x00, 0x7e, 0x40, 0x40, 0x20, 0x10, 0x10,
0x00, 0x00, 0x38, 0x44, 0x38, 0x44, 0x44, 0x38, 0x00};
```

```
void soundandled(uint j) //函数功能：提示楼层到，蜂鸣器发声及 LED 闪亮
{
    uint i, k;
    P0=0xff;P2=0xff;
    for(i=0;i<20;i++)
    {
        p36=0;
        delay(10);
        p36=1;
        for(k=0;k<8;k++)
        {
            P0=scan[k];
            P2=~zm[j*8+k];
            p37=1;
            delay(5);
            p37=0;
        }
    }
}


unsigned int keyscan(void)              //函数功能：键盘扫描
{
    if(P1!=0xff)
    {
        switch(P1)
        {
            case 0x7f：{return(8);break;}
            case 0xbf：{return(7);break;}
            case 0xdf：{return(6);break;}
            case 0xef：{return(5);break;}
            case 0xf7：{return(4);break;}
            case 0xfb：{return(3);break;}
            case 0xfd：{return(2);break;}
            case 0xfe：{return(1);break;}
            default：return(0);
        }
    }
}


void downmove(uint m, uint n)//函数功能：电梯下行
{
    uint k, j, i;
    for(k=m*8;k>n*8;k--)
```

```
    {
      for(j=0;j<30;j++)
      {
        for(i=7;i>=0&&i<8;i--)
        {
          if(P1!=0xff)
          {
            outset=keyscan();
            if((outset>n)&&(outset<m))
            {
              flag1=outset;
              outset=n;
              n=flag1;
              terminal=n;
            }while(P1!=0xff);
        } //在最里面循环中加判别，可增加按键的灵敏度。如果不加，则
               //只能运行完所有循环才进入下一步
          P0=scan[i];
          P2=~zm[(i+k)%72];
          delay(1);
        }
      }
    }
}


void upmove(unsigned int m, unsigned int n)      //函数：电梯上行
{
  uint k, j, i;
  for(k=m*8;k<n*8;k++)
  {
    for(j=0;j<30;j++)
    {
      for(i=0;i<8;i++)
      {
        if(P1!=0xff)
        {
          outset=keyscan();
          if((outset>m)&&(outset<n))
          {
            flag1=outset;
            outset=n;
            n=flag1;
            terminal=n;
```

```
            }
        while(P1!=0xff);
    } //在最里面循环中加入判别，可增加按键的灵敏度。如果不加，则只
            //能运行完所有循环才进入下一步
        P0=scan[i];
        P2=~zm[(i+k)%72];
        delay(1);
        }
    }
}
}


void show(unsigned int i)            //函数功能：电梯静止，并等待键盘
{
    uint k;
    while(P1!=0xff);
    while(P1==0xff)
    {
        for(k=0;k<8;k++)
        {
            P0=scan[k];
            P2=~zm[i*8+k];
            delay(1);
        }
    }
}


void main()                          //主程序
{
    p37=0;
    P2=0xff;
    P0=0x00;
    while(1)
    {
        show(flag);              //显示电梯初始位置，等待按键动作
        terminal=keyscan();      //获取键值
        if(terminal>flag)
        {upmove(flag,terminal); soundandled(terminal);}
        if(terminal<flag)        //如键值大于初始位置，电梯上行
        {downmove(flag,terminal); soundandled(terminal);}
        flag=terminal;           //如键值大于初始位置，电梯下行
        if(outset!=0)
        {
```

```
        if(outset>terminal)
        {upmove(terminal,outset);soundandled(outset);}
        if(terminal>outset)
        {downmove(terminal,outset);soundandled(outset);}
        flag=outset;
        outset=0;
        }
    }
}
void delay(uint t)
{
    uchar a;
    while(t--)
    for(a=0;a<122;a++);
}
```

12.10　基于热敏电阻的数字温度计设计

12.10.1　工作原理与技术要求

本节使用铂热电阻 PT100 作为温度传感器，其阻值会随着温度的变化而改变。PT100 中的 100 表示它在 0℃时阻值为 100 Ω，PT100 在 100℃时阻值约为 138.5 Ω，厂家提供有 PT100 在各温度下电阻阻值的分度表，在此可以近似取电阻变化率为 0.385 Ω/℃。向 PT100 输入稳恒电流，再通过转换后测定 PT100 两端的电压，即可得到 PT100 的电阻值，进而推算出当前的温度值。本节采用 2.55 mA 电流源对 PT100 供电，然后用运算放大器 LM324 搭建的同相放大电路将其电压信号放大 10 倍后输入到 AD0804 中。利用电阻变化率为 0.385 Ω/℃的特性，可计算出当前的温度值。

使用热敏电阻类的温度传感器件，利用其感温效应，将随被测温度变化的电压或电流用单片机采集下来，可将被测温度在数码管显示器上显示出来。具体技术要求如下：

（1）测量温度范围为−50℃～110℃。

（2）精度误差小于 0.5℃。

（3）LED 数码直读显示。

12.10.2　电路设计与编程

基于热敏电阻的数字温度计原理电路与仿真如图 12 - 14 所示。

注意：本例采用 PT100 的"两线制"接线方式，属于精度稍低的接线法，如果有条件，可尝试采用工业上广泛使用的"三线制"接线方式和精度很高的"四线制"接线方式。

电路中的 A/D 转换器采用了 ADC0804，ADC0804 为 8 位逐次逼近型 A/D 转换器，内部由 1 个 A/D 转换器和 1 个三态输出锁存器组成，单通道输入，转换时间约为 100 μs，非线性误差为 ±1 LSB，电源电压为单一＋5 V。如要对多路模拟量进行转换，可采用

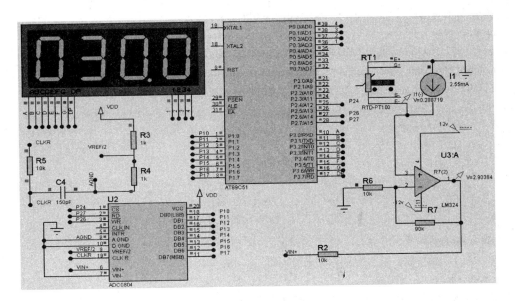

图 12 - 14　基于热敏电阻的数字温度计原理电路与仿真

ADC0809（在 Proteus 中用 ADC0808 代替）。ADC0809 与 ADC0804 相比，多了 1 个 8 路模拟开关和 1 个 3 位地址锁存译码器，ADC0809 可对 8 个模拟通道的模拟量分时输入并转换。除这一点外，其他均相同。

　　启动仿真，PT100 旁边的数字窗口显示的为测定的环境温度，通过调整 PT100 的"↓"和"↑"即可模拟环境温度的改变，使得显示器上显示的值随着 PT100 的变化而变化。值得注意的是，由于使用的核心测温器件 PT100 对温度存在一定的响应时间，因此启动程序一段时间后，测定的温度才能稳定下来。

　　本温度计的测温误差主要有以下几点：

　　（1）ADC0804 为 8 位 ADC 芯片，精度有限。

　　（2）程序假定 PT100 为完全线性的器件，然而即使是厂家推荐的线性值也会存在一定误差。

　　（3）运放电路并非绝对线性。

　　如果使用 12 位 ADC 芯片，采用"四线制"的 PT100 接法，用查表法测定温度值，则将极大地提高温度测量精度。

　　参考程序如下：

```
# include<reg51.h>
# include <intrins.h>
# define Disdata P3
# define discan P0
sbit adrd=P2^7;                //I/O 口定义
sbit adwr=P2^6;
sbit csad=P2^4;
sbit  DIN=P3^7;                //LED 显示小数点控制

unsigned char j, k, ad_data, t;
```

```
unsigned char dis[4]={0x00,0x00,0x00,0x00};
unsigned char code dis_7[12]={0x3f,0x06,0x5b,0x4f,0x66,0x6d,0x7d,0x07,0x7f,
0x6f,0x77,0x40};//共阳 LED 段码字型：0，1，2，3，4，5，6，7，8，9，灭，"－"
unsigned char code   scan_con[4]={0xfe,0xfd,0xfb,0xf7};//列扫描控制字
void delay(unsigned int t)      //函数功能：约 11 μs 延时
{
    for(;t>0;t--)
    {
        ;
    }
}


void scan()
{
    char k;
    for(k=0;k<4;k++)      //4 位 LED 扫描控制
    {
      Disdata=dis_7[dis[k]];
      if(k==1)
      {
        DIN=1;            //加入小数点
      }
      discan=scan_con[k];
      delay(90);
      discan=0xff;
    }
}


void ad0804()             //读取 ADC0804 转换结果
{
    P1=0xff;              //读取 P1 口之前先给其写全 1
    csad=0;              //选通 ADCS
    adrd=0;              //A/D 读使能
    ad_data=P1;          //A/D 读取数据并赋给 P1 口
    adrd=1;
    csad=1;              //关闭 ADCS
    adwr=0;
}


void ad_compute()         //u=2.55+T/100，2.55 的 A/D 转换结果为 0x83
{
    unsigned char t_temp;
    ad_data=ad_data-0x83;
```

```
       t_temp=ad_data * 2 - 4;
       if(t_temp<=110)
        {
           dis[3]=t_temp/100;
           dis[2]=t_temp/10 - dis[3] * 10;
           dis[1]=t_temp%10;
           dis[0]=t%5 * 2;
        }
       else
      {
           t_temp=256 - t_temp;
           dis[3]=11;
           dis[2]=t_temp/10;
           dis[1]=t_temp%10;
           dis[0]=t%5 * 2;
        }
}

void main()//主函数
{
  while(1)
  {
    ad0804();
    ad_compute();
    scan();
   }
}
```

参考文献

［1］张毅刚.单片机原理及应用［M］.北京：高等教育出版社，2010.

［2］陈海宴.51单片机原理及应用：基于 Keil C 与 Proteus［M］.北京：北京航空航天大学出版社，2010.

［3］蔡振江.单片机原理及应用［M］.北京：电子工业出版社，2011.

［4］彭伟.单片机 C 语言程序设计实训 100 例［M］.北京：电子工业出版社，2010.

［5］林立，张俊亮.单片机原理及应用：基于 Proteus 和 Keil C［M］.北京：电子工业出版社，2014.

［6］李朝青，刘艳玲.单片机原理及接口技术［M］.北京：北京航空航天大学出版社，2013.

［7］李全利.单片机原理及接口技术［M］.北京：高等教育出版社，2010.

［8］姜志海，黄玉清，刘连鑫.单片机原理及应用［M］.北京：电子工业出版社，2013.

［9］董秀成，谢维成.单片机原理与应用及 C51 程序设计［M］.北京：清华大学出版社，2014.

［10］李晓林，苏淑靖.单片机原理与接口技术［M］.北京：电子工业出版社，2014.

［11］霍晓丽，刘云朋.单片机原理与应用［M］.北京：电子工业出版社，2015.

［12］胡汉才.单片机原理及其接口技术［M］.北京：清华大学出版社，2015.

［13］何宏.单片机原理及应用：基于 Proteus 单片机系统设计及应用［M］.北京：清华大学出版社，2012.

［14］黄勤.单片机原理及应用［M］.北京：清华大学出版社，2010.